뉴욕 영화 가이드북

뉴욕 영화 가이드북

The Movie Buff's Guide to New York

영화에서 여행의 팁을 얻다 박용민 지음

New York

헤이북스

일러두기

1. 이 책에서 소개한 장소들의 순서는 전작 《영화, 뉴욕을 찍다》의 편제를 따랐다. 맨해튼의 경우, 남쪽에서 북쪽으로 올라가면서 동서를 지그재그로, 구역별로 산책하는 코스다. 즉 로워 맨해튼, 트라이베카, 차이나타운, 로워 이스트사이드, 리틀 이탈리, 소호, 웨스트 빌리지, 그리니치빌리지, 이스트 빌리지, 그래머시, 코리아 타운, 첼시, 헬스 키친, 시어터 디스트릭트, 미드타운, 미드타운 이스트, 어퍼 이스트사이드, 센트럴파크, 어퍼 웨스트사이드, 어퍼 맨해튼, 할렘 순서다.
   뉴욕의 다섯 자치구Borough는 맨해튼, 브롱크스, 퀸스, 브루클린, 스태튼아일랜드 순서다.

2. 맨해튼의 도로는 대부분 격자무늬처럼 만들어져 있다. 남북 방향으로 뚫린 12개의 애비뉴Avenue를 동쪽부터 1가First Ave로 부르고, 동서 방향으로 뚫린 스트리트Street는 남쪽부터 세어 올라간다. (최초에 155개이던 스트리트는 지금은 브롱크스까지 올라가 263개로 늘었다.) 편의상 이 책에서 1~12가는 애비뉴를 의미하고, 13~263가는 스트리트를 가리킨다. 그렇지 않은 곳에는 영어 표기를 병기했다.

3. 인명·지명과 작품명 등의 외국어와 외래어는 국립국어원의 표기법을 따랐다. 인명·지명 등은 원어를 처음 한 번에 한해 병기하고, 관례적으로 또는 통상적으로 사용하는 경우 우리말로 옮기지 않고 그대로 차용했다. 뜻을 설명할 필요가 있거나 혼동의 우려가 있을 때는 원어를 살려 표기했다. 작품명은 한국판 제목과 원어를 처음 한 번에 한해 병기했다. 한국판 제목이 없는 영화와 노래 등은 원어로만 표기했다.

4. 《 》은 책의 제목이나 신문과 잡지의 이름 등을 나타낼 때 썼다. 〈 〉은 소제목, 그림이나 노래와 같은 예술 작품의 제목, 상호, 법률, 규정 등을 나타낼 때 썼다.

5. 이 책에 실린 대부분의 사진은 권유진이 촬영한 것이나 항공사진이나 식당, 호텔 등의 일부 사진은 상업사진을 허용하는 사이트에서 구한 것이다.

6. 이 책의 내용은 2016~2018년간 수집한 정보를 바탕으로 썼다. 달라진 사항이 있을 수도 있으니, 여행을 계획하는 분은 미리 확인해보실 것을 권한다.

프롤로그

TV 드라마 〈The Deuce〉의 가장 중요한 등장인물은 아마도 도시 그 자체일 것이다. 드라마의 제작자들과 그들의 팀은 적절한 대화와 1970년대에 어울리는 배경 디자인, 〈The French Connection〉이라든지 〈The Taking of Pelham One Two Three〉 같은 영화를 떠올리게 하는 분위기를 통해 두 세대 전의 뉴욕을 그려냈다. 그것은 공동 자전거 거치대도 없고, 장인의 커피도 없고, 스시도 없던 시절이다. 더러운 지하철을 타고 맛도 없는 식품점 커피를 마시던 시절, 싱싱한 참치를 사려면 동이 트기 전에 악취가 진동하는 풀턴 어시장까지 가야 했던 시절이다.

– 2017년 8월 24일자 《뉴욕타임스》 기사 중에서

〈앤트맨Ant-Man〉의 주인공 폴 러드Paul Rudd와 코미디언 에이미 폴러Amy Poehler가 출연한 〈They Came Together〉라는 코미디 영화가 있다. 우연히 파티에 함께 도착한 남녀가 사귀다가 헤어지고 다시 만나는 이야기인데, 인기 있던 과거의 온갖 로맨틱 코미디 영화들을 패러디한 내용으로 채워져 있다. 영화의 첫머리에 두 주인공은 식당에서 친구 커플에게 자기들이 어떻게 만나 사랑에 빠졌는지를 설명한다.

몰리: 조엘은 로맨틱 코미디 영화의 전형적인 주인공 타입이었어. 별로 거부감

없이 잘 생긴 남자.

친구 1: 그래 보이는군.

친구 2: 맞아. 과하지 않게 적당히 유태인 티도 나고.

조엘: 몰리는 귀엽고 서툰 여잔데, 약간 성질을 돋우는 면도 있지만 사랑하지 않고는 배길 수 없는 타입이지.

친구 1: 자, 그럼 이제 등장인물이 다 나왔군.

조엘: 아직 아냐. 우리 둘만큼이나 중요한 캐릭터가 하나 더 있어. 바로 뉴욕이야.

친구 1: 뉴욕시가 하나의 캐릭터인 셈이라고? 그렇다면 …… 만약 너희 둘 사이의 일을 영화로 만든다면 아마 맨해튼의 스카이라인을 굽어보는 공중촬영 장면으로 시작해야겠군.

아니나 다를까, 영화는 센트럴파크와 빌딩 숲을 천천히 부감하는 장면으로 다시 시작한다. 뉴욕을 배경으로 하는 로맨틱 코미디 치고 이렇게 시작하지 않는 영화가 있었던가? 맨해튼의 스카이라인은 하나의 클리쉐cliché가 될 만큼 영화에서 자주 우려먹는 대상이 되었고, 앞으로도 그럴 것이다. 그토록 많은 영화들이 뉴욕을 배경으로 삼고 있는 이유는 분명하다. 뉴욕시가 등장인물들 못지않게 중요한 '캐릭터'이기 때문이다.

전편에 해당하는 《영화, 뉴욕을 찍다》는 뉴욕을 구역별로 산책하면서 그곳을 배경으로 한 영화의 장면들을 소개했다. 이번에는 여행 가이드북의 후반부처럼 목차를 꾸며보았다. 뉴욕의 볼거리, 교통, 호텔, 식당, 쇼핑 그리고 그에 관한 영화들이다. 전편에서는 273편의 영화를 소개했고, 이 책에는 434편의 영화를 담았다. 두 권을 합쳐 중복되는 영화를 제외하면 뉴욕과 관련된 총 577편의 영화가 소개된 셈이다. 영화 팬들에게는 뉴욕을, 뉴욕 여행자들에게는 영화를 소개하는 쓸모 있는 가이드북이 되었으면 한다. 취재 과정에서 혹시 부정확한 내용이 포함되었으면 어쩌나 하는 걱정도 있다. 오류를 발견한 독자께서 출판사로 제보해주신다면 감사한 마음으로 다음 판에 반영하겠다. 차이나 타운, 리틀 이탈리, 시어터 디스트릭트, 센트럴파크 등 각각의 구역 자체가 '볼거리'에도 해당하지만 앞의 책에서 이미 충분히 다룬 장소들은 중복되지 않도록 이 책에서는 제외하였음을 양해해 주시기 바란다.

여행자는 안락하고 익숙한 세계에 머물지 않고, 굳이 다른 삶을 경험하려고 시간과 노력을 들이는 사람들이다. 그래서 모든 여행자들은 잠재적 증인이자 소통자이고 안내자다. 여행자는 세상이 다양하고 복잡하다는 사실을 자신의 여정을 통해 체득한다. 나는 모든 여행자들이 우리 삶의 현장이 함부로 우쭐댈 만큼 대단하지도, 쉽게 절망할 만큼 암울하지도 않다는 점을 주변 사람들에게 상기시키는 역할을 했으면 한다. 모쪼록 즐거운 여행 하시기를.

2018년 겨울
박용민

목 차

프롤로그 5

Chapter 1. 볼거리

자유의 여신상과 엘리스섬 16

페더럴 홀 24

프리덤 타워와 9/11 기념관 27

울워스 빌딩 34

매디슨 스퀘어 가든 38

엠파이어스테이트빌딩 43

타임스스퀘어 50

카네기홀 58

뉴욕 공공도서관 65

브라이언트 공원 69

록펠러센터 73

트럼프 타워 85

모건 라이브러리 박물관 89

크라이슬러 빌딩 93

국제연합 본부 100

메트로폴리탄 박물관 108

프릭 컬렉션 115

구겐하임미술관 118

콜럼버스 서클 123

링컨센터 128

뉴욕 자연사박물관 134

코니아일랜드 140

Chapter 2. 교통

비행기 150

기차 155

버스 161

배 170

택시 176

지하철 184

자전거 191

트램 197

교량과 터널 201

강변도로 225

Chapter 3. 호텔

콘티넨털 호텔 230

제인 호텔 231

호텔 첼시 233

호텔 17 235

그래머시 파크 호텔 236

로열턴 파크 애비뉴 호텔 237

애플코어 호텔 238

호텔 카터 239

앨곤퀸 호텔 240

호텔 세인트 제임스 242

월도프 아스토리아 호텔 243

루스벨트 호텔 246

인터콘티넨털 바클레이 호텔 248

롯데 팰리스 호텔 249

세인트 레지스 호텔 251

페닌슐라 호텔 253

힐튼 미드타운 호텔 254

웰링턴 호텔 255

에섹스 하우스 호텔 256

플라자 호텔 258

포 시즌스 호텔 260

피에르 타지 호텔 261

칼라일 로즈우드 호텔 264

Chapter 4. 식당

델모니코스 268

버비스 269

워커스 270

카츠 델리 271

요나 시멜스 크니시 베이커리 273

멀버리 스트리트 바 275

카페 아바나 276

카페 지탄 277

라울스 279

페이머스 벤즈 피자 281

펠릭스 282

발타자르 284

조스 피자 285

존스 피자 286

에이.오.시 287

카페 클루니 289

매그놀리아 베이커리 290

리틀 아울 291

디 엘크 292

바부토 293

빌리지 뱅가드 294

화이트호스 태번 296

카페 레지오 297

미네타 태번 298

니커보커 바 & 그릴 299

베셀카 300

호스슈 바 302

코요테 어글리 304

피터 맥마누스 카페 305

언타이틀드 306

부다칸 307

엠파이어 다이너 308

올드 타운 바 309

버드랜드 재즈 클럽 310

버바 검프 슈림프 312

사르디스 313

21 클럽 315

러시안 티 룸 317

퍼싱 스퀘어 318

스미스 & 울렌스키 319

스파크스 스테이크 하우스 320

미스터 차우 322

세렌디피티 3 323

베이커 스트리트 퍼브 325

제이지 멜론 326

렉싱턴 캔디 숍 327

라이팅 룸 328

태번 온 더 그린 329

로브 보트하우스 330

슌리 웨스트 331

그레이스 파파야 332

카페 랄로 333

브로드웨이 레스토랑 334

핑크베리 335

리버 카페 336

테디스 바 & 그릴 338

페르디난도스 포카체리아 339

레니스 피자 340

피터 루거 스테이크 하우스 341

사라진 식당들 342

부록 _ 지역별 장소 찾기 396

찾아보기 _ 영화 410

Chapter 5. 쇼핑

소호의 고급 식료품점 350

그리니치빌리지 블리커가 352

그래머시의 서점들 354

시어터 디스트릭트의 금은보석상 357

쇼핑의 중심지 미드타운 358

어퍼 웨스트사이드의 서점 379

사라진 장소들 382

Chapter 6. 민족·언어·종교

문화와 언어의 가마솥 386

뉴욕 지도

The Map of New York

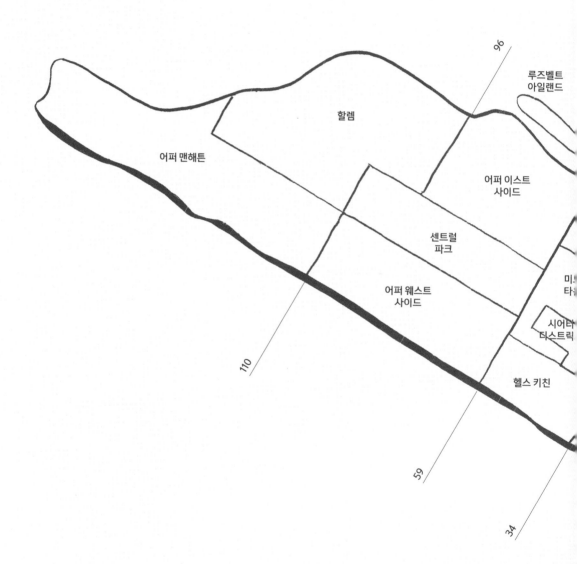

루즈벨트
아일랜드

할렘

어퍼 맨해튼

어퍼 이스트
사이드

센트럴
파크

어퍼 웨스트
사이드

미
타

시어
디스트릭

헬스 키친

96

110

59

34

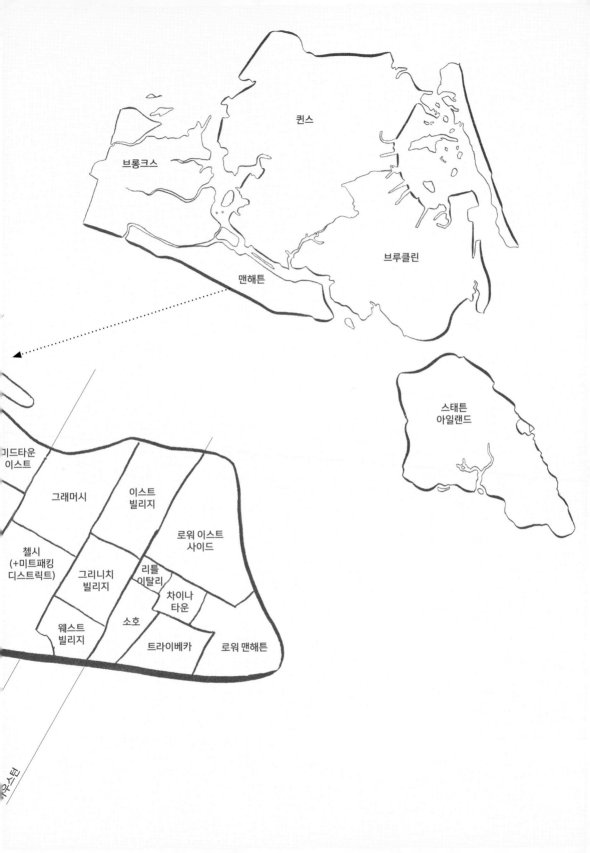

Chapter 1. 볼거리

나는 세상에서 가장 찬란한 일몰과도
뉴욕의 스카이라인을 바꾸지 않겠다.
특히 건물의 세세한 모양을 볼 수 없을 때.
오로지 그 스카이라인의 형태.
그리고 그것을 이루어낸 생각.
뉴욕시 위의 하늘과 가시화된 인간의 의지.
우리에게 무슨 다른 종교가 필요한가?

– 작가 에인 랜드Ayn Rand

Statue of Liberty & Ellis Island

이토록 공격에 취약하면서도 매력적인 도시 풍경을 갖춘 뉴
욕이 없었더라면 존재할 수 없었을 것처럼 보이는 한 가지
장르가 있다. 바로 지구 종말 영화다. 얼마나 많은 영화에서
뉴욕이 공격을 받았는가? 또 얼마나 많은 영화에서 위기를
모면했는가? 얼마나 많은 자유의 여신상 목이 베어지거나,
산산이 부서지거나, 모래나 물속에 잠겼는가?

– 영화평론가 데이비드 핑클David Finkel,《필름, 뉴욕》중에서

뉴욕항 앞바다 리버티섬Liberty Island에 자유의 여신상이 서 있다. 130
년 넘도록 뉴욕 앞바다를 늠름하게 지키고 있는 이 조형물은 영
화 속에서 온갖 고초를 겪었다. 유명한 도시의 대표적 상징물로
서 치르는 대가랄까. 〈인디펜던스 데이Independence Day〉에서 외계 우
주선의 공격으로 파괴되는가 하면, 〈딥 임팩트Deep Impact〉에서는 해
일에 휩쓸려 부서졌다. 〈에이 아이A.I. Artificial Intelligence〉에서는 상승
한 해수면 아래서 횃불만 간신히 물 밖으로 내밀고 있더니, 〈투모
로우The Day after Tomorrow〉에서는 한파로 꽁꽁 얼어붙고, 〈클로버필드
Cloverfield〉에서는 괴물의 공격으로 잘린 머리가 맨해튼 거리까지 날
아와 나뒹굴었다.

　　파괴된 자유의 여신상을 가장 극적으로 사용한 영화는 찰턴
헤스턴Charlton Heston 주연의 1968년작 영화 〈혹성탈출Planet of the Apes〉

클로버필드
Cloverfield
2008

혹성탈출
Planet of the Apes
1968

이었다. 국내 수입업자들이 '사루노 와쿠세이猿の惑星'라는 일본식 표기를 따라 '혹성탈출'이라고 제목을 붙이는 바람에 행성行星이라는 용어를 정착시키려는 우리 교육 당국의 노력을 수십 년 퇴보시킨 문제작이다. 주인공 테일러는 우주선을 타고 이상한 행성에 불시착한 뒤 원숭이들에 붙잡혀 고생하다가 간신히 탈출하지만 바닷가에서 모래톱에 반쯤 파묻힌 자유의 여신상을 발견한다. 우주선이 도착한 곳은 인류가 멸망해버린 미래의 지구였던 것이다. 그는 무릎을 꿇고 절망적으로 외친다. "이 미친놈들아! 너희가 다 망쳤어! 빌어먹을, 다 지옥에나 가버려!"

자유의 여신상은 미국의 독립을 기념하는 프랑스 국민들의 선물이었다. 프랑스 정치가 에두아르 르네 드 라불라예Édouard René de Laboulaye가 아이디어를 제시해 조각가 프레데릭 오귀스트 바르톨디Frédéric Auguste Bartholdi가 설계하고 건축가 구스타브 에펠Gustave Eiffel이 제작했다. 여신이 들고 있는 석판에는 미국의 독립일 1776년 7월 4일JULY IV MDCCLXXVI이 새겨져 있고 발치에는 끊어진 쇠사슬이 조각되어 있다.

1876년부터 여신의 동상은 프랑스 국민의 모금으로, 석조 받침대는 미국 국민의 모금으로 만들기 시작했고, 제막식은 1886년 거행되었다. 남북전쟁(1861~1865) 직후 경제 사정이 어려웠던 미국 내에서는 '왜 실존했던 미국인 상이 아니냐', '프랑스가 선물을 줄 거면 다 주지, 미국에서 모금은 뭐 하려 하느냐', '정말 애국자라면 이 시국에 동상 만드는 데 돈을 쓰지는 않을 거다' 등등의 비난이 있었다. 여신상은 철골 구조물 위에 얇은 동판을 고정시키는 방식으로 제작되었다. 처음에는 구릿빛이던 것이 1900년경부터 동록이 슬기 시작해 지금의 청록색이 되었다. 여신상이 설치된 베들로섬Bedloe's island의 이름을 바르톨디의 당초 제안대로 리버티섬으로 바꾼 것은 1956년이 되어서였다.

결국 여신상은 처음의 반대자들이 알았다면 머쓱해할 만큼 많은 관광 수입을 벌어들였고, 미국이 지향하는 자유의 가치를 상징하는 가장 인지도 높은 조형물이 되었다. 그러다 보니 자유의 여신상을 싸움터로 만든 영화들도 많다. 재난으로 훼손되는 여신상이 재난의 비극성과 미래에 대한 비관주의를 극적으로 증폭하는 것처럼, 싸움의 배경이 되는 여신상은 폭력의 부도덕성이 돋보이도록 만드는 시각적 아이러니로 작동한다.

이 반어적 대비를 제일 먼저 활용한 영화는 알프레드 히치코크Alfred Hitchcock의 1942년 흑백영화 〈Saboteur〉였다. 군수공장 직원인 베리(로버트 커밍스Robert Cummings 분扮)는 공장에서 발생한 의문의 화재 진화를 돕다가 오히려 반체제 방화범 혐의로 경찰에 쫓기는 신세가 된다. 하지만 그는 결국 상류층과 지식인들이 대거 포함된 진범 일당을 검거하는 데 결정적인 역할을 한다. 베리가 방화 사건의 진범과 최후의 결전을 벌이던 것이 자유의 여신상 횃불 위에 서였다.

Saboteur
1942

쥘 베른Jules Verne의 1873년 소설을 멋대로 각색한 2004년 영화 〈80일간의 세계 일주Around the World in 80 Days〉에서 주인공 필리스(스티브 쿠건Steve Coogan 분)와 파스파르투(성룡成龙 분)는 자유의 여신상을 조립하던 창고에서 미완성 상태인 여신상의 얼굴 속과 횃불 위를 오가며 악당들과 난투극을 벌인다. 현실에서 이런 일은 있을 수 없었다. 프랑스에서 제작된 횃불 부분은 미국으로 일찌감치 옮겨와 1876~1882년 동안 매디슨 스퀘어 공원에 전시해두었고, 머리 부분은 1878년 파리 박람회에 전시했다가 나중에 만들어진 다른 부분들과 함께 1885년에 미국으로 건너와 그 무렵 완성된 리버티섬의 받침대 위에서 조립되었기 때문이다.

80일간의 세계 일주
Around the World in 80
Days
2004

여신상을 수리한 것도 여러 번이었다. 바람에 휘어지고, 금이 가고, 내부의 페인트 안쪽으로 녹이 스는 등 세월에 마모되던 동상을 가장 대대적으로 수리한 건 1982~1986년 동안이었다. 세계 최대 규모의 비계를 설치하고 보수공사를 진행했다. 당시 수리 중이

Statue of Liberty | Ellis Island

던 여신상 모습은 1985년 액션 영화 〈레모Remo Williams: The Adventure Begins〉에서 볼 수 있다. 한국전 참전 용사인 워렌 머피Warren Burton Murphy의 스릴러 소설 'The Destroyer' 시리즈를 소재로 만든 이 영화에는 한국인 무술 고수 춘이 등장한다. 춘은 언뜻 중국인 캐릭터처럼 보이긴 하지만, 그 정도면 오하이오 태생의 유태인 배우 조엘 그레이Joel Grey가 아시아인의 보디랭귀지를 제법 인상적으로 소화해냈다고 평해주고 싶다. 전직 경찰 레모(프레드 워드Fred Ward 분)는 춘에게 사사한 '신안주'라는 정체불명의 무술로 악당들과 싸우는데, 가장 인상적인 대목은 수리 중인 자유의 여신상 비계 위를 뛰어다니는 격투 신이었다.

레모
Remo Williams:
The Adventure Begins
1985

　　1987년에는 〈슈퍼맨 4: 최강의 적Superman IV: The Quest for Peace〉에서 악당 뉴클리어맨(마크 필로우Mark Pillow 분)이 여신상을 통째로 들어다 시내에 메다꽂은 걸 슈퍼맨(크리스토퍼 리브Christopher Reeve 분)이 받아들고 제자리에 옮긴 적도 있었다. 발 킬머Val Kilmer 주연의 1995년 〈배트맨 3: 포에버Batman Forever〉에서는 배트맨과 투페이스(토미 리 존스Tommy Lee Jones 분)가 함께 타고 싸우던 헬리콥터가 여신상의 얼굴을 들이받아 추락했고, 2000년의 〈엑스맨X-Men〉에서는 울버린(휴 잭맨Hugh Jackman 분)과 그의 친구 엑스맨들이 여신상 위에서 매그니토(이안 맥캘런Ian McKellen 분) 일당에 맞서 격투를 벌였다.

　　여신상을 부수는 정도로는 성에 안 찼던지, 1989년 〈고스트버스터즈 2Ghostbusters 2〉의 유령퇴치사들은 여신상을 움직이게 만든다. 이들은 왕관 부분에 올라타고 여신상을 로보트 태권브이처럼 조종해 악령과 싸우도록 만든다. 빌 머레이Bill Murray가 연기하는 뱅크먼 박사가 싱거운 소리를 한다. "난 좀 궁금해. 여신이 토가toga 자락 밑으로는 나체가 아닐까 하고. 프랑스 여자잖아, 알다시피."

　　뱅크먼은 가슴을 드러낸 채 총검과 프랑스 국기를 들고 혁명의 선봉에 선 들라크루아Eugène Delacroix의 그림 속 자유의 여신을 상상하고 있었는지도 모르겠다. 사실 뉴욕의 여신상이 정숙한 몸가

짐을 갖게 된 것은 라불라예와 바르톨디의 반혁명적 신념 덕분이었다고 한다. 그녀가 치켜들고 있는 횃불은 세상을 향한 계몽의 등불이다. 〈맨 인 블랙 2Men in Black 2〉에서는 이 횃불을 뉴욕 시민들의 기억을 지우는 초대형 '뉴럴라이저neuralyzer' 장치로 써먹긴 했지만.

뉴욕으로 항해하는 모든 배들이 리버티섬을 스쳐 지나갔기 때문에 동남쪽을 향해 서 있는 자유의 여신상은 오랜 세월 동안 뉴욕에 도착하는 손님들을 가장 먼저 맞아주는 상징물이었다. 주세페 토르나토레Giuseppe Tornatore 감독의 〈피아니스트의 전설The Legend of 1900〉은 뉴욕에 도착하는 승객들의 감격을 이렇게 설명했다.

피아니스트의 전설
The Legend of 1900
1998

매번 그랬다. 누군가가 위를 쳐다보고 그녀를 먼저 발견한다. 왜 그랬는지 모른다. 배에 탄 승객은 천 명도 넘었다. 여행 중인 부자들, 이민자들, 정체 모를 사람들 그리고 우리(연주자들). 하지만 언제나 단 한 명이 그녀를 먼저 본다. 앞서서 뭘 먹거나 갑판을 어슬렁거리던 사람일 수도 있고, 어쩌면 그냥 서서 바지를 추스르던 사람일 수도 있다. 잠시 고개를 들어 바다를 바라보던 그 사람이 그녀를 발견한다. 그리고는 바로 그 자리에서 몸이 굳어버린다. 그의 가슴은 세차게 뛴다. 그리고 매번, 맹세컨대 한 번도 예외 없이, 그는 배에 타고 있는 우리 모두를 향해 돌아선다. 그리고는 고함을 지른다. "아메리카아ー!" 미국을 맨 먼저 보는 사람, 그런 사람이 항해 때마다 있다. 우연도 아니고 착시도 아니다. 그것은 운명이다. 바로 그 순간이 평생토록 뇌리에 새겨지는 사람들.

〈피아니스트의 전설〉의 승객들은 자유의 여신상을 바라보고 만세를 부르거나 모자와 손수건을 흔들며 환호한다. 하지만 개인적으로는 과연 실제로도 그랬을까 좀 의심스럽다. 길고 고단한 항해 끝에 새로운 세계에 도착했음을 알게 될 때, 배에 탄 이민자들은 호들갑스레 환호성을 지르기보다 더러는 감격에 겨워, 더러는 새로운 도전에 대한 두려움으로 입을 다물고 여신상을 올려보며 막막한 표정을 짓지 않았을까. 찰리 채플린Charlie Chaplin의 〈The

Immigrant〉(1917)나 코폴라Francis Ford Coppola 감독의 〈대부 2The Godfather Part II〉에서 이민선에 승선했던 승객들이 그랬듯이.

어쨌든 여신상이 입국자들을 따뜻하게 맞아준 건 틀림없는 사실이다. 1997년 영화 〈타이타닉Titanic〉의 조난자들도 한밤중에 비를 맞으며 서 있는 여신상을 올려보면서 재난이 끝났음을 실감했다. 옥의 티를 잡자면, 타이타닉의 조난은 1912년이었고, 육상에서 리버티섬으로 전선을 끌어와 여신상을 밝히는 조명을 설치한 건 1916년의 일이었으니까, 로즈(케이트 윈슬렛Kate Winslet 분)가 빗속에 훤한 조명을 받고 서 있는 여신상을 올려볼 수는 없었겠다.

여신상이 맞이한 건 이민자와 조난자만이 아니었다. 1984년의 〈스플래쉬Splash〉에서는 실오라기도 걸치지 않은 늘씬한 인어(대릴 한나Daryl Hannah 분)가 리버티섬에 상륙했고, 에디 머피Eddie Murphy 주연의 2008년 〈Meet Dave〉에서는 인간 모양의 우주선에 탑승한 백여 명의 초소형 외계인들이 여신상을 찾아왔다. 미국인의 관점에서 보자면 인어든 외계인이든 괴물이든 미국에 입국하려면 이곳을 통과하는 것이 가장 적절해 보이는 모양이다.

리버티섬을 스쳐간 배들은 그 옆 엘리스섬에 이민자들을 내려주었다. 1892년부터 1954년까지 무려 1200만 명 이상의 이민자들이 이곳의 입국심사장을 통해 미국에 들어왔다. 2013년 영화 〈이민자The Immigrant〉는 1921년 폴란드에서 전란을 피해 뉴욕으로 이민온 처녀 에바(마리옹 코티야르Marion Cotillard 분)의 고난에 찬 개인사를 그렸다. 여동생도 함께 도착했지만 폐결핵 의심 증세가 있어 엘리스섬에 격리 수용된다. 동생이 속히 치유되지 않으면 강제로 출국당할 수 있기 때문에 에바는 돈을 모으기 위해 온갖 수모를 감수한다.

〈대부 2〉에서 어린 비토(오레스테 발디니Oreste Baldini 분)에게 콜레오네라는 마을 이름을 멋대로 성으로 붙여준 사람은 엘리스섬의 이민국 직원이었다. 비토도 입국심사장에서 천연두 진단을 받

스플래쉬
Splash
1984

이민자
The Immigrant
2013

대부 2
The Godfather 2
1974

고 수용소에 석 달간 격리되어 지낸 후에야 미국 땅을 밟는다. 가족의 비극을 목격하고 실어증에 걸려 있던 어린 비토가 수용소 쇠창살 너머로 자유의 여신상을 바라보며 이탈리아어로 노래를 부르던 장면은 가슴 저린 대목이었다.

2005년 영화 〈Mr. 히치Hitch〉에서는 주인공 히치(윌 스미스Will Smith 분)가 연애 작업 대상인 사라(에바 멘데스Eva Mendes 분)를 항구로 초대해 제트스키에 태우고 엘리스섬으로 데려간다. 그들이 찾아간 구 이민국 건물은 1954년 이후 방치되었다가 1990년부터 이민박물관으로 사용되고 있는 관광 코스다. 히치는 관리인을 매수해 박물관에 전시되어 있는 이민자 명단에 사라의 고조부가 남긴 입국 기록을 보여준다. 감동해서 눈물을 흘릴 줄 알았던 사라는 화를 내며 폭주한다. 사라의 고조부는 집안의 수치로 여기는 범죄자였기 때문이다.

Mr. 히치
Hitch
2005

사라: 그래서 우리 가족은 할아버지를 다시는 안 봤대요. 현상금 포스터에서만 보고요.
히치: 정말 미안해요. 컴퓨터 기록에 '카디즈의 도살자'라고 되어 있기에 나는 그게 직업인 줄만 알았어요. 신문기사 제목인지는 모르고……
사라: 고조할아버지 이야기는 우리 가족이 모두 잊으려고 애쓰는 무시무시한 가족사예요.

자유의 여신상
☛ New York, NY 10004
🏛 nps.gov
☎ +1 212-363-3200
🕐 08:30~16:00

엘리스섬 이민박물관
☛ Jersey City, NY 07305
🏛 libertyellisfoundation.org
☎ +1 917-299-3843
🕐 08:00~23:45

엘리스섬을 거쳐 입국한 이민자들 중 선량한 피난민들만 있었을 리는 없다. 어느 공동체엔들 '모두가 잊으려고 애쓰는 무시무시한 가족사' 같은 것이 없겠는가. 정작 중요한 것은 자유의 여신상의 횃불 아래 모여든 이민자들이 하나의 공동체를 이루고, 더러 실수를 저지르면서도 다양성을 장점으로 발전시키려고 애써왔다는 사실일 터다. 모쪼록 그들이 앞으로도 그 자유와 계몽의 횃불이 가리키는 방향으로 나아가기를.

페더럴 홀

Federal Hall

에디 홀트라는 원주민이 용의자야. 수^{Sioux}족의 추장이었던 크레이지 호스의 1970년대판 같은 녀석이지. 지역 무장 단체에서 유일하게 살아남았는데, 청바지 광고로 생계를 유지한 게 아니라고. 나는 그 녀석 패거리가 페더럴 홀을 폭파하기 직전에 체포했거든.

– 영화 <Wolfen> 중에서

Wolfen
1981

뉴욕증권거래소 맞은편 월가^{Wall St} 26번지에는 그레코로만^{Greco-Roman} 양식의 페더럴 홀 기념관이 있다. 이 자리에서 미국 초대 대통령 조지 워싱턴이 취임했다. 지금의 건물은 아니고, 같은 자리에 있던 그 전의 건물에서였다. 1700년에 지었다가 1812년에 허문 예전의 페더럴 홀은 뉴욕주 청사로 사용하다가 뉴욕이 미국의 수도였던 1789~1790년 동안 미국 의회 건물로 사용되었다. 이 건물에서 미국 <권리장전>(수정 헌법 10개조)이 선포되고 초대 대통령이 취임한 것은 그 때문이었다. 같은 자리에 1842년 다시 건립된 페더럴 홀은 관세청과 재무성 건물로 사용되었고, 지금까지 위엄 있는 자세로 계단 앞을 지키고 선 조지 워싱턴의 동상은 1882년에 건립된 것이다. 9/11 테러가 벌어진 이듬해인 2002년 9월, 300여 명의 의원이 뉴욕시에 연대감을 표하기 위해 이 건물에 모여 회의를 열었다. 페더럴 홀에서 212년 만에 미국 의회가 개회한 셈이었다.

영화에서는 가끔 주인공들이 뭔가 비장한 표정으로 이 건물

Federal Hall

의 계단에 앉아 사색에 젖곤 한다. 동성애에 대한 편견을 풍자한 1997년의 코미디 〈인 앤 아웃In & Out〉에서는 극중 영화배우 캐머론 (맷 딜런Matt Dillon 분)이 동성애자 군인 역할로 아카데미 주연상을 받는다. 이 영화 속의 영화에서 영웅적인 활약을 하고도 동성애자로 불명예제대를 당한 빌리(극중 캐머론 분)는 페더럴 홀 계단에 앉아 그의 파트너와 대화를 나눈다.

빌리: 난 아직 모르겠어. 우리가 옳은 일을 한 걸까?
대니: (조지 워싱턴 동상을 가리키며) 저분한테 여쭤봐야겠지.
빌리: 대통령님, 저는 여전히 좋은 미국인인가요?
대니: 빌리, 그건 그냥 동상일 뿐이야.

인 앤 아웃
In and Out
1997

조디 포스터Jodie Foster 감독의 2016년 영화 〈머니 몬스터Money Monster〉에서 주인공 리(조지 클루니George Clooney 분)는 화려한 예능 프로그램 스타일로 주식시세를 해설하는 금융 전문 채널 프로그램 진행자다. 어느 날 그의 촬영장으로 폭탄과 권총을 든 사내 카일 (잭 오커넬Jack O'Connell 분)이 난입한다. TV 프로를 보고 주식에 투자했다가 투자회사 전산 프로그램의 '실수'로 얼마 안 되는 전 재산을 잃은 카일은 리를 인질로 잡고 억울함을 호소한다. 과연 투자회사의 예기치 못한 손실은 진짜 실수였을까.

리와 카일이 경찰과 대치하며 월가를 가로질러 걸어간 곳이 페더럴 홀이다. 여기서 이들은 투자회사의 사장 캠비(도미닉 웨스트 Dominic West 분)와 대치하고, 영화는 절정으로 치닫는다. 공동체의 가치, 자본주의의 엄혹함, 언론의 책무, 올바른 시민 정신 등의 소재를 버무린 이 영화가 대미를 장식하는 장소로 페더럴 홀을 선택한 것이 단지 건물 외관의 웅장함 때문만은 아니었을 것이다. 페더럴 홀은 기념관으로 사용되고 있는 지금도 여전히 미국적 가치를 상징하는 장소다.

머니 몬스터
money monster
2016

페더럴 홀

☞ 26 Wall St, New
York, NY 10005
⌂ nps.gov
☎ +1 212-825-6990
⊙ 09:00~17:00
(토, 일 휴관)

Freedom Tower & 9/11 Memorial

월드 트레이드 센터
World Trade Center
2006

우린 모든 사건 사고에 대비하고 있었어. 차량 폭탄, 화생방, 상공으로부터의 공격. 하지만 이건 아냐. 이런 규모의 문제에 대비할 수는 없어. 그런 대비 계획은 없어. 만들지 않았거든.

– 영화 <월드 트레이드 센터World Trade Center> 중에서

킹콩
King Kong
1976

군대에 있을 때 고참이 농담 섞인 협박조로 내게 물었다.

"너 킹콩이 왜 죽었는지 알아?"

"모르겠습니다!"

"기어오르다가 죽은 거야. 알았어?"

1931년 이래 세계에서 가장 높은 빌딩이던 엠파이어스테이트 빌딩은 1972년에 그 지위를 세계무역센터 쌍둥이 빌딩에 물려주었다. 전임자보다 좀 더 높은 곳까지 기어오르고 싶었던 1976년의 <킹콩King Kong>은 제시카 랭Jessica Lange을 데리고 세계무역센터 꼭대기로 꾸역꾸역 올라갔다.

30년 가까이 맨해튼의 스카이라인을 장엄하게 장식하던 세계무역센터의 두 빌딩은 2001년 9월 11일 테러리스트들이 납치한 민항기 두 대의 충돌로 무너져 내렸다. 이 거짓말 같은 장면은 전 세계로 생중계되어 테러리스트들은 최악의 '공포terror'를 최대한 널리 효과적으로 전파하는 부당한 성과를 거두었다. 무고한 민간인들이 단지 그때 거기 있었다는 이유로 죽음을 당했다. 사망자는 87개국 국민 2749명이었다. 그중에는 뉴욕시 소방대원 343명, 항만청

Freedom Tower

직원 84명, 뉴욕시 경찰 23명도 포함되어 있는데, 이들이 목숨을 던져 구출해낸 사람은 20명이었다. 이처럼 공무원의 사명이란 숫자로는 환산할 수 없는 것이다.

맨해튼을 배경으로 한 예전 영화를 별 생각 없이 보다가 쌍둥이 빌딩이 등장하면 무방비 상태로 기습을 당한 것처럼 저릿한 서글픔을 느낀다. 이 두 건물이 사라져버린 맨해튼의 풍경, 그 빈 공간과 부재不在는 우리가 달라진 세상에 살고 있다는 사실을 일깨워준다. 현대사는 9/11 사건 이전과 이후로 나뉜다. 1990년대 사람들은 세계화라는 낯선 현상을 감지하면서 두려움보다는 막연한 기대감에 부풀었다. 《뉴욕타임스》 칼럼니스트인 토머스 프리드먼Thomas L. Friedman이 역설한 것처럼 세계화는 기술의 민주화, 정보의 민주화를 의미했다. 그러나 자신들이 세계화의 그늘에 있다고 느낀 사람들은 민주화된 기술로 핸드폰 폭탄을 제작했고, 민주화된 정보망으로 원망과 공포를 전파했다. 낮아진 국경을 넘나드는 것에는 새로운 지식만이 아니라 극단주의와 그 전사들도 포함되어 있었다.

하늘을 걷는 남자
The Walk
2015

사라져버린 세계무역센터를 은막 위에 재현한 영화로는 9/11 사건을 묘사한 올리버 스톤Oliver Stone 감독의 2006년 영화 〈월드 트레이드 센터〉도 있었다. 하지만 이 건축물에 대한 가장 뜨거운 애착을 담아낸 작품은 2015년의 〈하늘을 걷는 남자The Walk〉였다고 생각한다. 1974년 8월 7일, 두 건물 사이에 외줄을 드리우고 그 위를 걸었던 프랑스인 필립 프티Philippe Petit의 경험을 극화한 영화다. 특이한 방식으로 이 건물과 사랑에 빠졌던 필립의 시선으로, 이 영화는 첨단 효과로 재현된 세계무역센터 안팎으로 관객을 안내한다.

지상에서 가장 높이 걸린 금속 외줄 위를 45분 동안 여덟 번 오가며 묘기를 펼친 그의 무용담은 이미 2008년에 〈맨 온 와이어Man on Wire〉라는 다큐멘터리로 만들어졌다. 이 다큐멘터리에는 필립 프티 자신이 출연했던 터였으니까, 조셉 고든 레빗Joseph Gordon-

9/11 Memorial

맨 온 와이어
Man on Wire
2008

Levitt이 프티 역할을 맡은 〈하늘을 걷는 남자〉는 사실을 더 충실히 재현하겠다는 야심을 가지고 만들어지지는 않았을 터다. 〈하늘을 걷는 남자〉는 최첨단 특수 효과로 재현된 쌍둥이 빌딩을 그야말로 '눈으로 핥듯이' 어루만진다. 그 어질어질한 높이에 멀미를 느낄 정도다. 사라진 건물에 대한 페티시즘이랄까.

쌍둥이 빌딩을 잃은 맨해튼의 스카이라인은 순수하게 미학적인 구도로만 봐도 예전만 못하다. 9/11 사건은 우리가 알지 못하는 새로운 세상이 도래했다는 이정표였고, 하버드대학교 경영대학원 교수인 로버트 카플란Robert Kaplan은 그 세상을 'The Coming Anarchy(다가오는 무정부 시대)'라고 불렀다. 2010년대에 들면서 미국은 더욱 고립주의적인 모습을 보이고 있다. 제2차 세계대전 이후로 미국이 세계 무대에서 지금처럼 정치적, 경제적 관여를 주저한 적은 없었다. 그래서 사라진 쌍둥이 빌딩은 '돌아오지 않을 과거의 영광'을 가리키는 징표로 미국인들 마음속 더 깊은 곳에 자리를 잡아가는지도 모르겠다. 그래서일까. 〈갱스 오브 뉴욕Gangs of New York〉은 9/11이 벌어지고 난 뒤에 완성된 영화였지만, 마틴 스코세지Martin Scorsese 감독은 이 영화 말미의 현대 뉴욕 풍경에 쌍둥이 빌딩을 일부러 더해 넣었다.

뉴욕을 대표하는 감독답게, 스파이크 리Spike Lee는 2002년 〈25시25th Hour〉를 통해 자기만의 방식으로 9/11을 애도했다. 뉴욕시는 사건 직후 세계무역센터가 서 있던 자리에서 하늘을 향해 두 줄기 빛기둥을 쏘아 올렸다. 이 영화는 오프닝 타이틀이 흐르는 내내 서치라이트처럼 생긴 이 빛줄기를 화면에 비춘다. 비록 9/11과 상관없는 줄거리지만, 할리우드가 9/11을 다루기 꺼려하던 사건 이듬해에 스파이크 리가 뉴요커 특유의 결기를 보여준 셈이랄까. 마약상 몬티(에드워드 노튼Edward Norton 분)는 감옥에 수감되기 전 하루를 친구들과 보낸다. 마지막 24시간의 자유를 누리고 나면 그는 7년간 옥살이를 해야 한다. 이 하루는 자유의 시간이지만 유예된 자

25시
25th Hour
2002

유, 이미 사라진 자유를 의미하고, 몬티를 기다리는 것은 이미 현재형이나 다름없는 암울한 미래다. 그의 두 친구 제이콥(필립 세이모어 호프먼Philip Seymour Hoffman 분)과 프랭크(베리 페퍼Barry Pepper 분)는 '그라운드 제로Ground Zero'가 내려다보이는 프랭크의 아파트에서 몬티를 기다린다.

레인 오버 미
Reign Over Me
2007

제이콥: 맙소사.

프랭크: 응.

제이콥:《뉴욕타임스》가 그러던데, 이 동네 공기가 건강에 안 좋다고.

프랭크: 망할 놈의 《뉴욕타임스》! 나는 《뉴욕포스트》 읽어. 환경청은 괜찮다고 했어. 누군가는 거짓말을 하고 있는 거겠지.

제이콥: 그러네……. 이사 갈 거야?

프랭크: 여기 들인 돈이 얼만데. 어림도 없지. 빈 라덴이 옆집에 폭탄을 또 터트려봐라. 내가 이사를 가나.

9/11 사건이 미국인에게 남긴 아물지 않는 상처를 선연하게 그려낸 드라마로는 두 편의 영화를 꼽을 수 있다. 2007년의 〈레인 오버 미Reign Over Me〉에는 아담 샌들러Adam Sandler가 가족을 잃은 치과의사로, 돈 치들Don Cheadle이 그의 친구로 출연한다. 2011년의 〈Extremely Loud & Incredibly Close〉는 조나단 사프란 포어Jonathan Safran Foer의 동명 소설을 스티븐 달드리Stephen Daldry 감독이 영상으로 옮긴 2011년 영화인데, 연기를 처음 한다는 열네 살짜리 주연배우 토마스 혼Thomas Horn이 표현하는 섬세한 감성이 놀랍다. 죽음은 언제나 살아남은 자들이 짊어져야 할 짐이라는 사실을 이 영화들은 아프게 일깨워준다.

오늘날 로워 맨해튼에는 프리덤 타워라는 별명을 지닌 새로운 세계무역센터가 들어서 있고, 그 앞에는 9/11 기념관이 조성되어 있다. 슬픈 사건을 기리는 조형물답게, 예전 건물들이 서 있던

Extremely Loud &
Incredibly Close
2011

자리가 휑한 사각형 구멍으로 남아 있고, 그 주변으로 물이 폭포수처럼 쏟아져 들어가는 모습이다. 개인적으로는, 이 기념물을 내려다보고 있노라면 전망이 썩 밝지 않은 장래로 빨려 들어가는 암울한 느낌이 든다. 프리덤 타워는 세계에서 네 번째로 높은 건물이 되었다.

프리덤 타워의 정식 명칭은 제1세계무역센터One World Trade Center다. 이 건물 동쪽에는 2016년 3월에 개장한 기차 환승역World Trade Center PATH Station이 있다. '둥근 창Oculus'이라는 이름을 가진 이 역은 날개를 활짝 편 천사를 형상화했다고 하는데, 멀리서 보면 바닷속으로 뛰어드는 커다란 흰 고래의 꼬리처럼 보이기도 한다. 2017년 액션물 〈존 윅: 리로드John Wick: Chapter 2〉에서는 이 역사 회랑에서 주인공 존(키아누 리브스Keanu Reeves 분)과 그에게 복수하려는 킬러 캐시안(커먼Common 분)이 인파에 섞여 걸어가면서 총격을 주고받았다.

제1세계무역센터

☛ 285 Fulton St, New York, NY 10007
🖸 wtc.com
☎ +1 844-696-1776
🕐 09:00~22:00

9/11 기념관

☛ 180 Greenwich St, New York, NY 10007
🖸 911memorial.org
☎ +1 212-312-8800
🕐 09:00~20:00

울워스 빌딩

Woolworth Building

에이프릴: 저기 봐요. 울워스 빌딩이에요.
토니: 경치 좋네.
에이프릴: 멋지지 않아요?
토니: 당신이 더 멋져.

– 1929년 영화 <Applause> 중에서

Applause
1929

2016년의 코미디 〈미스터 캣Nine Lives〉에서 케빈 스페이시Kevin Spacey
가 연기하는 백만장자 브랜드 씨의 꿈은 맨해튼에 '북미대륙에서
가장 높은 건물'을 세우는 것이다. 추락 사고로 그의 영혼이 고양
이 몸에 갇히면서 그의 꿈도 위기를 맞이한다. 안하무인 톰 브랜드
의 꿈이 '세계에서 가장 높은 건물'이 아니라 고작 '북미 최고의 건
물'이었다는 점은 초고층 건물 경쟁에서 아랍에미리트나 중국 같
은 신흥 강국이 이미 미국을 저만치 앞서 있는 현실을 반영한다.
하지만 이것은 근년에 와서야 생긴 현상이다.

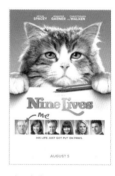

미스터 캣
Nine Lives
2016

　1908년부터 1973년까지 세계에서 가장 높은 마천루의 소재
지는 언제나 뉴욕 맨해튼이었다. 1913년부터 1930년까지 17년간
세계 최고층 타이틀을 가지고 있던 건물은 로워 맨해튼 브로드웨
이의 57층짜리 울워스 빌딩이다. (이 건물은 '최고층 건물'의 영예를 메
트로폴리탄 생명보험 빌딩으로부터 빼앗았고, 40 월 스트리트 빌딩에 빼앗
겼다.) 울워스 빌딩은 아직도 미국에서 가장 높은 100개의 건물 중

위대한 개츠비
The Great Gatsby
2013

마법에 걸린 사랑
Enchanted
2007

신비한 동물사전
Fantastic Beasts and
Where to Find Them
2016

하나다. 무려 241미터, 얼추 여의도 63빌딩 정도 높이의 마천루를 1913년에 건설했다니, 돌이켜보면 대단한 일이다.

이 건물을 본사 사옥으로 사용하던 울워스 사F. W. Woolworth Company는 1998년 건물을 매각했고, 2001년 업체명을 풋라커Foot Locker로 바꿨다. 최근에는 부동산 개발업체가 이 빌딩 상층부 30개 층을 매입해 아파트로 만들 계획을 추진 중이라고 한다. 꼭대기 다섯 개 층은 펜트하우스로 만들 거라는데, 예상 가격이 1억 1천만 달러로 맨해튼 사상 최고 가격의 아파트가 될 거란다.

1920년대에 맨해튼 스카이라인을 지배했던 울워스 빌딩은 바즈 루어만Baz Luhrmann 감독의 2013년 영화 〈위대한 개츠비The Great Gatsby〉에서는 주인공 닉 캐러웨이가 증권 브로커로 근무하는 건물로 등장했다. 건축가 카스 길버트Cass Gilbert가 이 건물을 고딕 양식으로 설계하면서 외벽에 중세풍의 가고일gargoyle 장식물들까지 만들어놓았기 때문인지 뉴욕을 배경으로 한 마법 영화들도 이 건물에 주목했다.

디즈니의 2007년 판타지 영화 〈마법에 걸린 사랑Enchanted〉의 클라이맥스는 가장무도회장에 쳐들어온 불청객 마녀(수잔 서랜든 Susan Sarandon 분)가 용으로 변신해 미남 변호사 로버트(패트릭 뎀시 Patrick Dempsey 분)를 움켜쥐고 건물의 꼭대기로 기어 올라가 주인공 지젤 공주(에이미 아담스Amy Adams 분)와 싸움을 벌이는 대목이다. 천둥 번개가 치는 빗속에서 거대한 용이 피뢰침을 움켜쥐고 싸우던 이 건물이 바로 울워스 빌딩이었다.

영화 팬들에게 이 건물을 더 의미 있게 만든 건 J. K. 롤링J. K. Rowling의 시나리오를 영화화한 2016년의 〈신비한 동물사전Fantastic Beasts and Where to Find Them〉이다. 1926년 영국의 마법사 스캐맨더(에디 레드메인Eddie Redmayne 분)가 뉴욕을 방문해서 벌이는 모험담을 그린 이 영화는 런던과 영국 내 스튜디오에서 주로 촬영했지만 1920년대의 뉴욕 풍경을 공들여 재현했다. 영화의 포스터에도 울워스 빌

Woolworth Building

딩이 마치 주인공처럼 우뚝 솟아 있다. 이 영화에서 울워스 빌딩은 미국의 최고 마법 행정기관 마쿠사MACUSA(Magical Congress of the USA)가 본부로 사용하는 건물이다. 마법을 사용해 들어가면 건물 안에 또 다른 공간이 펼쳐지는 것이다. 건축가 카스 길버트가 건물 벽에 새겨둔 조각상 중에는 올빼미 조각도 있다. 이 올빼미가 J. K. 롤링에게 울워스 빌딩을 마법부 본부로 설정할 영감을 주었을 거라고 하니 한번 찾아보시길.

울워스 빌딩
☛ 233 Broadway,
New York, NY 10007
⏰ 14:00~15:30
(화, 수 14:00~15:00 /
금 13:00~15:00 /
토 11:30~15:30)

매디슨 스퀘어 가든
Madison Square Garden

3년 전에 자네는 초인적이었어. 자네는…… 강했고, 지독했고, 게다가 무쇠 턱을 가지고 있었지. 그런데 싸움꾼한테 생길 수 있는 가장 나쁜 일이 자네한테도 생긴 거야. 신사가 되어버린 거지.

– 영화 <록키 3Rocky III>에서, 로키의 코치 미키 골드밀

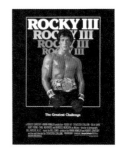

록키 3
Rocky III
1982

뉴욕 지도에 MSG라고 표기되어 있으면 조미료 가게가 아니라 매디슨 스퀘어 가든을 뜻한다. 그 이름에도 불구하고 매디슨 스퀘어 가든은 광장도, 공원도, 정원도 아닌 실내 공연장이다. 각종 정치, 공연, 체육 이벤트가 벌어졌던 장충체육관을 상상하면 된다. 19세기의 매디슨 스퀘어 가든은 진짜로 이스트 26가 매디슨 스퀘어에 있었지만 후에는 이름만 옮겨 다녔다. 1968년에 개관한 지금의 체육관은 31가와 33가 사이의 기차역 펜실베이니아 스테이션 Pennsylvania Station 위에 자리 잡고 있다. 1910년부터 운영되고 있던 기차역을 증축하면서 함께 지은 것이다. 농구, 아이스하키, 권투, 프로레슬링, 스케이팅, 콘서트, 서커스 등 온갖 행사들이 열리기 때문에 영화에 자주 등장한다.

　1982년에 실베스터 스탤론Sylvester Stallone이 극본, 감독, 주연 1인 3역을 맡은 <록키 3>는 재미로만 본다면 로키 시리즈 중 제일 낮다는 사람들도 있다. 2편에서 숙적 아폴로 크리드를 꺾고 헤비급 챔피언에 등극한 로키는 과거의 배고픔을 잊고 나태해진다. 그

러는 동안 무시무시한 신예 클러버 랭(미스터 T Mr. T 분)이 로키 타도를 목표로 승승장구하며 성장한다. 로키의 코치는 클러버와의 경기를 만류한다. 은퇴는 부끄러운 게 아니라고 설득하지만, 로키는 기어이 경기에 임하고 2라운드에 KO 패를 당한다. 그러나 로키는 과거의 숙적 아폴로의 도움으로 패기를 되찾고 클러버 랭과 재경기를 벌여 챔피언 타이틀을 되찾는다. 미국 관객들을 열광시켰던 이 마지막 경기 장소가 매디슨 스퀘어 가든이었다.

1998년판 〈고질라Godzilla〉에서 괴수 고질라는 이 경기장에 수백 개의 알을 낳아 번식 장소로 이용했다. 영화의 후반부는 알에서 부화한 공룡들과 주인공이 경기장에서 쫓고 쫓기는 〈쥬라기 공원 Jurassic Park〉의 아류가 된다. 카메라맨 빅터(행크 아자리아Hank Azaria 분)는 새끼 고질라들에게 쫓기면서도 "여기가 뉴욕 닉스 선수들이 샤워하는 락커룸 아니냐!"며 감격한다. 주인공의 활약 덕분에 부화 장소를 확인한 군 당국은 전투기에서 발사한 미사일로 매디슨 스퀘어 가든을 폭파한다. 영화의 라스트 신은 폐허로 변한 경기장 한 구석에 남아 있던 알 하나가 부화되는 장면이었다.

고질라
Godzilla
1998

2002년 영화 〈미스터 디즈Mr. Deeds〉는 게리 쿠퍼Gary Cooper가 주연한 1936년 영화 〈천금을 마다한 사나이Mr. Deeds Goes to Town〉의 리메이크다. 아담 샌들러가 생전에 만난 적도 없던 외삼촌으로부터 400억 달러를 상속받아 뉴욕에 처음 온 뉴햄프셔 촌뜨기 롱펠로우 디즈 역할을 맡았다. 그는 팸 도슨이라는 미인과 사랑에 빠지는데, 그녀는 실은 디즈의 사생활을 취재하기 위해 신분을 위장한 기자(위노나 라이더Winona Ryder 분)다. 디즈는 체육관을 통째로 빌려 농구 코트 한가운데 둘만의 만찬 테이블을 차려두고 팸을 기다리지만, 전광판의 뉴스를 통해 그녀의 정체를 알게 된다. 이 안쓰러운 농구장도 매디슨 스퀘어 가든이었다.

미스터 디즈
Mr. Deeds
2002

2003년의 〈10일 안에 남자 친구에게 차이는 법How to Lose a Guy in 10 Days〉도 속내를 속이고 접근했던 남녀가 사랑에 빠지고, 속은 사

Madison Square Garden

10일 안에 남자 친구에게
차이는 법
How to Lose a Guy in 10
Days
2003

그 여자 작사 그 남자 작곡
Music and Lyrics
2007

아메리칸 갱스터
American Gangster
2007

실을 깨닫고 실망하고, 극적으로 사랑을 선택하는 줄거리다. 〈로마의 휴일Roman Holiday〉(1953)에서 이루어지지 못한 공주와 기자의 사랑이 그토록 아쉬웠던 걸까? 속고 속이는 남녀가 사랑에 빠지는 후속 영화들이 하나같이 여주인공의 직업을 기자로 내세운 걸 보면 〈로마의 휴일〉의 콤플렉스인지도 모르겠다는 생각이 든다. 광고회사 직원 벤자민(매튜 맥커너히Matthew McConaughey 분)은 다이아몬드 광고를 따내기 위해 경쟁자와 어떤 여자든 자기와 사랑에 빠지게 만들 수 있다는 내기를 한다. 잡지사 기자 앤디(케이트 허드슨Kate Hudson 분)는 정말 쓰고 싶은 기사를 쓰려면 '열흘 내로 실연하는 법'이라는 칼럼을 쓰라는 상사의 지시를 이행해야 한다. 남자를 빨리 제품에 물러나게 만들어야 하는 앤디는 그를 뉴욕 닉스 농구 경기에 데려가 결정적인 순간마다 심부름을 시킨다. 이 얄미운 농구장도 매디슨 스퀘어 가든이다.

2007년 로맨틱 코미디 〈그 여자 작사, 그 남자 작곡Music and Lyrics〉의 주인공 알렉스(휴 그랜트Hugh Grant 분)는 한물간 1980년대 팝스타다. 떠오르는 신인 가수 코라(헤일리 베넷Haley Bennett 분)에게 곡을 주면서 재기를 꿈꾸는 그는 재능 있는 작사가 소피(드루 베리모어Drew Barrymore 분)를 만나 함께 작업을 한다. 두 사람은 편곡 방향을 두고 크게 다투지만, 알렉스는 공연장 무대 위에서 자신이 만든 노래를 부르며 객석의 소피를 기어이 감동시키고야 만다. 이 반전의 콘서트 무대도 매디슨 스퀘어 가든이었다.

리들리 스콧Ridley Scott 감독의 2007년 범죄 영화 〈아메리칸 갱스터American Gangster〉는 마약 업계에서 신흥 강자로 부상한 흑인 갱단 두목 루카스(덴젤 워싱턴Denzel Washington 분)와 강직한 경찰 리치(러셀 크로우Russell Crowe 분)의 대결을 그리고 있다. 루카스는 조심스러운 행동거지로 경찰의 눈길을 따돌려, 경찰은 그의 존재 자체를 인식하지 못하고 수사는 미궁에 빠져 있었다. 아마 자만심이 불러온 방심이었겠지. 1971년 3월 8일 매디슨 스퀘어 가든에서 이른바

'세기의 시합'이라는 무하마드 알리 대 조 프레이저의 권투 경기를 관람하던 날, 루카스는 애인이 선물한 요란한 코트를 입고 마피아 두목보다 앞줄에 앉는다. 마약특별단속반장 리치의 카메라에 그가 딱 걸린 게 여기였다.

2013년의 코미디 드라마 〈딜리버리 맨Delivery Man〉은 〈Mr. 스타벅Starbuck〉이라는 2011년 캐나다 영화의 리메이크다. 정육점 배달원 데이비드(빈스 본Vince Vaughn 분)는 젊은 시절 스타벅이라는 가명으로 무려 693회나 정자를 병원에 기증했는데, 자신이 533명의 아버지가 되었고, 그중 142명이 스타벅의 정체를 공개하라는 탄원서를 법원에 제출했다는 사실을 알게 된다. 그는 호기심으로 자녀의 신상 명세를 한 장 꺼내 봤는데 하필 그가 뉴욕 닉스 팀 소속 NBA 선수였다. 그는 친구를 데리고 매디슨 스퀘어 가든 경기장으로 가 아들의 경기를 관람하면서 마치 유치원 학부모처럼 흥분하면서 응원을 한다. 닉스가 경기에서 이긴 것은 자신의 유전자 덕분이었다며 고무된 데이비드는 스타벅 탄원서의 주인공들을 차례로 찾아 나선다.

2015년 액션 영화 〈런 올 나이트Run All Night〉에서 리암 니슨Liam Neeson은 범죄 집단 두목 맥과이어(에드 해리스Ed Harris 분)의 부하 지미 컨런으로 나온다. 맥과이어의 망나니 아들 대니는 지미의 아들 마이크가 자신의 살인 장면을 목격하자 그의 입을 막기 위해 살해하려 하는데, 먼저 도착한 지미가 아들을 살리려고 대니를 해치운다. 컨런 부자는 맥과이어 부하들의 추격을 피해 죽도록 도망 다닌다. 단신으로 맥과이어를 찾아가 담판을 벌이던 지미는 맥과이어의 부하들을 따돌리려고 뉴저지 데빌즈와 뉴욕 레인저스의 시합이 막 끝난 아이스하키 경기장 인파 속으로 숨어든다. 그가 길에서 주운 티켓 조각을 경비원에게 내보이며 자리에 지갑을 두고 왔으니 잠깐 들여보내 달라고 부탁하던 경기장도 매디슨 스퀘어 가든이었다.

런 올 나이트
Run All Night
2015

매디슨 스퀘어 가든

☛ 4 Pennsylvania Plaza, New York, NY 10001
⌨ thegarden.com
☎ +1 212-465-6741

Empire State Building

폐허로부터, 스핑크스처럼 외롭고 불가해한 모습으로 엠파이어스테이트빌딩이 솟아올라 있다. (생략) 제멋에 겨운 뉴요커는 이곳에 올라와 상상조차 못하던 것을 보고 실의에 빠졌다. (생략) 뉴욕이 하나의 우주가 아니라 도시에 불과하다는 무서운 사실을 깨닫고야 그의 마음속에 감춰둔 빛나는 건축물은 무너져 내렸다. 그것이 바로 알프레드 스미스가 뉴욕 시민들에게 준 선물이었다.

– F. 스콧 피츠제럴드의 에세이 <나의 잃어버린 도시My Lost City> 중에서

이 기념비적인 102층짜리 건물을 지은 건설회사의 회장은 뉴욕주지사를 지냈던 알프레드 스미스Alfred Emanuel Smith였다. '엠파이어스테이트'는 뉴욕주의 별명이다. 뉴욕시를 미국이라는 제국의 왕관에 비유할 수 있다면, 오랜 세월 동안 엠파이어스테이트빌딩은 그 왕관의 정점에 박힌 보석처럼 제국의 힘을 상징하는 존재였다. 미국인은 이 건물을 올려다보며 스스로의 위대함에 도취되었다. 바벨탑을 쌓은 고대인들처럼.

이 건물이 완성된 1931년 미국 밖 세상에서는 파시즘과 공산주의 이념이 제1차 세계대전의 폐허 위에 또 다른 전란을 몰고 올 불길한 그늘을 드리우고 있었다. 전쟁을 일으킬 힘이 없던 나라들은 침략과 지배의 대상에 지나지 않던 시절이었다. 그러니 미국인들은 스스로 도취될 법도 했다. 1939년 <Love Affair>의 주인공 테

리(아이린 던Irene Dunne 분)는 선상에서 만난 사내 미쳴(찰스 보이어 Charles Boyer 분)에게 6개월 후에도 서로에 대한 마음이 변치 않으면 다시 만나자고 한다. 둘 다 약혼자가 있는 상태였기 때문이다. 그녀는 강 너머로 보이는 엠파이어스테이트빌딩을 가리키면서 102층 전망대에서 만나자고 제안한다. "우리 뉴욕 사람들에게는 하늘에 가장 가까운 곳이니까요." 그 표현이 흥미롭다. 'the nearest thing to heaven'이라는 말에는 '하늘과 거리가 가까운 장소'라기 보다는 '천국의 대용품으로 삼기에 제일 적합한 물건'이라는 뉘앙스가 더 짙다.

Love Affair
1939

엠파이어스테이트빌딩의 각층 면적을 다 합치면 무려 25만 7211제곱미터다. 부산국제영화제의 발상지인 부산광역시 남포동 보다 넓은 면적이다. 하지만 세상일이 어디 뜻대로만 되던가. 건물이 완공된 직후 대공황이 닥쳐왔기 때문에 불행히도 엠파이어스테이트빌딩은 20년 가까이 적자를 면치 못했다. 그동안은 '엠프티 스테이트 빌딩Empty State Building'이라는 호사가들의 조롱을 감내해야 했다. 건립 초기에는 시내 중심가에서 좀 떨어져 있어 크라이슬러 빌딩Chrysler Building에 비해 입지 조건도 불리한 것처럼 보였다.

월드 오브 투모로우
Sky Captain and the
World of Tomorrow
2004

하지만 이제 34가는 미드타운에서 가장 분주한 지역이 되었다. 오늘날 엠파이어스테이트빌딩에서는 매일 2만 명 넘는 사람들이 근무한다. 지금까지 1억 명 이상이 이 빌딩의 전망대를 관람했다. 지금은 입장료 수입이 임대료 수입보다 많다고 한다. 꼭대기에는 피뢰침을 포함한 62미터 높이의 안테나가 세워져 있다. 1980년의 〈슈퍼맨 2Superman 2〉에서 슈퍼맨이 조드 장군 일당과 공중전을 벌일 때 부러져 떨어지면서 유모차를 덮칠 뻔했던 이 안테나는 오늘날 뉴욕시의 거의 모든 TV 및 라디오 방송국들이 송신탑으로 사용한다.

건물의 옥상은 비행선 선착장으로 활용할 수 있도록 설계되었는데, 1937년 뉴저지에서 일어난 힌덴부르그Hindenburg 호 폭파

킹콩
King Kong
1933

킹콩
King Kong
2005

On the Town
1949

사고 이후 비행선이 사양길에 접어들면서 실제로 활용되지는 못했다. 2004년의 SF 활극 〈월드 오브 투모로우Sky Captain and the World of Tomorrow〉는 이 바로 옥상에 비행선 '힌덴부르그 3호'가 도킹해 승객들을 하선시키는 장면으로 시작한다.

건물 완공 두 해 뒤인 1933년 엠파이어스테이트빌딩은 동남아에서 잡아온 초대형 고릴라가 절박하게 기어오르는 최후의 도피처로 은막에 등장했다. 날아서 고향으로 도망갈 수 없었던 킹콩도 이 건물을 하늘의 대용품으로 삼았던 모양이다. 영화 〈킹콩〉 제작 50주년을 맞아 1983년에는 로버트 비시노Robert Vicino라는 예술가가 제작한 27미터짜리 킹콩 풍선을 꼭대기에 매달았다. 1933년 영화에서 킹콩에게 붙들렸던 주연배우 페이 레이Fay Wray가 세상을 떠난 2004년에는 그녀를 기려 건물 전체를 15분 동안 소등하기도 했다. 〈킹콩〉은 2005년 피터 잭슨Peter Jackson 감독, 나오미 와츠Naomi Watts 주연으로 리메이크 되었는데, 건물 옥상 모습이 영화 말미에 자세히 묘사되어 있다.

1964년 건물 상층부에 설치된 조명은 1976년 이래 각종 기념일, 행사, 운동경기 등을 알리는 표식 역할을 해오고 있다. 9/11 테러 이후 몇 달간은 청, 백, 홍 삼색으로 자유, 평등, 박애를 상징하는, 휘날리지 않는 깃발 역할을 했다. 대통령 선거 때는 민주당 후보가 이기면 푸른빛, 공화당 후보가 이기면 붉은빛으로 물들었다. 별일이 없을 때는 그날의 주요 스포츠 경기를 알리는 역할도 한다. 홈팀의 상징 색으로 장식하는 식이다. 원래는 9가지 색뿐이었는데 2012년 컴퓨터가 제어하는 LED 조명으로 교체한 뒤로는 1600만 가지 색을 표현할 수 있게 되었다. 좋은 건지는 잘 모르겠다. 우아하던 첨탑이 조잡한 전광판처럼 되어버린 느낌도 있어서.

1949년 뮤지컬 〈On the Town〉에서는 휴가 나온 해군 병사들(진 켈리Gene Kelly, 프랭크 시나트라Frank Sinatra, 줄스 먼쉰Jules Munshin 분)이 이 건물의 전망대에서 춤판을 벌였다. 이 전망대를 만남의 장소로

Empire State Building

러브 어페어
An Affair to Remember
1957

시애틀의 잠 못 이루는 밤
Sleepless in Seattle
1993

사용한 결정판은 1939년판 〈Love Affair〉의 리메이크인 1957년 영화 〈러브 어페어An Affair to Remember〉였다. 대사와 장면전환까지 1939년 영화를 베낀 영화인데도, 〈러브 어페어〉는 종종 '역사상 가장 로맨틱한 영화'로 손꼽히곤 한다. 캐리 그랜트Cary Grant와 데보라 카Deborah Kerr의 호연과 두 배우가 자아낸 애틋한 화학작용 덕분일 것이다.

남자가 전망대에서 기다리는 동안 여자가 교통사고를 당해 두 사람이 못 만나는 대목에서 관객들은 자기 일처럼 속상해 했다. 어찌나 인기가 좋았던지, 1994년 워렌 비티Warren Beatty와 아네트 베닝Annette Bening 주연의 삼탕 리메이크도 만들어졌다. 제목은 도로 'Love Affair'. 1993년 〈시애틀의 잠 못 이루는 밤Sleepless in Seattle〉은 이 영화를 포스트모던한 방식으로 재활용했다. 여기서야 비로소 주인공들(톰 행크스Tom Hanks, 멕 라이언Meg Ryan 분)은 전망대에서의 로맨틱한 만남에 성공한다.

한 가지 유념하실 일이 있다. 이런 영화 주인공들 같은 짓을 흉내 내기란 생각보다 어렵다는 사실이다. 전망대가 86층과 102층 두 곳에 있기 때문에, 어설프게 약속을 했다가는 정해진 시간에 찾아가도 어긋날 수가 있다. 참고로 〈러브 어페어〉는 102층, 〈On the Town〉과 〈시애틀의 잠 못 이루는 밤〉은 86층 전망대가 무대다. 86층은 바람을 쐴 수 있는 옥외 전망대고, 102층은 지금은 유리창으로 둘러싸여 있다.

더 번거로운 문제는, 전망대에 입장하려면 줄도 길고 입장료도 비싸다는 점이다. 추가 요금을 내지 않는 한 다섯 번 줄을 서야 한다. 1층 입구, 로비의 승강기, 입장권 구매, 두 번째 승강기, 승강기 하차 후 전망대 앞 모두 매일 긴 줄이 늘어서 있다. 이건 그다지 로맨틱한 과정이 못 된다. 2008년 영화 〈점퍼Jumper〉의 주인공처럼 전망대로 '펑'하고 순간 이동하는 초능력이라도 없다면.

엠파이어스테이트빌딩 내부의 모습은 윌 패럴Will Ferrell 주연의 2003년 코미디 〈엘프Elf〉에 나온다. 북극에서 산타클로스와 함께 살다가 뉴욕으로 온 주인공 버디가 찾아낸 친아버지(제임스 칸 James Caan 분)의 사무실이 이 건물에 있었다. 2010년 판타지 영화 〈퍼시 잭슨과 번개 도둑Percy Jackson & the Olympians: The Lightening Thief〉에서는 신들이 모여 사는 올림퍼스로 통하는 특수한 승강기가 86층 전망대 안쪽에 감춰져 있었다.

점퍼
Jumper
2008

멀리서 바라보는 엠파이어스테이트빌딩도 운치가 있다. 앤디 워홀Andy Warhol은 1964년 〈Empire〉라는 무성영화를 찍었다. 8시간 동안 움직이지도 않고 줄곧 엠파이어스테이트빌딩을 찍은 거였다. 나도 나름대로 예술을 사랑하지만 이런 짓은 왜 하는 건지 잘 이해가 안 된다. 좌우간 배우 겸 작가인 크리스핀 글로버Crispin Glover는 이런 얘기를 남겼다.

영화에서 사실주의는 언제나 주관적이다. 사실 시네마 베리테cinéma vérité라는 것은 없다. 유일한 진짜 시네마 베리테는 앤디 워홀이 엠파이어스테이트빌딩을 필름에 담은 것이리라. 8시간 남짓 하나의 앵글로. 하지만 그것조차 따지고 보면 시네마 베리테는 아니다. 당신이 실제로 거기 있는 건 아니니까.

이런 주장에 짜증이 났던 건지, 아니면 산이 거기 있으니까 오른다던 어느 산악인의 주장처럼 그냥 그랬던 건지, 〈인디펜던스 데이〉에서 외계 우주선은 엠파이어스테이트빌딩을 박살내는 것으로 지구 방문 일정을 시작한다. 〈노잉Knowing〉(2009)에서 태양 흑점의 대폭발로 지구가 멸망할 때 장렬히 폭파되던 엠파이어스테이트빌딩은 〈오블리비언Oblivion〉(2013)과 〈제5침공The 5th Wave〉(2016)에서 외계인의 공격으로 지구가 멸망할 때는 용케 쓰러지지 않고 버텼다.

〈오블리비언〉은 지구 멸망 후에 살아남은 인간들이 외계 문명에 맞서는 SF 영화다. 주인공 잭 하퍼(톰 크루즈Tom Cruise 분)는 지구

오블리비언
Oblivion
2013

가 파괴되기 전에 줄리아라는 여인(올가 쿠릴렌코Olga Kurylenko 분)과 엠파이어스테이트빌딩 86층 전망대를 방문했던 전생을 자꾸 꿈에서 본다. 그는 현실에서 그녀를 만나 다시 이곳을 찾는다. 맨해튼이 전부 땅속에 파묻혔고, 엠파이어스테이트빌딩은 86층 위쪽만 간신히 지상으로 고개를 내밀고 있다.

줄리아: 잭, 우리 여기 왔었어요. 나에게 만나자고 했고, 세상 꼭대기로 데려왔죠. 당신은 그날따라 긴장하고 있었어요. (전망대 망원경을 가리키며) 바로 여기에요, 잭. 당신은 '이걸 들여다봐'라고 말했어요.
잭: '그러면 내가 미래를 보여줄게' 그러고는 반지를 꺼냈지. 그리고 당신은……
줄리아: '예스'라고 말했어요.

　　이건 이를테면 종합판이다. 로맨틱한 만남의 장소, 괴물과 외계인의 침공 그리고 무너진 바벨탑처럼 남아 있는 마천루의 폐허. 지구상에 로맨스와 종말론을 동시에 상징할 수 있는 조형물이 과연 몇이나 되겠나.

엠파이어스테이트
빌딩
🚩 20 W 34th St, New York, NY 10001
🖥 esbnyc.com
☎ +1 212-736-3100
🕐 08:00~다음 날 02:00

타임스스퀘어

Times Square

기자: 타임스스퀘어 위원회의 신임 부회장 클레어 모건 씨와
함께하고 있습니다. 오늘 대단한 밤이 되겠죠?
클레어: 오, 그냥 대단한 정도가 아니에요. 10억 이상의 전 세
계 사람들이 오늘 밤 우리의 볼 드롭 행사를 지켜볼 테니까
요. 그건 굉장히 대단하다고 할 수 있죠. 제가 오른쪽 카메라
를 보면서 말하면 되나요?
기자: 어……, 저희는 라디오인데요.

– 영화 <New Year's Eve> 중에서

New Year's Eve
2011

매일 30만~45만 명, 매년 5천만 명 이상의 사람들이 타임스스퀘어
를 지난다. 디즈니 테마 공원들보다 많은 방문객 수다. 매년 48억
달러 이상의 소비가 여기서 이루어진다. 관광객들이 뉴욕에 와서
뿌리는 돈의 22퍼센트는 여기서 쓰는 돈이다. 타임스스퀘어 역사
상 가장 많은 사람들이 모였던 날은 다름 아닌 우리의 광복절이었
다. 1945년 8월 15일 광장을 가득 메운 사람들이 일본에 대한 승전
에 환호했다. 이른바 'VJ 데이Victory over Japan Day'다.

　　타임스스퀘어 한가운데에서 수병이 간호사를 끌어안고 격렬
한 입맞춤을 나누는 장면은 이날을 기념하는 가장 유명한 사진이
되었다. (이 사진은 8월 14일에 촬영한 것이라고 한다.) 2009년의 〈박물
관이 살아 있다 2Night at the Museum 2: Battle of the Smithsonian〉에서 흑백사진
속으로 뛰어든 주인공 래리(벤 스틸러Ben Stiller 분)가 추격해오는 이

박물관이 살아있다 2
Night at the Museum 2
2009

레터스 투 줄리엣
Letters to Juliet
2010

집트 병사들을 피하면서 이 유명한 키스 신을 재현했다. 2010년 로맨틱 드라마 〈레터스 투 줄리엣Letters to Juliet〉의 주인공은 아만다 사이프리드Amanda Seyfried가 연기하는 《뉴요커》 잡지의 사실 확인 담당자 소피다. 이 영화는 소피가 VJ 데이의 입맞춤 사진 속 인물을 수소문해 촬영 당시의 상황을 확인하는 장면으로 시작한다.

해마다 12월 31일이 되면 방문객 수는 폭증한다. 가설무대에서는 그해에 가장 큰 활약을 한 가수의 공연이 벌어진다. 2012년 연말에는 싸이와 무한도전 멤버들이 여기서 공연을 했다. 광장 남쪽 1번지 건물One Times Square 옥상에서는 전구로 밝힌 구체를 자정에 맞추어 아래로 하강시킨다. '볼 드롭Ball Drop'이라고 부르는 이 행사는 1907년 이래 지속되고 있다.

개리 마셜Garry Marshall 감독의 2011년 영화 〈New Year's Eve〉에서 이 행사 책임을 맡은 클레어(힐러리 스웽크Hilary Swank 분)는 행사 당일 망가져버린 볼 때문에 당황한다. 근처 병원에서 암 치료를 받고 있는 스탠(로버트 드니로Robert De Niro 분)은 의사의 만류를 뿌리치고 병원 옥상으로 가서 볼 드롭 행사를 마지막으로 한 번 더 보려고 한다. 자정 공연에 출연하는 록 가수 젠슨(존 본 조비Jon Bon Jovi 분)은 헤어진 연인 로라(캐서린 하이글Katherine Heigl 분)와의 관계를 회복하려 한다. 아파트의 고장 난 승강기에 갇힌 코러스 가수 엘리즈(리아 미셸Lea Michele 분)는 자정 전에 공연장에 못 갈까 봐 발을 동동구른다. 친구들과 어울려 볼 드롭 행사를 보고 싶은 고교생 헤일리(애비게일 브레슬린Abigail Breslin 분)는 밤 외출을 허락하지 않는 엄마(사라 제시카 파커Sarah Jessica Parker 분)와 다투고 집을 나온다.

볼 드롭 행사에 100만 명이 모이면 거기엔 100만 가지 사연이 있을 것이다. 저마다 다른 사연을 가진 사람들이 한 장소에 기를 쓰고 모이는 이유가 뭘까. 사람은 누구나 그렇게라도 달래고 싶은 외로움을 안고 있는 게 아닐까. 'Seems I'm not alone in being alone(혼자인 건 나 혼자만이 아니었나 보네).'라던 스팅Sting의 노래

Times Square

나는 전설이다
I Am Legend
2007

루시
Lucy
2014

〈Message in a Bottle〉 가사가 떠오른다. 저마다의 밀실에서 살아가는 현대인에게 광장은 소통의 장일 수도 있지만 외로움을 극대화시키는 역설의 장소일 수도 있다.《라이프》잡지에 게재되어 유명해진 타임스스퀘어 사진이 또 한 장 있다. '빗속의 제임스 딘James Dean'이라는 1955년 흑백사진 속에서 시대의 반항아 제임스 딘은 검은 코트 깃을 목까지 추켜세우고 담배를 문 채 빗속을 걷는다. 텅 빈 타임스스퀘어를 걷는 그의 모습은 아무런 설명 없이도 고립감과 절망감을 전해준다. 이 사진처럼 광장의 역설을 활용해 주인공의 고독을 극대화시킨 영화들이 있다.

스페인 영화의 번안물인 2001년의 〈바닐라 스카이Vanilla Sky〉에서 톰 크루즈가 연기하는 주인공 데이비드는 어느 날 아침 집 밖으로 나갔다가 타임스스퀘어가 텅 빈 것을 보고 경악한다. 이 장면은 컴퓨터 그래픽이 아니고, 일요일 새벽에 특별 허가를 얻어 광장을 비우고 촬영했다. 2007년 영화 〈나는 전설이다I Am Legend〉에서는 인류가 멸망하고 홀로 살아남은 (것처럼 보이는) 네빌 중령(윌 스미스 분)이 잡초가 무성한 타임스스퀘어로 개를 데려와 사슴을 사냥했다. 타임스스퀘어의 가게에서 네빌이 마네킹과 대화를 하던 장면도 반어적 고독을 강조한다.

〈퍼스트 어벤져Captain America: The First Avenger〉(2011)에서는 70년 동안 얼음에 갇혀 잠들었던 캡틴 아메리카(크리스 에반스Chris Evans 분)가 타임스스퀘어로 뛰쳐나와 어리둥절해한다. '괜찮냐'는 퓨리 국장(사무엘 L. 잭슨Samuel L. Jackson 분)의 물음에 캡틴은 허탈한 목소리로 대답한다. "데이트 약속이 있었는데……."

뤽 베송Luc Besson 감독의 2014년 SF 영화 〈루시Lucy〉에서 신종 실험 물질 덕분에 초능력을 얻게 된 루시(스칼렛 요한슨Scarlett Johansson 분)는 타임스스퀘어 한복판에 앉아 마치 스마트폰 페이지를 넘기듯 광장의 과거를 조망한다. 시간을 거슬러 마천루가 낮아지고, 포장도로도 사라지고, 초원도 없어지고 선사시대까지 거슬러 간다. 광장 속의 군중은 그저 잠시 왔다가 사라지는 풍경일 뿐이었다.

루시가 보았듯이, 타임스스퀘어가 인파로 넘쳐나는 장소가 된 건 비교적 최근의 일이다. 19세기 초 이곳은 그레이트 킬Great Kill이라는 세 가닥 하천이 흐르던 갈대밭이었다. 1872년에 마차 공장과 수리소들이 들어서면서, 영국 마차 시장의 이름을 따서 롱에이커 스퀘어Longacre Square라는 이름으로 불렀다. 1904년 뉴욕타임스 신문사가 이곳으로 이전해오자 비로소 광장의 이름은 타임스스퀘어가 되었다. 제1차 세계대전이 끝나면서 극장과 호텔들이 들어섰고, 1920년대 호황을 누렸던 광고업계는 이곳을 독특한 전광판의 거리로 만들었다.

그러나 1930년대 대공황을 거치면서 타임스스퀘어는 도박과 매춘과 범죄의 소굴로 전락했다. 상류층이 드나들던 극장들도 포르노를 상영했고, 스트립쇼를 공연하는 술집과 성인용품 가게들이 광장을 점령했다. 이런 상황은 1990년대 중반까지도 나아지지 않았다. 1984년에는 타임스스퀘어에서만 2300건의 범죄가 일어났는데, 그중 460건이 살인과 강간 등 중범죄였다. 1980년대 한때 타임스스퀘어 구역 전체가 납부한 재산세가 6백만 달러에 불과한 적도 있었는데, 이것은 맨해튼 다른 구역의 웬만한 중형 건물 한 채의 세금에도 못 미치는 금액이었다.

개봉 당시 X등급을 받았던 존 슐레진저John Schlesinger 감독의 〈미드나잇 카우보이Midnight Cowboy〉(1969)는 1960년대 말 타임스스퀘어의 슬픈 풍경을 담고 있다. 이 영화는 1970년 아카데미 작품상, 감독상, 각색상을 받아 X등급 영화가 작품상을 수상한 전무후무한 사례로 남았다. 텍사스 식당의 접시닦이였던 조(존 보이트Jon Voight 분)는 카우보이 복장을 한 채 뉴욕으로 온다. 맨해튼에서 유한有閑 부인들을 유혹해 돈을 벌어보겠다는 심산이지만 '일거리'는 좀처럼 생기지 않고 그의 행색은 꾀죄죄해져 가기만 한다. 그는 길거리

택시 드라이버
Taxi Driver
1976

에서 소심한 범죄를 일삼는 래초(더스틴 호프먼Dustin Hoffman 분)와 한 패가 되는데, 타임스스퀘어를 맴도는 이 두 사람의 신세는 마치 도심의 시궁창을 벗어나지 못하는 두 마리 생쥐처럼 처량하다.

마틴 스코세지 감독의 1976년 걸작 〈택시 드라이버Taxi Driver〉에서 주인공 트래비스가 아는 오락이라고는 타임스스퀘어의 심야 극장에서 심드렁하게 포르노를 관람하는 게 전부였다. 그는 입버릇처럼 되뇐다.

밤이 되면 짐승들이 기어 나온다. 창녀들, 냄새나는 암컷들, 남색男色 하는 놈들, 여장 남자들, 호모들, 약쟁이들, 마약상들. 돈만 밝히는 넌덜머리 나는 것들. 언젠가 이 쓰레기들을 거리에서 쓸어낼 진짜 비가 내릴 것이다.

이러던 타임스스퀘어도 1990년대 중반부터 몇 가지 요인이 상승효과를 내면서 변하기 시작했다. 주변 상권을 살려보려는 주민들과 상인들의 공동 노력, 1994년 시장으로 취임한 루돌프 줄리아니의 지도력 그리고 뉴욕 부동산 활황에 따른 재개발 붐. 1995년 가을 뉴욕에 출장을 가서 본 타임스스퀘어는 온통 XXX를 써 붙인 외설 업소투성이였는데, 1998년 근무를 하러 다시 가 보니 그사이에 그 많던 풍속업소들은 거짓말처럼 사라지고 없었다. 강산이 변하려면 10년이 필요할지 몰라도 도시가 변하는 데는 3년이면 족하다는 사실을, 나는 그때 깨달았다.

타임스스퀘어는 그렇게 시민의 품으로 돌아왔고, 관광 명소가 되었다. 마이크 니콜스Mike Nicholls 감독의 2004년 영화 〈클로저Closer〉 말미에 주인공 세인(나탈리 포트먼Natalie Portman 분)이 런던에서의 연애를 접고 돌아와 슬로우 모션으로 활보하던 타임스스퀘어는 더는 매춘 행위를 일삼는 카우보이로 득실대는 거리가 아니었다. 걸어가는 그녀의 미모를 행인들이 흘끔거리며 돌아보는 장면에서 데미언 라이스Damien Rice의 노래 〈The Blower's Daughter〉가

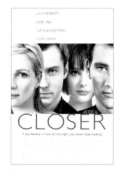

클로저
Closer
2004

흘렀다.

2011년 로맨틱 코미디 〈프렌즈 위드 베네핏Friends with Benefits〉에서 뉴욕의 헤드헌터 제이미(밀라 쿠니스Mila Kunis 분)는 로스앤젤레스 출신 디자이너 딜런(저스틴 팀벌레이크Justin Timberlake 분)에게 스카우트를 제안하고 타임스스퀘어로 데려온다. 공연 티켓 할인 판매소 TKTS 앞에서 〈New York, New York〉 노래에 맞춰 벌어지는 플래시 몹flash mob으로 깜짝 선물을 해준 제이미에게, 딜런은 전직 제안에 대한 승낙으로 응답했다.

불청객들도 타임스스퀘어를 찾아온다. 1993년 아놀드 슈왈제네거Arnold Schwarzenegger 주연 〈마지막 액션 히어로Last Action Hero〉에서는 영화 속 캐릭터들이 현실로 뛰쳐나와 싸움을 벌였다. 영화 속에서 번번이 주인공 잭 슬레이터(아놀드 슈왈제네거 분)에게 당하기만 하던 악당 캐릭터 리퍼(톰 누난Tom Noonan 분)가 영화 밖 세상으로 나온다. 리퍼는 타임스스퀘어에서 개최되는 영화 시사회에서 슬레이터를 연기하는 어리숙한 실제 배우 슈왈제네거를 살해하려 하고, 주인공 슬레이터도 스크린 밖으로 튀어나와 뉴욕 밤거리에서 리퍼와 대결을 벌였다. 다른 세상에서 뛰쳐나온 아놀드 슈왈제네거가 타임스스퀘어로 찾아온 건 이게 처음이 아니었다. 1970년 데뷔작 〈Hercules in New York〉에서 22살의 무명 배우였던 그는 올림푸스에서 뉴욕으로 강림해 마차를 몰고 타임스스퀘어를 가로지르던 헤라클레스였다.

마지막 액션 히어로
Last Action Hero
1993

물론 더 심한 일도 생긴다. 2009년 〈트랜스포머: 패자의 역습 Transformers: Revenge of the Fallen〉의 악당 디셉티콘은 타임스스퀘어 전광판에 지구를 파괴하겠다는 협박 영상을 송출했고, 스파이더맨은 2002년의 〈스파이더맨Spider-Man〉에서는 윌렘 대포Willem Dafoe가 연기하는 그린 고블린과, 2014년의 〈어메이징 스파이더맨 2Amazing Spider-man 2〉에서는 제이미 폭스Jamie Foxx가 연기하는 악당 일렉트로와 타임스스퀘어에서 대판 싸움을 벌였다. 2009년 〈왓치맨Watchmen〉에서는 악당이 원자로를 폭파시켜 아예 광장 전체가 흔적도 없이 사라지기까지 했다.

재개발로 인해서 타임스스퀘어가 '디즈니랜드'처럼 몰개성하고 상업적인 장소로 변했다고 불평하는 이들도 있다고 한다. 사람들 참 욕심도 많다. 개성 만점의 범죄 소굴이 더 좋다면, 그런 사람들만 모여 사는 다른 세상이 필요할지도 모르겠다.

타임스스퀘어
☛ Manhattan, NY
10036
⊡ timessquarenyc.org

카네기홀

Carnegie Hall

바이올리니스트 미샤 엘먼Mischa Elman은 어느 날 카네기홀에서
리허설을 마치고 거리로 나왔다. 관광객들이 그에게 다가와
물었다. "카네기홀에 가려면 어떻게 해야 하나요?" 엘먼은
뒤도 안 돌아보고 대답했다. "연습하세요."

– 카네기홀 홈페이지에서

실화에 바탕을 둔 웨스 크레이븐Wes Craven 감독의 1999년 영화 〈뮤
직 오브 하트Music of the Heart〉에서 메릴 스트립Meryl Streep이 연기하는
임시 교사 로베르타는 10년 동안이나 가난한 할렘 학생들에게 바
이올린을 가르치지만, 결국 음악 수업은 사치품이라는 편견에 부
딪히고 만다. 시 교육 예산이 삭감되자 음악 수업이 폐지될 위기에
놓인 것이다. 로베르타는 예산을 확보하기 위해 학부모들과 모금
활동을 벌이며 자선 공연 계획을 세운다. 아이작 스턴Isaac Stern이나
이츠하크 펄만Itzhak Perlman 같은 연주자들이 발 벗고 나서 할렘 어린
이들에게 카네기홀 연주회를 주선한다. 무대를 바라보며 감격하는
로베르타에게 아이작 스턴이 다가와 말을 건다.

뮤직 오브 하트
Music of the Heart
1999

귀 기울여보세요. 1891년 개관 연주 때의 차이코프스키 선율이 들릴 거예요.
저쪽을 보면 야샤 하이페츠의 연주가 들려올 거고요. 이쪽에서는 세르게이 라
흐마니노프의 연주가, 또 저쪽에서는 블라디미르 호로비츠가 연주하는 피아
노 소리가 들리는 것만 같지요. 그들이 모두 여기에 남아서 이곳을 찾는 관객

들을 맞이하는 거죠.

철강 산업계의 거부 앤드류 카네기Andrew Carnegie가 1891년 맨
해튼 7가 881번지에 설립한 이 건물은 1962년 링컨센터가 생겨나
기 전까지는 뉴욕 필하모니가 상주하던 연주회장이었다. 아이작
스턴은 1960년대에 카네기홀이 철거될 위기에 놓이자 시민운동을
전개해 철거를 막아냈다. 그래서 2804석 규모의 대극장에는 아이
작 스턴 오디토리엄auditorium이라는 이름이 붙었다. 스턴을 포함한
많은 이들의 노력에 힘입어 카네기홀은 공연 예술가들의 가장 위
대한 성취를 상징하는 장소가 되었다. 영화 속에서도 '카네기홀'이
라는 이름은 최고의 예술적 기량이라는 말과 동의어로 사용된다.

티모시 달튼Timothy Dalton이 007 역을 맡았던 1987년의 〈007 리
빙 데이라이트The Living Daylights〉에서 제임스 본드는 악당의 애인 카
라(마리암 다보Maryam d'Abo 분)를 꼬드겼다. 그녀는 남자 친구가 사준
스트라디바리우스Stradivarius 첼로를 가지고 있는데, 제임스 본드는
이 고가의 악기를 스키의 폴대로 써먹는다.

007 리빙 데이라이트
The living Daylights
1987

본드: 당신 첼로, 스트라디바리우스군요!
카라: '숙녀의 장미'라는 별명을 가진 유명한 악기예요. 조르지가 뉴욕에서 사
다 줬어요. 저도 언젠가 거기서 연주를 해보고 싶어요. 카네기홀에서.

1992년 〈나 홀로 집에 2: 뉴욕을 헤매다Home Alone 2: Lost in New
York〉에서는 뉴욕에서 미아가 된 케빈이 공원에서 비둘기 떼를 돌
보는 아줌마와 친구가 된다. 아줌마는 카네기홀 옥상으로 케빈을
안내한다.

나 홀로 집에 2: 뉴욕을
헤매다
Home Alone 2: Lost in
New York
1992

케빈: 음악 좋은데요. 여기 굉장해요.
아줌마: 난 여기서 위대한 음악을 들어봤어. 엘라 피츠제럴드, 카운트 베이시,

프랭크 시나트라, 루치아노 파바로티…….

케빈: 친구들도 여기 데려오시나요?

아줌마: 난 친구가 별로 없단다.

케빈: 안됐네요.

비둘기 아줌마의 증언처럼 카네기홀에서는 재즈 연주회도 적잖이 열렸다. 원래 그랬던 건 아니다. 여기서 첫 연주회를 가진 재즈 뮤지션은 1938년의 베니 굿맨Benny Goodman 오케스트라였다. 태생부터 자유로운 즉흥연주를 중심으로 발전한 재즈를 빅밴드의 틀에 가두기란 쉬운 일이 아니었다. 자유로운 모던재즈를 숭배하는 사람들은 빅밴드의 연주를 폄훼하는 경향마저 있다. 하지만 빅밴드의 스윙Swing 음악이 없었다면 재즈는 전성기를 가져본 적이 없는 음악이 되었을 것이다. 주류 음악의 자리에 서본 적이 없었다면, 재즈는 사라지지는 않았을지 몰라도 최소한 지금보다 훨씬 빈약하고 괴팍한 음악이 되었을 것이 틀림없다. 유년기에 사랑을 받아본 적이 없는 어른처럼.

1930년대에 베니 굿맨은 '스윙의 제왕King of Swing'이라고 불리며 재즈의 청중을 늘리는 데 기여했고, 마침내 1938년 카네기홀에서 공연을 열었다. 카네기홀에서 재즈를 공연한다는 것은 상상조차 못하던 시절이었기 때문에, 굿맨 자신도 적잖이 긴장했다. 이 공연은 술집과 나이트클럽의 음악이던 재즈를 마침내 '존중해도 좋은' 음악의 반열에 올리는 사건이었다. 어느 평론가는 이 공연을 가리켜 '굿맨과 그의 단원 15명이 치밀하고 대담하게 미국산 밀수품을 유럽의 고급문화 속으로 들여왔다.'고 평했다. 1955년 영화 〈The Benny Goodman Story〉에 이런 장면이 나온다.

The Benny Goodman
Story
1955

동료 연주자: 베니, 방금 멋진 아이디어를 들었어. 카네기홀에서 연주회를 여는 건 어때?

Carnegie Hall

베니 굿맨: 카네기홀? 그게 되겠나. 우린 지금도 그럭저럭 잘 하고 있어.

동료 연주자: 베니, 이건 자네 연주 경력의 최고 정점이 될 거라고.

베니 굿맨: 흠……, 확실히 이정표는 되겠지. 모든 재즈 연주자들에게. 승인의 표식 같은 거랄까.

동료 연주자: 바로 그거야.

베니 굿맨: 그래, 최고 연주자들을 불러 모으는 거야. 우리 멤버들만이 아니라. 진정한 재즈 연주회를 만드는 거지.

동료 연주자: 스윙 음악이 스쳐가는 유행에 불과하지 않다는 걸 보여주자고.

베니 굿맨: 이게 좋은 아이디어라고 생각할 사람이 생각나는군. 앨리스는 항상 진정한 음악가는 카네기홀에서 연주하는 사람이라고 말했었어.

　　카네기홀에서 굿맨 밴드는 그때까지 존재해왔던 역사상의 모든 재즈 선배들을 대표해서 그 자리에서 섰다는 사실을 이해하고 있다는 듯이, 예전의 딕시랜드 재즈에서부터 시작해서 점점 더 후일의 히트 곡들을 연주했다. 굿맨 이후로는 듀크 엘링턴Duke Ellington, 글렌 밀러Glenn Miller, 빌리 홀리데이Billie Holiday 등 많은 재즈 연주자가 카네기홀에서 콘서트를 열었고, 롤링 스톤즈Rolling Stones 나 레드 제플린Led Zeppelin 같은 록 그룹도 연주를 했다.

　　가끔 코미디언들의 공연도 열렸다. 물론 그 분야에서 최고의 대접을 받아야 가능한 일이다. 빌 코스비Bill Cosby(1971), 그라우초 막스Groucho Marx(1972), 스티브 마틴Steve Martin(1978), 밥 호프 Bob Hope(1984), 제리 사인펠드Jerry Seinfeld(1992), 로빈 윌리엄스Robin Williams(2002) 등이 여기서 공연을 했다. 가장 특이한 공연으로는 1979년 앤디 카우프만Andy Kaufman의 공연을 꼽을 수 있다. 무대에서 사고로 초대 손님이 사망한 것처럼 가장해 관객을 놀라게 하고, 천장에서 산타클로스가 썰매를 타고 내려오기도 했다. 공연을 마친 뒤 카우프만은 모든 관객을 스쿨버스에 태워 인근 학교 강당에 데려가 쿠키와 우유를 대접했다. 짐 캐리Jim Carrey가 카우프만을

Man on The Moon
1999

연기한 밀로스 포먼Miloš Forman 감독의 1999년 영화 〈Man on The Moon〉에도 이 공연이 묘사되었다. 폐암으로 죽음의 그림자와 싸우던 카우프만에게도 카네기홀은 최고의 성취를 상징하는 장소였다.

샤피로: 내가 뭐 도울 일은 없겠나?
카우프만: 다시 일을 해야겠어요.
샤피로: 클럽 순회공연이라도 하려는 건가?
카우프만: 클럽 말고요. 최고를 겨냥해야죠. 카네기홀!

참고로 우리나라 가수들 중에는 조용필(1981), 패티김(1989), 인순이(1999, 2010), 이선희(2011), 김범수(2012), 송정미(2015) 등 높은 기량을 가진 소수가 카네기홀에서 공연을 했다. 하지만 충분한 예술적 기량 없이 카네기홀 무대에 서는 사람들도 있다. 특히 이력서에 카네기홀이라는 한 줄을 덧붙이려고 599석 규모의 잰켈 홀Zankel Hall이나 268석의 와일 리사이틀 홀Weill Ricital Hall 등 소극장에서 자비 공연을 개최하고 초청장을 뿌려대는 사람들이 한국인 연주자들 중에도 적지 않았다고 한다. 역시 카네기홀이라는 명성에 어울리는 경력은 예술적 기량을 인정해 카네기홀이 초청하는 공연이다. 아이작 스턴 오디토리엄 2800석 매진을 기록한 피아니스트 조성진의 2017년 솔로 리사이틀처럼.

하지만 그런 재능은 아무나 타고나는 게 아니다. 재능으로 못할 일을 재력과 열정으로 해낸 대표적인 인물에 관한 영화도 있다. 앞서 소개한 〈뮤직 오브 하트〉에서 학생들을 카네기홀로 인도하는 음악 교사 역을 맡았던 메릴 스트립은 2016년 〈플로렌스Florence Foster Jenkins〉에서는 상속받은 재산으로 음악계를 지원했던 실존 인물 플로렌스 젠킨스 여사 역을 맡았다. 젠킨스 여사는 엄청난 음치이면서도 끈덕지게 성악 레슨을 받고, 음반도 취입하고, 카네기홀에서 공연까지 했다. 듣기 괴로운 노래를 천연덕스럽게 부르는 메

플로렌스
Florence Foster Jenkins
2016

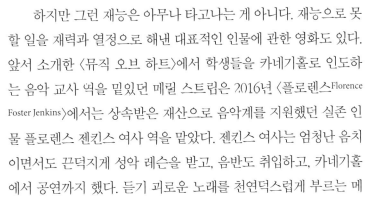

릴 스트립의 연기는 과연 명불허전이다. 플로렌스를 비웃고 홍보하는 사람들이 더 많긴 하겠지만, 내게는 실력에 비해 욕심이 많았던 그녀의 고집스러운 예술 사랑이 눈물겹다. 나도 그런 부류라서 그런지도 모른다. (물론 돈 말고 실력과 욕심 얘기다.)

제목 자체가 'Carnegie Hall'인 영화도 있었다. 에드가 울머Edgar G. Ulmer 감독의 1947년 흑백영화다. 카네기홀에서 청소부로 일하며 아들에게 피아노 교육을 시키는 극성 엄마가 등장한다. 피아니스트와 결혼했다가 사고로 남편을 여읜 홀어머니다. 엄마는 공연 때마다 아들을 카네기홀로 데려와 무대 뒤편에서 세계 최고 수준의 연주로 살아 있는 교육을 시킨다. '이래도 클래식 음악의 매력에 빠지지 않을래?' 하는 식으로 영화 틈틈이 뉴욕 필하모니 오케스트라와 지휘자 월터 대므로쉬Walter Damrosch, 프리츠 라이너Fritz Reiner, 아투르 로진스키Artur Rodziński, 레오폴드 스토코우스키Leopold Stokowski, 브루노 월터Bruno Walter, 바이올리니스트 야샤 하이페츠Jascha Heifetz, 첼리스트 그레고르 피아티고르스키Gregor Piatigorsky, 피아니스트 아더 루빈스타인Arthur Rubinstein 등이 찬조 출연하며 기량을 뽐낸다. 일껏 키워놓은 아들은 가수와 사랑에 빠져 재즈밴드에 취업을 해서 어머니의 억장이 무너지게 만든다. 그러나 그게 끝은 아니었다. 이미 설명 드렸듯이, 카네기홀은 현대음악에도 문호를 열었다. 카네기홀에서 평생을 지낸 어머니에게는 뜻밖이었겠지만.

열정이나 실력으로든 재력으로든 카네기홀 무대에 서기란 어려운 일이다. 하지만 객석에서 공연을 관람하는 일은 그리 어렵지 않으니 한번 가보시길 권한다.

Carnegie Hall
1947

카네기홀

☎ 881 7th Ave, New
York, NY 10019
🖥 carnegiehall.org
☎ +1 212-247-7800

New York Public Library

나는 언제나 낙원이 도서관처럼 생겼을 거라고 상상했다.

– 소설가 호르헤 루이스 보르헤스Jorge Luis Borges

세상에는 두 종류의 사람이 있다. 도서관에 가는 사람과 가지 않는 사람. 내가 가끔 도서관에 갔던 이유는 순전히 전자에 끼고 싶어서다. 학창 시절에도 도서관에 책을 빌리러 갔으면 갔지, 거기 앉아서 책을 읽지는 않았다. 나는 책을 비스듬히 누워서 읽을 때 제일 집중할 수 있는 축이다. 그렇게 버릇이 들었다. 앉아서 읽는 건 공부와 업무고, 누워서 읽는 건 놀이로. 어깨와 허리가 결려도 일에는 집중할 수 있지만 놀이에는 좀처럼 그렇게 되지 않는다. 버릇이 그렇다 보니 도서관에 가면 언제나 상상했던 것보다 많은 사람들이 열람실에서 독서를 하고 있는 데 놀란다.

맨해튼 5가와 42가 교차로 부근 도서관의 명칭은 퍼블릭 라이브러리Public Library이기 때문에 흔히 '공립' 또는 '시립' 도서관이라고 번역이 되지만, 공공기관이 설립한 것도 아니고 운영하는 것도 아니다. 여기서 퍼블릭은 공중公衆을 위해 열려 있다는 의미니까 '공공' 도서관이라고 하는 게 옳겠다. 뉴욕 주민이면 누구나 회원이 되어 무료로 이용할 수 있는 이 도서관은 '구텐베르크 성경' 등 역사적으로 귀중한 장서를 포함해 총 53만여 건의 자료를 소장하고 있다. 19세기부터 존재하던 부자들의 사설 도서관들을 통합해서 지금의 도서관이 설립되었고, 독립 비영리법인이 1911년에 개관한

New York Public Library

본관 건물 외에도 시내 곳곳의 여러 지점Branch 도서관들을 통합하여 운영하고 있다.

영화업계에 종사하는 사람들도 대부분 도서관에 가지 않는 부류인지, 영화 속에서 도서관이 책 읽는 장소로 등장하는 모습을 찾기란 몹시 어렵다. 전성기 시절 제니퍼 애니스톤Jennifer Aniston의 매력을 볼 수 있는 1997년 영화 〈Picture Perfect〉에서 뉴욕 공공도서관은 겨자회사의 광고 론칭 파티 장소였고, 〈토마스 크라운 어페어The Thomas Crown Affair〉(1999)에서는 촬영 허가를 얻지 못한 메트로폴리탄 박물관 로비의 대용물로 쓰였고, 〈달콤한 악마의 유혹 Shortcut to Happiness〉(2004)에서는 악마(제니퍼 러브 휴잇Jennifer Love Hewitt 분)에게 영혼을 판 작가(알렉 볼드윈 분)가 받는 문학상의 시상식장으로 등장한다. 〈섹스 앤 더 시티Sex and the City〉(2008)에서는 주인공 캐리의 불발된 결혼식장이었다. 실제 뉴욕 공공도서관 앞에서는 신랑 신부와 들러리들이 늘어서 기념 촬영을 하는 모습을 심심찮게 볼 수 있다. 그 신혼부부들이 책을 얼마나 사랑하는지는 알 수 없지만.

〈티파니에서 아침을Breakfast at Tiffany's〉(1961)에서는 주인공 폴(조지 페퍼드George Peppard 분)이 홀리(오드리 헵번Audrey Hepburn 분)를 도서관에 데려가 책을 대출하는데, 그나마 읽으려는 게 아니라 자신이 작가임을 자랑하기 위해서였다. 홀리는 폴더러 대출한 책에 서명을 하도록 시키다가, 사서가 기겁을 하자 뾰로통하게 말한다. "여긴 티파니의 반만큼도 재미가 없는 곳이네요."

The Wiz
1978

다이애나 로스Diana Ross가 도로시, 마이클 잭슨Michael Jackson이 허수아비로 출연하는 1978년 시드니 루멧Sidney Lumet 감독의 R&B 판 오즈의 마법사 〈The Wiz〉에서는 도서관 앞의 사자 석상이 살아나 일행과 함께 여행한다. 뉴욕 공공도서관의 신조 '인내와 용맹 Patience and Fortitude'을 상징하는 정문 앞의 두 마리 수사자 석상은 미국 조각가 에드워드 포터Edward Clark Potter의 작품이다.

할리우드의 도서 혐오증을 뒷받침해줄 좀 더 강력한 증거는 영화에서 만신창이가 된 도서관이 종말론적 파괴의 징표로 애용되고 있다는 사실이다. 뉴욕 공공도서관은 〈Escape from New York〉(1981)에서는 악당의 똘마니가 숨어 지내는 폐건물에 불과했다. 〈고스트버스터즈Ghostbusters〉(1984)에서는 사서 유령이 생전의 직업에 한이 서렸던지, 책과 도서 카드를 엉망으로 어지르며 사람들을 내쫓았다. 〈타임머신The Time Machine〉(2002)에서도 이 도서관은 미래의 폐허로 등장했고, 〈투모로우〉(2004)에서는 추위로 모든 생물이 얼어 죽어갈 때 사람들이 피신해 책을 태우면서 몸을 녹이던 장소였다. 〈컨트롤러The Adjustment Bureau〉(2011)에서는 인간들의 운명을 좌우하는 정체불명 조직의 사무실로 등장했고, 〈오블리비언〉(2013)에서는 주인공이 수상한 적들을 간신히 뿌리친 음침하고 위험한 지하 '유적'이었다.

아니다. 어쩌면 내가 거꾸로 읽은 건지도 모른다. 80만 년이 흐른 뒤에도 흔적이 남아 미래의 인류에 지식을 전달해주는 도서관(〈타임머신〉), 바깥세상이 다 얼어붙거나 외계인의 공격으로 파괴되어도 살아남은 인류의 마지막 도피처가 되어주는 도서관(〈투모로우〉, 〈오블리비언〉)의 모습은 오히려 영화 관계자들이 도서관에 표하는 최대의 경의와 찬사에 해당하는지도 모른다.

타임머신
The Time Machine
2002

투모로우
The Day after Tomorrow
2004

뉴욕 공공도서관

☏ 476 5th Ave, New York, NY 10018
🖥 nypl.org
☎ +1 917-275-6975
🕐 10:00~17:45
(화, 수 10:00~19:45 /
일 13:00~17:00)

Bryant Park

Punchline
1988

센트럴 '팍'을 둘러봅시다. 여기는 박씨 성을 가진 유명한 한
국인 이름을 딴 곳입니다. 그 사촌 프로스펙트도 유명한데
그 사람은 브루클린에 삽니다.

– 영화 <Punchline> 중에서 톰 행크스의 대사

뉴욕 공공도서관 뒤편으로는 뒷마당처럼 브라이언트 공원이 펼쳐
져 있다. 19세기까지 저수지가 있던 땅을 공원으로 조성하면서 당
시 《뉴욕 이브닝 포스트New York Evening Post》 편집장이자 노예폐지론
자였던 윌리엄 컬렌 브라이언트William Cullen Bryant의 이름을 공원에
붙였다. 공원의 지하에는 1980년대에 새로 건설한 도서관의 서고
가 있다. 공원을 빙 둘러가며 재미난 물건을 파는 상점들이 영업을
하고, 겨울이면 공원 한가운데 스케이트장이 들어선다.

　미국에 근무를 하게 되면 정착하는 과정에서 이케아IKEA를 들
락거리게 된다. 작은 물건은 카트에 담아 나와 계산을 하면 되지
만 큰 물품은 바깥쪽 카운터에 신청서를 내고 불출 받는다. 직원이
물건을 들고 나와 신청자의 이름을 외치는데, 이름의 첫 글자와 성
을 불렀다. 존 스미스는 '제이 스미스!' 하는 식이다. 나도 남들처
럼 'Y. Park'이라고 적어서 냈고 내 차례가 되었다. 기다리면서 핫도
그를 주문해 먹는 사이에 성미 급한 직원은 내 이름을 세 번 외쳤
는데, 홀을 가득 메우고 있던 좌중이 일제히 박장대소를 터트리지
뭔가. 그들이 듣기엔 카운터 직원이 느닷없이 "Why Park(왜 주차하

느냐)?"고 절규했기 때문에 웃지 않을 수 없었으리라는 사실을 깨달은 건 어리둥절한 얼굴로 물건을 받아들은 다음이었다. 미국인들이 나를 '주차 박씨'로 보는지 '공원 박씨'로 보는지는 모르지만, 나로선 뉴욕이 정겹게 느껴지는 데는 여기저기 공원이 많다는 점도 한몫하는 것 같다.

애써 만들어도 방치해두면 뭐든지 망가지는 게 만고불변의 진리다. 브라이언트 공원은 1970년대를 거치면서 마약상인, 노숙자, 매춘부 등이 들끓어 시민들로부터는 외면당하는 장소로 전락했다. 1980년대에 공원 회복을 위한 운동이 벌어졌는데, 록펠러 가문을 포함한 저명인사들이 가담했다. 무료 화장실이 개설되고 야외 도서관 및 독서실, 스케이트장, 식당과 카페, 서점, 회전목마 등이 설치되어 세상에서 가장 붐비는 도심 공원으로 변신했다. 맑은 날의 점심시간이면 주변에 근무하는 많은 이들이 공원을 산책한다.

Bright Lights, Big City
1988

1988년 영화 〈Bright Lights, Big City〉의 주인공 제이미(마이클 J. 폭스Michael J. Fox 분)도 그런 이들 중 한 명이었다. 하지만 공원에 나와 볕을 쬐는 사람들이 지닌 사연은 제각각일 터. 잡지사에 근무하던 제이미는 암으로 투병하던 어머니가 돌아가시고, 모델이던 아내 아만다(피비 케이츠Phoebe Cates 분)가 설명도 없이 집을 나가버린 후, 마약에 의지하며 나이트클럽을 전전하면서 본업을 소홀히 하다가 해고 통보를 받고 공원 벤치에 나앉은 처지였다.

방송인 하워드 스턴Howard Stern의 출세기를 그린 〈Private Parts〉(1997)에도 이 공원이 등장한다. 스턴은 방송국의 규제에도 아랑곳하지 않고 저속하고 야한 방송을 진행한다. 그는 자신의 프로그램이 청취율 1위를 차지하던 1985년 브라이언트 공원에서 록그룹 AC/DC의 공연을 주최했다. 수많은 군중이 모인 영화 속 장면은 1996년 촬영을 위해 재연한 것이다.

Private Parts
1997

〈I think I Love My Wife〉(2007)의 주인공 리처드(크리스 록 Chris Rock 분)는 공원에서 지나다니는 여자들을 감상하며 찝쩍대는

Bryant Park

공상에 빠졌고, 〈굿모닝 에브리원〉(2010)의 방송 피디 베키(레이첼 맥아담스Rachel McAdams 분)는 여기서 친구들과 식사를 나누며 지나가는 남자 동료에 관해 뒷담화를 나눈다. "저 남자 귀엽지 않니? 내 대학 동창인데 아빠가 잡지사 편집장이래. 엄마 쪽 집안은 타파웨어인지 뭔지 큰 회사를 가지고 있대." 어쩌고저쩌고.

　　노아 바움백Noah Baumbach 감독의 2012년 흑백영화 〈프란시스하Frances Ha〉는 두 여자의 망가져버린 우정을 묘사했다. 주인공 프란시스(그레타 거윅Greta Gerwig 분)와 룸메이트 소피(미키 섬너Mickey Sumner 분)가 서로 틀어지기 전, 우정을 과시하면서 빵 조각을 서로 부딪치며 식사를 하던 장소도 이곳 브라이언트 공원이었다. 자, 우리도 지친 걸음을 잠시 멈추고 오늘 점심은 여기서 해결해보자.

프란시스 하
Frances Ha
2012

브라이언트 공원

☛ New York, NY
10018
🖥 bryantpark.org
☎ +1 212-768-4242
🕘 07:00~22:00

Rockefeller Center

나는 모든 권리가 책임을, 모든 기회가 의무를, 모든 소유가
책무를 포함하고 있음을 믿는다.

— 존 D. 록펠러 주니어John D. Rockefeller Jr.의 10가지 생활신조 중에서

편견은 나쁘다는 게 통념이다. 편견, 선입견 또는 고정관념이라는
것은 자기가 손수 터득한 지혜가 아니라 사회에서 도식화되고 조
직화되고 구조화된 신념으로, 종종 분쟁이나 차별 같은 심각한 사
회문제를 일으키는 주범이기도 하다. 그러니까 거부해야 하는 대상
이다. 하지만 내기를 해도 좋다. 편견은 결코 없어지지 않을 것이다.

　편견이 사라지지 않는 진짜 이유는 그것을 거부하는 사람에
게 억압과 징벌이 가해지기 때문이 아니다. 그것을 받아들이는 것
이 생존에 유리하기 때문이다. 편견 또는 고정관념은 세계를 지각
하는 가장 간단한 방법을 제공한다. 인간이 정보를 습득하고 처
리할 수 있는 능력과 시간은 유한하다. 세상 모든 일을 자기가 손
수 터득해야 한다면 우리는 인생을 살아낼 재간이 없다. 직접 경험
해보지 않은 온갖 것들을 매번 '똥인지 된장인지 찍어 먹어보면서'
살아야 한다. 안 그래도 우리 인생은 충분히 바쁘고 고달프다. 모
든 편견을 저주하고 버리려는 것은 편견에 대처하는 올바른 자세
가 아니다. 편견의 도움을 받되, 그것이 편견이라는 사실을 잊지 않
는 것이 중요하다. 내 신념이 잘못된 것일 수 있다는 가능성을 열
어둔 사람이 지성인이다. 그러니까 우리에게 유용한 건 오만하지

않은, 겸손한 편견이다.

편견을 겸손히 다스리며, 위선이라는 단어를 살펴보자. 위선은 '겉으로만 선한 체를 하는' 가식을 의미한다. 그렇다면 위선은 위대하다. 선이 악보다 우월하고 존중받아야 할 가치임을 증명하는 행위이기 때문이다. 실은 윤리 자체가 위선이다. 우리는 말과 다르게 행동하는 것은 거짓이라고 부르지만, 생각과 다르게 행동하는 것을 도덕이라고 부른다. 상대의 생각을 낱낱이 알게 된다면 결혼은커녕 부모 자식 간의 관계도 지속되기 어려운 게 인간이다.

인간을 선한 존재로 바꾸는 것은 종교의 영역이다. 인간을 개조하려는 모든 정치적 시도는 사실상 실패로 귀결되었다. 하지만 인간의 행동을 개조하는 건 가능하다. 인류의 영원한 스승 공자는 예禮와 악樂으로 인간을 인仁과 의義에 도달시키려 했다. 모두가 군자가 될 수는 없지만 군자 흉내를 낼 수는 있다. 유교를 형식주의적이라고 비난하는 목소리가 있지만, 형식주의는 공자의 가르침의 핵심이다. 모두가 군자처럼 행동하려고 애쓰는 사회가 누구도 군자처럼 행동하지 않으려는 사회보다 살기 좋은 사회다. 국제사회에서도 힘이 제일 센 나라(헤게모니라고 부른다.)가 위선적일 때 나머지 사람들에게 가장 덜 불리하다. 국가는 얼마든지 위악적으로 행동할 수 있는 조직이라서 특히 더욱 그렇다.

그러니까 위선을 함부로 욕하면 곤란하다. 적어도, 오만한 편견 없이 위선을 바라볼 필요가 있다. 맨해튼 록펠러센터의 광장으로 내려가는 계단 길목에는 존 D. 록펠러 주니어가 생전에 신조로 삼았다는 10가지 원칙이 석판에 새겨져 있다. 읽어보면 우선 드는 생각은 '내용 참 좋네', 그런 다음에는 이 집안의 손가락질 받는 축재 과정이 떠오르면서 위선적이라는 느낌이 든다. 마지막으로 드는 생각은 '어쨌든 제일가는 갑부가 저런 신조를 석판에 새겨 공언할 수 있는 사회는 그런 게 통하지 않는 사회에 비해 건강하겠다'라는 것이다.

The inscription on the monument reads:

I BELIEVE IN THE SUPREME WORTH OF THE INDIVIDUAL
AND IN HIS RIGHT TO LIFE, LIBERTY AND THE PURSUIT OF HAPPINESS

I BELIEVE
THAT EVERY RIGHT IMPLIES A RESPONSIBILITY; EVERY
OPPORTUNITY, AN OBLIGATION ; EVERY POSSESSION, A DUTY

I BELIEVE
THAT THE LAW WAS MADE FOR MAN AND NOT MAN FOR THE
LAW; THAT GOVERNMENT IS THE SERVANT OF THE PEOPLE
AND NOT THEIR MASTER

I BELIEVE
IN THE DIGNITY OF LABOR, WHETHER WITH HEAD OR HAND;
THAT THE WORLD OWES NO MAN A LIVING BUT THAT IT
OWES EVERY MAN AN OPPORTUNITY TO MAKE A LIVING

I BELIEVE
THAT THRIFT IS ESSENTIAL TO WELL ORDERED LIVING
AND THAT ECONOMY IS A PRIME REQUISITE OF A SOUND
FINANCIAL STRUCTURE, WHETHER IN GOVERNMENT,
BUSINESS OR PERSONAL AFFAIRS

I BELIEVE
THAT TRUTH AND JUSTICE ARE FUNDAMENTAL TO AN
ENDURING SOCIAL ORDER

— JOHN D. ROCKEFELLER, JR.

Rockefeller Center

그의 아버지 존 데이비슨 록펠러 시니어John Davison Rockefeller Sr.는 떠돌이 약장수의 아들로 태어나 석유 사업으로 막대한 재산을 축적한 사나이였다. 빌 게이츠보다 서너 배는 더 부유했다니, 빈부 격차가 세계화의 작품이라는 요즘의 통념이 무색해진다. 그는 미국 초기 자본주의 시대의 무자비하고 탐욕스러운 자본가 이미지에 어울리는 사업가였다. 저임금 노동 착취와 무자비한 기업 합병으로 악덕 재벌의 대명사가 되었고, 1890년 '독점금지법Sherman Antitrust Act'이 제정된 것도 록펠러의 기업 경영 때문이었다. 그의 회사는 결국 독점금지법 위반 소송으로 1911년 대법원에서 위법 판결을 받아 34개 회사로 해체되었다.

그러나 록펠러라는 인물 자체는 탐욕에 찌든 괴물이 아니었다. 그는 간소한 생활을 고수하면서 욕구를 엄격히 자제했고, 술담배도 멀리하면서 극도로 규칙적인 일상을 반복했다. 엄청난 구두쇠였던 그는 푼돈까지 철저히 관리했지만 자선사업에는 놀라울 만큼 관대해서 '박애주의적 자선가philanthropist'라는 단어에 완전히 새로운 의미를 부여했고, 그럼으로써 훗날 빌 게이츠 같은 부자들이 따를 전범이 되어주었다.

특히 의료 사업에 큰 액수를 기부했기 때문에, 록펠러가 없었다면 과연 오늘날 의학이 지금과 같은 모습일지 의심스럽다. 윈스턴 처칠Winston Churchill은 '역사가 존 D. 록펠러에게 최후의 평결을 내린다면, 그것은 마땅히 그가 의학 연구에 기부한 행위가 인류의 진보에 이정표 역할을 했다는 것이어야 한다. (생략) 르네상스 시대 예술이 교황과 군주들의 후원에 힘입었던 만큼이나 오늘날 과학은 관대하고 통찰력 있는 부자들에 빚지고 있다. 이런 부자들 중에서도 존 D. 록펠러는 가장 훌륭한 전형이다.'라고 평가했다. 전기 작가 론 처노Ron Chernow는 록펠러가 의료 분야에서 역사상 최대의 기부자로서 '자기 아버지 같은 떠돌이 약장수들이 번성했던 19세기 의학의 원시적 세계에 치명타를 날렸다.'고 평했다.

그 아들 록펠러 주니어도 아버지처럼 금욕적인 구두쇠였다고 한다. 거대한 부를 물려받은 존 록펠러 주니어는 도심 재개발에 손을 댔고, 대공황의 불경기에도 불구하고 1929년부터 1940년까지 혼자만의 재력으로 록펠러센터라는 고층 건물 구역을 완성했다. 록펠러센터는 맨해튼 48가와 51가 사이, 5가와 6가 사이의 8만 9000제곱미터 부지에 세워진 19개의 상업용 건물 단지다. 당초 록펠러는 건물에 자기 가문 이름을 붙이기 원치 않았다는데, 그렇게 해야 임대율을 높이는 홍보에 유리하다는 주변의 설득을 받아들였다.

록펠러센터는 현대사에서 개인이 행한 최대의 건축 프로젝트였다. '현대사에서'라는 한정적 수식어는 그것이 피라미드나 베르사유궁전 같은 기념비적 유적들과 어깨를 나란히 할 자격을 갖추었음을 의미한다. 피라미드는 오직 한 사람의 영광에 봉사하는 것이었지만, 록펠러센터는 대공황 시절 4만 명 이상 건설 노동자의 일자리를 창출했고, 완공된 후에는 수억 명이 이용하는 효용을 지속적으로 창출하고 있다. 그런 신화적 비율에 걸맞게 록펠러센터 앞에는 프로메테우스의 금빛 조각상과 지구의를 짊어진 아틀라스의 동상이 있다. 이 동상은 기업가 록펠러의 이미지와 더해져 에인 랜드의 1957년 소설 〈아틀라스Atlas Shrugged〉를 연상시킨다.

진주만 기습이 벌어지기 한 해 전이던 1940년, 록펠러 플라자 50번지의 APAssociated Press 빌딩 정문 앞에는 일본계 미국인 노구치 이사무野口勇의 대형 부조 작품이 설치되었다. 스테인리스 스틸 9톤을 사용한 '뉴스'라는 작품이다. 노구치는 로스앤젤레스에서 태어난 조각가 겸 조경사로, 그의 아버지는 게이오대학 교수 노구치 요네지로이고, 어머니는 작가이자 교사인 미국인 레오니 길모어다. 노구치 이사무는 1930년대 후반부터 뉴욕에서 작가로서 인정을 받았고, 퀸스에는 그의 박물관도 있다. 지금 와서 그의 부조 작품을 보면 이 건물의 운명에 대한 자기실현적 예언처럼 느껴져서 묘

Rockefeller Center

뉴욕의 가을
Autumn in New York
2000

한 느낌이 든다.

일본이 세계를 집어삼킬 것처럼 위세를 떨치던 1980년대 말 일본 기업들은 미국 자산 사냥에 나섰다. 소니가 컬럼비아 영화사를 매입하던 1989년, 미쓰비시 부동산회사三菱地所株式会社는 록펠러센터와 그 부동산을 관리하는 록펠러 그룹을 인수했다. 그중 가장 오래된 14채의 건물은 2000년에 미국 업체에 매각했지만 나머지 부분은 아직도 미쓰비시의 소유다. 가장 미국적인 건축물인 록펠러센터의 소유권을 일본 기업이 가졌다는 사실은 잔인한 농담이거나 기묘한 아이러니처럼 느껴진다.

록펠러센터 정문 앞의 자그만 반지하 광장은 겨울철이면 스케이트장으로 변신한다. 부녀뻘은 됨직한 리처드 기어Richard Gere와 위노나 라이더가 연인 사이로 등장한 2000년 영화 〈뉴욕의 가을 Autumn in New York〉에서 불치의 병에 걸린 샬로트가 스케이트를 타다가 쓰러져 병원으로 실려 가던 곳이다. 2003년 영화 〈엘프〉에서는 윌 패럴과 주이 데샤넬Zooey Deschanel이 여기서 스케이트를 탔다. 장난감 가게의 동료 점원 버디와 조비의 달달한 데이트 장면이다. 북극에서 산타클로스와 함께 살다가 뉴욕으로 온 순진무구한 버디는 스케이트를 타다가 조비의 뺨에 냉큼 뽀뽀를 하고는 미안하다고 한다. 조비는 예쁜 눈을 동그랗게 뜨고 버디를 쳐다보더니 "You missed(빗나갔어)."라고 말한다. 어리둥절한 표정의 버디를 끌어안고 조비는 입을 맞춘다. "빗나갔다고."

록펠러센터 정문 앞은 해마다 정문 앞에 점등하는 대형 성탄절 트리로도 유명하다. 〈나 홀로 집에 2: 뉴욕을 헤매다〉에서 미아가 되었던 케빈(매컬리 컬킨Macaulay Culkin 분)이 엄마를 다시 만나고 싶다는 소원을 빌었던 곳이 이 트리 앞이었다.

케빈: 식구들 모두 사랑해요, 머즈 형까지요. 모두 다시 볼 수 없다면, 엄마만 이라도 만날 수 없을까요? 앞으로 다른 소원은 빌지 않을게요. 당장은 어렵겠

지만 엄마를 보고 싶어요. 언제든 한 번만이라도, 잠깐이라도요. 죄송하다는 말씀을 드려야 해요.

엄마: 케빈?

케민: 엄마? 소원이 이렇게 금방 이루어지다니……. 엄마, 죄송해요.

엄마: 나도 미안하구나.

케빈: 메리 크리스마스.

엄마: 너도 메리 크리스마스. 자, 가자구나.

케빈: 제가 여기 있는지 어떻게 아셨어요?

엄마: 네가 크리스마스트리 좋아하는 걸 엄마가 알지 않니. 여기 있는 게 제일 크거든.

성탄절 무렵 트리 앞은 만원 지하철 안처럼 붐비기 때문에 호 젓하게 감상하려면 케빈처럼 새벽녘에 찾아가든지 아니면 2016 년 로맨틱 코미디 〈How to Be Single〉의 주인공 앨리스(다코타 존슨 Dakota Johnson 분)처럼 록펠러센터 인근 건물 내부 수리를 맡은 건축 가와 썸을 타면서 그가 공사를 감독하는 빈 건물에서 트리를 바라 보는 식의 수완을 발휘하는 수밖에 없다.

록펠러센터 옥상에는 멋진 정원이 조성되어 있다. 보통 때는 직원들만 이용할 수 있지만 대중에게 공개된 적도 있었다. 2002년 〈스파이더맨〉에서 스파이더맨이 그린 고블린의 공격으로부터 구 해낸 여자 친구 메리 제인을 내려주고 표표히 사라지던 바로 그 공 원이다. 2009년 로맨틱 코미디 〈쇼퍼홀릭Confessions of a Shopaholic〉의 주인공 레베카(아일라 피셔Isla Fisher 분)는 잡지사 편집장 루크(휴 댄시 Hugh Dancy 분)와 해 저문 옥상정원에서 데이트를 즐겼다.

이 옥상정원보다 높은 층 꼭대기에는 '탑 오브 더 락Top of the Rock'이라는 전망대가 있다. 〈컨트롤러〉(2011)의 주인공 데이비드 (맷 데이먼Matt Damon 분)와 엘리즈(에밀리 블런트Emily Blunt 분)가 특수 요원들의 방해를 무릅쓰고 도착해 사랑의 승리를 확인하던 곳이 이 전망대였다. 여기가 뉴욕 공공도서관의 옥상처럼 보였던 건 공간이 뒤틀린 영화 속의 설정이었을 뿐이다. 이 전망대는 에로 영화의 거장 잘만 킹Zalman King 감독의 1990년 영화 〈와일드 오키드Wild Orchid〉 도입부에도 등장한다. 중서부 지역 출신 미녀 변호사 에밀리(카레 오티스Carré Otis 분)가 뉴욕에 도착했음을 관객에게 알려주는 장면이었다.

록펠러 플라자 30번지30 Rockefeller Plaza 컴캐스트Comcast 빌딩은 원래 RCARadio Corporation of America 빌딩이었기 때문에 지금도 라디오 시티Radio City라는 별명으로 불린다. RCA가 설립한 NBC 방송국은 1926년 최초로 전국 방송을 시작한 이래 이 건물에서 방송을 제작하고 있다. 그래서 건물 주소를 줄인 '30 Rock'이라는 애칭은 NBC 방송사를 가리킨다. 2006년부터 7년간 인기를 끌던 〈30 Rock〉이라는 시트콤 드라마가 있었다. 이 건물에서 10년간 〈Saturday Night Live〉 극본을 쓰고 출연했던 티나 페이Tina Fey가 방송 작가 역을 맡았고, 알렉 볼드윈Alec Baldwin이 망가지기를 마다하지 않고 느물느물한 방송사 간부를 연기했다. 영화에도 이 건물은 여러 번 등장했다. 1950년대 TV 쇼를 다룬 1982년의 코미디 〈My Favourite Year〉, 인기 퀴즈 프로그램에서 1950년 실제 벌어진 스캔들을 소재로 한 1994년 영화 〈퀴즈 쇼Quiz Show〉, 주인공이 NBC의 유명한 아침 프로그램 〈Today Show〉 프로듀서 자리를 제안 받는 2010년의 코미디 〈굿모닝 에브리원Morning Glory〉 등등.

6가Ave of the Americas 1260번지에 있는 라디오 시티 뮤직홀Radio City Music Hall은 6천 명 이상을 수용할 수 있는 대형 극장이다. 1932년 개관 당시 단연 세계 최대의 극장이었고, 멀티플렉스가 아닌 단일 상영관으로 이보다 더 큰 극장을 찾아보기는 지금도 어렵다. 로켓The Rockettes이라는 여성 무용단이 화려한 군무를 선보이는 〈라디오 시티 크리스마스 특집The Radio City Christmas Spectacular〉은 전통적인 연례 공연이다. 지금도 대작 영화들은 이곳에서 심심찮게 시사회

Radio City

Radio Days
1987

를 열고, 대규모 시상식도 개최되곤 한다.

라디오 시티 뮤직홀은 그 이름이 주는 느낌과 공룡처럼 큰 극장의 규모가 어우러져 어딘가 시대착오적인 느낌을 주는 장소가 되었다. 하지만 모든 사람이 라디오에 귀를 기울이던 시대는 길었다. 멍하니 화면을 들여다보고 있지 않아도 되는 라디오는, 요즘 용어로 표현하자면 멀티태스킹이 가능한 매체였다. 지금도 어느 나라든 50대 이상은 어린 시절 라디오를 들으면서 뭔가를 했던 아련한 추억들을 지니고 있다. 우디 앨런Woody Allen(극본, 감독, 내레이션)의 1987년 작품 〈Radio Days〉는 이런 추억을 솜씨 좋게 묘사했다. 주인공 조(세스 그린Seth Green 분)가 간직한 가장 화려한 추억은 라디오 시티 뮤직홀에 처음 갔던 날이다.

가장 생생한 나의 옛 추억은 베아 이모의 남자 친구 체스터가 나를 뉴욕 극장에 데려갔던 날이다. 그날 난 처음으로 라디오 시티 뮤직홀에 갔는데, 마치 하늘나라로 들어가는 것만 같았다. 나는 여태껏 살면서 그렇게 아름다운 걸 본 적이 없다.

애니
Annie
1982

〈대부The Godfather〉(1972)에서 마이클(알 파치노Al Pacino 분)은 성탄절에 케이(다이안 키튼Diane Keaton 분)와 데이트를 하면서 라디오 시티 뮤직홀에서 〈성 메리 성당의 종The Bells of St. Mary's〉(1945)을 관람하고 나온다. 두 사람은 "영화처럼 내가 수녀였으면 좋겠어요?", "아니.", "그럼 내가 잉그리드 버그만 같으면?", "그건 좋겠는걸." 어쩌고 닭살 돋는 대화를 나누다가 신문 가판대에서 아버지의 암살 기사를 보고 화들짝 놀랐다. 1982년판 〈애니Annie〉에서는 억만장자 워벅스(앨버트 피니Albert Finney 분)가 극장을 통째로 빌려 텅 빈 객석에서 비서 그레이스(앤 레인킹Ann Reinking 분), 애니(에일린 퀸Aileen Quinn 분)와 셋이서 그레타 가르보Greta Garbo 주연의 〈Camille〉(1936)을 관람했다.

6가 1271번지의 48층짜리 타임-라이프Time & Life 빌딩도
〈Rosemary's Baby〉(1968)와 〈Anchorman 2: The Legend Conti-
nues〉(2013) 등 많은 영화에 등장했다. 〈월터의 상상은 현실이 된
다The Secret Life of Walter Mitty〉(2013)에서 이 건물은 다른 간판을 달지
않고 라이프 잡지사의 본사로 당당히 등장한다. 《라이프》 잡지의
사진필름 관리사 월터(벤 스틸러 분)는 따분한 일상을 살지만 멋진
모험을 하는 공상에 자주 빠지는 소시민이다. 그는 《라이프》 잡지
의 마지막 인쇄판 표지에 사용될 사진필름을 분실하는 바람에 진
짜 모험을 시작하는데, 온갖 고생 끝에 되찾는 필름에 담긴 사진도
이 건물과 연관이 있다. 그가 되찾은 건 필름만이 아니라 자기 자
신이기도 했다.

월터의 상상은 현실이 된다
The Secret Life of Walter
Mitty
2013

　　뉴저지 LG전자에서 근무하는 후배가 있다. 그의 말을 들어보
니 LG전자가 허드슨강 강변에 신사옥을 건축할 계획을 세우고 건
축 허가까지 다 받았는데, 환경 단체의 반대로 사옥의 높이를 계획
보다 낮추기로 합의할 수밖에 없었다고 한다. 허드슨강 맞은편 클
로이스터스 박물관The Cloisters Museum & Garden에서 바라보는 경관이
훼손되면 안 된다는 이유로 래리 록펠러Larry Rockefeller가 주도적으로
반대했기 때문이다. 록펠러 가문은 강변 경관을 보존하기 위해 뉴
저지의 땅 700에이커(약 2.8제곱킬로미터)도 사들여 기부했다고 한
다. 이제 록펠러 기업은 환경보호의 리더 노릇까지 하는 셈이다. 가
증스러운 위선일까? 부 자체는 선도 악도 아닐 것이다. 다만 그걸
어떻게 이루고 어떻게 사용하는지는 도덕의 영역에 닿아 있다. 미
드타운에 룩소르 신전처럼 거대하게 세워진 록펠러센터를 돌아보
면서 부에 대한 우리의 감정 중 어떤 부분이 오만한 편견에 해당하
는지 함께 되돌아보는 것도 괜찮은 여행 코스다.

록펠러센터

☛ 45 Rockefeller
Plaza, New York, NY
10111
🖥 rockefellercenter.
com
☎ +1 212-332-6868

라디오 시티 뮤직홀

☛ 1260 6th Ave, New
York, NY 10020
🖥 radiocity.com
☎ +1 212-465-6741

Trump Tower

요컨대 욕심은 아무리 커도 과하지 않다(The point is that you can't be too greedy).

−도널드 트럼프 저,《협상의 기술》중에서

생명을 연장할 수 있는 기술이 실제 존재한다면 무슨 수를 써서라도 그것을 이용하려는 사람을 찾기란 어려운 일이 아닐 것이다. 그런 기술이 여러 가지 윤리적 문제를 제기할 것이라는 점은 자명하다. 이스라엘 태생 역사학자 유발 하라리Yuval Noah Harari는 수명 연장 기술의 발전이 전례 없는 빈부 격차를 야기할 가능성도 있다고 경고한다.

현실에서 인간이 죽는 것은 검은 망토를 입은 자가 어깨를 툭툭 쳐서도, 신이 죽음을 명해서도, 죽음이 우주적 규모의 거대한 계획의 불가결한 일부여서도 아니다. 인간은 어떤 기술적 결함으로 죽는다. 혈액을 펌프질하던 심장이 멈춘다. 대동맥에 지방 찌꺼기가 쌓여 막힌다. 간에 암세포가 번진다. 폐에 세균이 증식한다. 그렇다면 이 모든 기술적 문제는 무엇 때문에 일어날까? 다른 기술적 문제들 때문이다. 혈액을 펌프질하던 심장이 멈추는 것은 심장 근육에 충분한 산소가 도달하지 않아서이다. 암세포가 번지는 것은 우연히 유전자 돌연변이가 유전 명령을 바꿨기 때문이다. 폐에 세균이 증식하는 것은 지하철에서 누군가 재채기를 했기 때문이다. 여기에 형이상학적이라 할 만한 것은 없다. 모두 기술적 문제이다. 모든 기술적 문제에는 기술적 해법이 있다. (중략)

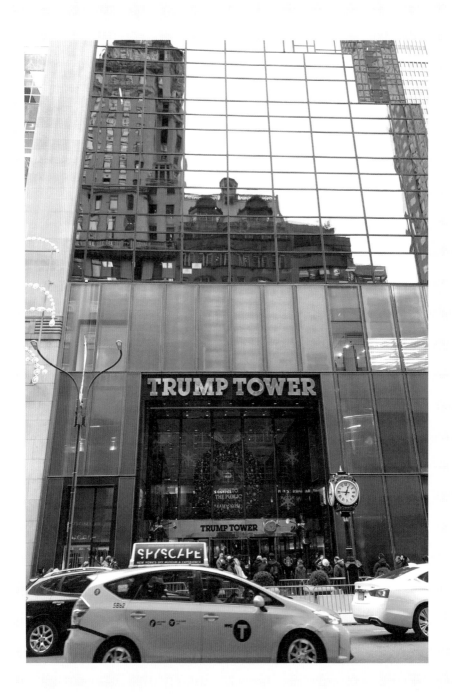

Trump Tower

기성 과학계와 자본주의 경제는 죽음과의 전쟁에 앞장설 것이다. 대부분의 과학자와 은행가들은 새로운 발견의 기회와 더 큰 이윤 창출의 기회가 생기기만 한다면 무엇이든 상관하지 않고 달려든다. 하물며 죽음을 앞지르는 것보다 더 흥분되는 과학적 도전을 상상할 수 있을까? 영원한 젊음보다 더 유망한 시장을 상상할 수 있을까? 당신이 마흔 살이 넘은 사람이라면, 잠시 눈을 감고 스물다섯 살 때 당신의 몸이 어땠는지 떠올려보라. 단지 생김새만이 아니라 느낌을 기억해보라. 그 몸으로 돌아갈 수 있다면 얼마를 지불하겠는가? 물론 그런 기회를 마다하는 사람도 있겠지만, 비용이 얼마가 되었든 기꺼이 지불할 사람들이 줄을 설 것이고, 그것은 거의 무한한 시장을 창출할 것이다. (중략) 죽음과의 전쟁에서 과학이 진전을 이룬다면 전쟁터는 실험실에서 의회, 법정, 거리로 옮겨갈 것이다. 과학적 시도가 성공을 거두는 즉시 격렬한 정치적 충돌이 일어날 것이다. 역사에 기록된 모든 전쟁과 무력 충돌은 앞으로 닥칠 진짜 투쟁, 다시 말해 영원한 젊음을 위한 투쟁을 알리는 서곡에 불과했음을 알게 될 것이다.

– 유발 하라리 저,《호모데우스》중에서

셀프/리스
self/less
2015

라이언 레이놀즈Ryan Reynolds 주연의 2015년 공상과학 스릴러 〈셀프/리스Self/less〉는 생명 연장 문제를 다루고 있다. 벤 킹슬리Ben Kingsley는 말기 암으로 시한부 인생을 사는 억만장자 데미언 헤일 역을 맡았다. 남 부러울 것이 없어 보이는 갑부라도 꺼져가는 자신의 생명 앞에서는 모든 것이 부질없다. 온통 금빛으로 장식된 그의 호화스러운 아파트가 이런 역설을 더욱 도드라져 보이게 만들었다. 맨해튼 미드타운의 윗자락에서 단풍이 들어가는 센트럴파크를 내려다보던 헤일의 아파트는 5가 725번지의 트럼프 타워에서 촬영했다.

1983년에 완공된 이 58층짜리 주상 복합 건물은 트럼프사의 본부 건물이자, 트럼프 일가의 거주지이고, 2016년 대통령선거 당시에는 도널드 트럼프 후보 진영의 선거 본부로 유명세가 더 높아졌다. 이 건물의 금빛 찬란한 로비 층은 높다란 유리 천장을 갖춘 아트리움atrium으로 만들었다. 트럼프 대통령의 취임 이후 이 건물 앞에서는 각종 반대 시위들도 종종 열리고 있다.

더 울프 오브 월 스트리트
The Wolf of Wall Street
2013

크리스토퍼 놀란Christopher Nolan 감독의 2012년 영화 〈다크 나이트 라이즈The Dark Knight Rises〉에서 이 건물은 배트맨(크리스찬 베일 Christian Bale 분)이 부업 삼아 영업하고 있는 웨인 엔터프라이즈의 본사 건물로 등장했다. 그 이듬해 마틴 스코세지의 〈더 울프 오브 월 스트리트The Wolf of Wall Street〉에서는 졸부가 된 주인공 조던(레오나르도 디카프리오Leonardo DiCaprio 분)이 파티에서 만난 미녀(마고 로비 Margot Robbie 분)를 차에 태우고 코카인을 흡입하며 도착했다가 아내 (크리스틴 밀리오티Cristin Milioti 분)에게 들켜 치도곤을 당하던 장소가 바로 트럼프 타워 현관 앞이었다.

트럼프 타워

☛ 725 5th Ave, New York, NY 10022

🖥 trumptowerny.com

Morgan Library & Museum

Ragtime
1981

모건 라이브러리에 무력 공격을 하다니 안 될 말이에요. 이곳
은 국보급 시설이고, 모건 씨가 부재중일 때는 건물 안에 있
는 모든 물품의 안전이 저의 책임이란 말입니다.

– 영화 <Ragtime> 중에서 모건 라이브러리 큐레이터의 대사

뉴욕 공공도서관에서 다섯 블록 떨어진 36가의 매디슨가Madison Ave
와 파크가Park Ave 사이 구간에 가면 한 쌍의 암사자 석상이 입구를
지키고 있는 고풍스러운 건물을 볼 수 있다. 그것을 설계한 건축가
찰스 맥킴Charles Follen McKim의 이름을 따서 맥킴 빌딩이라고도 부르
는 이 건물은 1906년에 지어진 모건 라이브러리 박물관의 본관에
해당한다. 암사자 석상은 뉴욕 공공도서관의 두 마리 수사자 석상
을 제작한 에드워드 포터의 작품이다. 서재의 내부는 3단 서가로
꾸며져 있고, 천장은 벽화를 그린 돔 형태로 되어 있다. 그 후로도
몇 차례 증축이 이루어져, 오늘날 모건 라이브러리의 출입구는 매
디슨가 쪽을 향해 나 있다.

이곳은 일반인에게 도서를 대출하는 도서관은 아니고, 은행
가였던 J. P. 모건John Pierpont Morgan이 수집한 희귀 자료를 소장한 전
시관 겸 연구용 도서관이다. 은행가에게 탐험 취미와 예술품 수집
에 몰두할 재력과 시간이 있던 시절이었다. J. P. 모건의 아들이 아
버지의 유언에 따라 공공시설로 전환한 덕분에, 1924년 이래 일반
관람객도 이곳에 모아둔 각종 희귀 문서와 물품들을 구경할 수 있

게 되었다. 그중에는 구텐베르크판 성서도 있고, 영국 시인 월터 스코트Sir Walter Scott나 프랑스 소설가 발자크Honoré de Balzac의 친필 원고라든지 베토벤, 브람스, 쇼팽, 모차르트의 악보 등도 포함되어 있다. 다빈치, 미켈란젤로, 렘브란트, 세잔, 고흐 등 화가들의 작품도 다수 소장하고 있다.

이처럼 귀중한 문화재를 빼곡히 소장한 건물을 인질로 삼고 요구 조건을 내거는 주인공을 다룬 영화가 있었다. E. L. 닥터로E. L. Doctorow라는 작가의 1975년 소설 〈래그타임Ragtime〉을 밀로스 포먼 감독이 같은 제목으로 만든 1981년 영화다. 1902년부터 1912년 사이에 벌어진 여러 등장인물의 이야기를 다룬 방대한 소설을 155분짜리 영화로 만들다 보니 어쩔 수 없이 산만한 느낌이 좀 들기는 하지만, 20세기 초 뉴욕의 분위기를 이만큼 열성적으로 재현해준 영화를 찾기란 쉽지 않다.

엘리자베스 맥거번Elizabeth McGovern, 메리 스틴버겐Mary Steenburgen, 브래드 두리프Brad Dourif, 맨디 패틴킨Mandy Patinkin 등 호화 캐스트가 등장하는 이 영화에는 제임스 캐그니James Cagney, 도널드 오코너Donald O'Connor 등 한 세대 전의 대스타들이 단역을 맡기도 했다. 영화 초반부에 살해당하는 건축가 스탠퍼드 화이트 역은 《벌거벗은 자와 죽은 자The Naked and the Dead》로 유명한 유태계 반전주의 소설가 노먼 메일러Norman Mailer가 맡아 제법 괜찮은 연기를 펼쳤다. 아마도 〈Ragtime〉의 진보주의적 메시지에 공감해 출연을 결정한 것이 아니었을까 싶다.

영화에서 가장 극적인 대목은 할렘 밴드의 흑인 피아노 연주자 콜하우스 워커 주니어가 일당들과 함께 모건 라이브러리를 점거하고 농성을 벌이는 부분이다. 그의 갓난 아들을 맡아준 뉴욕 교외의 백인 가정을 방문했다가 돌아오는 길에, 새로 나온 포드 T형 자가용을 몰고 가는 콜하우스의 앞길을 아일랜드계 소방의용대원들이 가로막고 시비를 건다. 그의 차를 더럽히고 망가뜨린 이들 소

Morgan Library & Museum

방대원들을 대상으로 콜하우스는 경찰과 시 공무원을 찾아다니며 명예 회복과 원상 복구를 탄원하지만 아무 소용이 없다. 흑인 변호사조차 정말 어렵고 가난한 동포들을 위해 할 일도 많은데 자동차 수리 따위의 한가한 요구로 성가시게 하지 말아달라는 투다. 점점 더 많은 사람들이 이 일로 불편해진다. 그러던 어느 날 콜하우스의 약혼자 사라는 초조함을 참지 못하고 정치 유세 현장에 탄원하러 갔다가 경호원들에게 구타를 당하고, 그녀는 결국 사망한다.

재즈 피아니스트인 콜하우스가 총과 다이너마이트를 집어 들고 일당과 함께 모건 라이브러리를 점거한 것은 그것이 자신의 존엄성을 포기하지 않을 유일한 길이라고 생각했기 때문이다. 그는 망가진 자기 자가용을 원상회복시킬 것과, 자신에게 처음 시비를 걸어왔던 소방의용대장 콘클린을 데려오면 박물관의 소장품을 손상시키지 않고 물러나겠다고 요구한다.

이 영화의 제목인 'Ragtime'은 19세기 말 미국 남부를 중심으로 유행하던 대중음악을 가리킨다. 당김음을 많이 사용해 흥겨운 느낌을 주는 래그타임은 재즈의 전신에 해당한다. 여러 명의 실존 인물들이 등장하고, 스탠퍼드 화이트 살해 사건 같은 실화들과 뒤섞어놓았기 때문에 콜하우스의 모건 라이브러리 점거 사건도 실제로 벌어진 사건 같은 착시 효과를 거두지만, 이 부분은 픽션이다. 이야기 속에 등장하는 포드 T형 자동차는 20세기 초에 빚어지고 있던 미국이라는 나라의 현대적 정체성을 상징한다. 부유한 은행가가 세계 각지를 다니며 고급 예술품을 수집해놓은 모건 라이브러리는 패권 국가의 자신만만한 성장기를 상징하는 것처럼 보인다. 원작자 닥터로는 이 장소를 미국의 가장 어두운 인종차별의 그늘과 대비시킴으로써 그 비극성을 더 선명하게 보여주고 싶었던 게 아닐까. 재즈가 되기 전의 래그타임 같은, 현대 국가가 되기 전 미국의 인물 군상을 통해서.

모건 라이브러리 박물관

☛ 225 Madison Ave, New York, NY 10016
⌂ themorgan.org
☎ +1 212-685-0008
🕐 10:30~17:00 (월 휴무 / 금 10:30~21:00 / 토 10:00~18:00 / 일 11:00~18:00)

Chrysler Building

Penthouse
1933

거티: 난 명예를 위해 까탈스럽게 구는 여자가 아니에요. 이 짓을 몇 주만 더하면 그만이니까요. 그건 그렇고 당신은 아직 나를 사랑하나요? 아니면 그냥 예의 바른 건가요?

잭슨: 난 당신이 예의 바르게 구는 거라고 생각했는데.

거티: 남자 아파트에 밤중에 찾아온 여자가요?

잭슨: 글쎄. 어쩌면 그냥 크라이슬러 빌딩을 바라보고 싶어서 온 걸 수도 있지.

거티: 퍽이나 그랬겠네요.

– 영화 <Penthouse> 중에서

타임 패러독스
Predestination
2014

2014년의 호주 영화 〈타임 패러독스Predestination〉는 SF 소설의 대가 로버트 하인라인Robert A. Heinlein이 1958년에 쓴 소설 〈All You Zombies〉를 번안한 영화다. 시간 여행에 수반되는 역설Time Paradox을 이토록 절묘하게 묘사한 다른 이야기를 찾기는 어렵다. 영화의 주인공은 시간 여행자이고, 1975년 뉴욕에서 벌어질 폭탄 테러를 방지하는 것이 그의 임무다. 하지만 실제로 뉴욕에서 촬영하지는 않았기 때문에 이 영화에서 뉴욕의 낯익은 장소를 찾아볼 수는 없다. 그러나 딱 한 장면. 두 주연배우들이 만나는 술집이 뉴욕임을 알려주기 위해 밤 골목 저 멀찍이 크라이슬러 빌딩의 첨탑이 환한 빛을 뿜고 서 있다.

 뉴욕임을 단박에 알아볼 수 있는 건물을 하나만 고르라면 열에 아홉은 이 건물을 고를 거다. 가장 높은 건물이 아님에도, 왕관처럼 생긴 크라이슬러 빌딩의 아르데코^{Art Deco} 풍 첨탑은 맨해튼의 스카이라인에 맺힌 가장 결정적인 표정이다. 이 꼭대기에서 내려다보는 경치도 좋긴 하겠지만, 뉴욕에서 '경치^{view}가 제일 좋은' 장소라면 이 건물의 뾰족한 첨탑을 잘 볼 수 있는 다른 장소일 것이다.

1930년 렉싱턴가^{Lexington Ave} 450번지에 지어진 높이 319미터 77층의 크라이슬러 빌딩은 이듬해 엠파이어스테이트빌딩이 완성될 때까지 잠깐 세상에서 제일 높은 건물이었다. 1950년대 중반까지 크라이슬러 본사 건물로 사용되었지만 크라이슬러사의 소유였던 적은 없었다. 사주인 월터 크라이슬러^{Walter P. Chrysler}는 처음부터 이 건물을 개인 소유로 삼아 자손들에게 물려주고 싶어 했다. 하지만 열흘 붉은 꽃이 있던가. 1953년부터 건물의 주인은 여러 차례 바뀌어 지금은 아부다비 투자청^{Abu Dhabi Investment Council}이 지분의 90퍼센트를 소유하고 있다. 좌우간 아랍에미리트 사람들 높은 건물 참 좋아하는 모양이다.

숱하게 많은 영화들이 '여긴 뉴욕이랍니다.'라고 말하고 싶을 때 크라이슬러 빌딩을 비춘다. 〈크레이머 대 크레이머^{Kramer vs. Kramer}〉(1979), 〈고스트버스터즈 2〉(1989), 〈당신에게 일어날 수 있는 일^{It Could Happen to You}〉(1994), 〈세렌디피티^{Serendipity}〉(2001), 〈케이트 앤 레오폴드^{Kate & Leopold}〉(2001), 〈스파이더맨〉(2002), 〈다운 위드 러브^{Down with Love}〉(2003), 〈클릭^{Click}〉(2006), 〈로마에서 생긴 일^{When in Rome}〉(2010), 또 그 밖의 많은 영화 속에서 크라이슬러 빌딩은 배경으로 묵묵히 서 있었다.

크라이슬러 빌딩은 그 자체로 하나의 메타포^{metaphor}이기도 하다. 현대판 오즈의 마법사 〈The Wiz〉(1978)에서는 마법 도시의 입구에 한 채도 아닌 무려 다섯 채의 크라이슬러 빌딩이 서 있었다. 신천지의 입구임을 알리는 표식처럼. 2005년의 애니메이션 영화 〈마다가스카^{Madagascar}〉에서 길을 묻는 얼룩말에게 "죽 가다가 크라이

프로듀서스
The Producers
2005

슬러 빌딩을 마주치면 너무 멀리 간 거야." 하고 알려주는 식으로 랜드마크로 쓰이는 건 흔한 일이고, 화려한 치장을 좋아하는 2005 년판 〈프로듀서스The Producers〉의 게이 뮤지컬 감독처럼 "옷이 이게 뭐야? 내가 무슨 크라이슬러 빌딩처럼 보이잖아!"라고 할 때도 쉬운 연상 작용의 대상이 된다.

이 빌딩은 단순히 '크다'는 의미의 제유법 용어로도 애용된다. "이 몸은 그릇일 뿐이야. 내 원래 몸의 크기는 당신네 크라이슬러 빌딩만 해."(TV 드라마 〈Supernatural〉)라든지, "내가 앞에 걸리적거리는 인간들을 다 죽이고 다녔다가는 쌓인 시체가 크라이슬러 빌딩 높이는 될걸."(TV 드라마 〈Castle〉), 혹은 "폭탄을 싣고 도심으로 질주하는 저 기차는 크라이슬러 빌딩 크기의 로켓이나 마찬가지라고요!"(2010년 영화 〈언스토퍼블Unstoppable〉) 하는 식이다.

뉴욕의 다른 랜드마크처럼 영화 속에서 종종 파괴되기도 했고, 싸움터가 되기도 했다. 1998년 〈아마겟돈Armageddon〉에서는 유성에 맞아 부서졌고, 같은 해 〈고질라〉에서는 미사일을 맞았다.

통제실: 목표물 조준 완료.

지휘관: 발사!

조종사: 사이드와인더 발사했음. 젠장! 파괴 실패임. 반복함. 파괴 실패.

통제실: 파괴 실패랍니다.

지휘관: 파괴 실패? 크라이슬러 빌딩을 부숴놓고 그딴 말이 나오나! 조준이 완료됐다며?

통제실: 조준은 완료됐었습니다. 열 추적 미사일인데 괴물이 빌딩보다 차가운 겁니다.

스톱모션을 사용한 1982년 괴수영화 〈Q: The Winged Serpent〉에서는 아즈텍 출신의 암컷 용 한 마리가 크라이슬러 빌딩 꼭대기 부분에 알을 낳고 뉴욕 주민들을 먹잇감으로 삼다가 결국 경찰들

Chrysler Building

Q: The Winged Serpent
1982

마법사의 제자
The Sorcerer's
Apprentice
2010

맨 인 블랙 3
Men in Black 3
2012

의 집중 사격을 받아 세상을 하직한다. 래리 코엔Larry Cohen 감독은 "뉴욕에서 가장 흥미로운 외관을 가진 크라이슬러 빌딩도 '자기만의 괴물'을 가질 자격이 있다."고 주장했다.

2007년 〈판타스틱 4: 실버 서퍼의 위협Fantastic Four: Rise Of The Silver Surfer〉에서는 외계에서 온 실버 서퍼가 인간 불꽃 쟈니(크리스 에반스 분)의 추격을 받자 크라이슬러 빌딩을 유령처럼 통과해버렸다. 쟈니는 추격하다 말고 감탄한다. "오, 저건 쿨한데!"

〈마법사의 제자The Sorcerer's Apprentice〉(2010)의 마법사 발타자르(니콜라스 케이지Nicolas Cage 분)는 이 꼭대기의 독수리 장식을 살려내그걸 타고 뉴욕 상공을 날아다녔다. 2002년판 〈스파이더맨〉에서 삼촌을 여읜 피터 파커가 올라앉아 슬픔을 삭였던 그 금속제 독수리상이다.

〈맨 인 블랙 3Men in Black 3〉(2012)에서는 과거로 여행해서 악당을 물리치고 파트너를 구하려는 요원 J(윌 스미스 분)가 시간 여행 장비를 들고 크라이슬러 빌딩 꼭대기에서 뛰어내렸다. 비명을 지르며 떨어지는 동안 시간이 거꾸로 흐르는데, 대공황 무렵을 거슬러 갈 때 그의 곁에는 건물에서 투신자살하는 이들이 함께 떨어지고 있었다. 복고 취향의 제작자 마이클 베이Michael Bay 덕분에 2014년 은막에 복귀한 돌연변이 닌자 거북이들은 2016년 속편 〈닌자 터틀: 어둠의 히어로Teenage Mutant Ninja Turtles: Out of the Shadows〉의 도입부에서 마치 다방구 놀이라도 하는 것처럼 크라이슬러 빌딩 첨탑에서 뛰어내린다. 중요한 싸움을 하러 가나 했더니 주문한 피자를 받으러 가는 거였다.

때때로 크라이슬러 빌딩은 단순히 잘 알려진 랜드마크 역할을 넘어서, 색다른 방식으로 영화의 메시지를 보강해주기도 한다. 리들리 스콧 감독의 1987년작 스릴러 〈위험한 연인Someone to Watch Over Me〉은 크라이슬러 빌딩 첨탑의 사면을 관능적으로 훑어보는 공중촬영으로 시작한다. 이 건물의 첨탑은 주인공 형사 키건(톰 베린저Tom Berenger 분)이 늘 바라보면서도 가질 엄두를 내지 못했던 상류사회의 화려함을 상징하는 것처럼 보였다.

2001년의 미스터리 영화 〈케이브맨The Caveman's Valentine〉에서 사무엘 L. 잭슨이 연기하는 주인공 로뮬러스는 피해망상에 시달린다. 그는 정체가 드러나지 않은 권력자가 크라이슬러 빌딩 꼭대기에서 특수한 광선을 쏘아 모든 뉴욕 시민들을 감시하고 통제한다고 믿는다. 살인 사건에 연루되는 로뮬러스가 긴장할 때마다 화면에 크라이슬러 빌딩이 등장하는데, 그 의인화된 건물의 번득이는 자태가 연기상 수상감이었다.

케이브맨
The Caveman's Valentine
2001

크라이슬러 빌딩에 대한 가장 직설적인 애정 고백은 2002년 로맨틱 코미디 〈투 윅스 노티스Two Weeks Notice〉에 들어 있다. 민권 변호사 루시(산드라 불록Sandra Bullock 분)와 부동산 재벌 조지(휴 그랜트 분)가 티격태격하며 정이 드는 이 영화에서 두 사람은 헬기를 타고 뉴욕 상공을 날아간다. 조지가 크라이슬러 빌딩을 가리킨다.

투 윅스 노티스
Two Weeks Notice
2002

루시: 아, 정말 아름다운 도시예요.

조지: 내가 제일 좋아하는 건물이에요. 니로스타 스틸로 만든 햇살 무늬의 첨탑, 번쩍이는 괴물상 장식. 윌리엄 밴 앨런이라는 사람이 설계한 거죠. 당시 927피트짜리 맨해튼 은행 건물을 짓고 있던 옛 파트너를 이기는 데 집요하게 집착했죠. 밴 앨런은 크라이슬러 빌딩의 높이를 925피트로 공표하고, 공사 중이던 건물 내부에서 180피트 높이의 첨탑을 은밀하게 조립했어요. 은행 건물이 완성되고 나서야 첨탑을 공개했죠. 그 덕에 밴 앨런은 세상에서 제일 높은 빌딩을 가질 수 있었어요. 딱 석 달 동안……

루시: 엠파이어스테이트빌딩이 완성될 때까지만이었죠.

조지: 좋아요. 그러면 밴 앨런의 예전 파트너 이름을 대봐요.

루시: H. 크레이그 세버런스.

조지: 당신 거슬리기 시작했어요.

루시: 물론 그러시겠죠. 하지만 어쨌든 꿈과 부를 함께 소유한 사람이 할 수

있는 일은 참 놀라워요. 안 그래요?

조지: 그래요.

루시: 당신도 그런 사람인 거 아시죠, 조지?

패신저스
passengers
2016

식민지 행성을 향해 우주를 여행하는 사람들의 이야기를 그린 2016년 SF 영화 〈패신저스Passengers〉에서는 먼 우주 항해 도중 사고로 동면에서 깨어난 주인공 짐(크리스 프랫Chris Pratt 분)이 오로라(제니퍼 로렌스Jennifer Lawrence 분)라는 여자 승객과 사랑에 빠진다. 기술자인 짐은 손수 모형 크라이슬러 빌딩을 만들어 선물하며 오로라의 환심을 산다. 작가인 오로라가 동면에 들기 전에 녹화해둔 인터뷰를 엿보았기 때문이다.

네, 뉴욕이 그립기는 할 거예요. 크라이슬러 빌딩이 보이는 자리에서 커피 한 잔만 있으면 하루 종일이라도 글을 쓸 수 있죠. 우리가 가는 홈스테드2 행성에도 커피는 있겠죠? 만약 없다면 지구로 돌아갈래요.

크라이슬러 빌딩

☛ 405 Lexington Ave, New York, NY 10174
🖥 tishmanspeyer.com
☎ +1 212-682-3070
🕐 08:00~18:00
(토, 일 휴무)

United Nations Headquarters

모두가 저마다의 꿍꿍이가 있지. 아들 부시는 사담이 자기 아빠에게 무례를 범했다고 생각해. 미국 네오콘들은 이라크에 민주주의가 꽃처럼 피어날 수 있다고 확신하지. 잘 해보라고 해. 푸틴은 부시가 실패하기 원하고, 중국은 새로운 시장을 원하지. 유럽의 절반은 사담이 민간인에게 화학무기를 쓰건 새 폭탄을 만들건 신경도 쓰지 않아. 석유 회사들은 이라크의 젖줄을 빨고 싶어서 제재가 끝나기만을 기다리고 있어.

– 영화 <Backstabbing for Beginners> 중에서

Backstabbing for
Beginners
2018

유엔은 자주 과대평가 당하기도, 과소평가 당하기도 한다. 유엔으로부터 받을 게 (평화건, 식량이건, 일자리건) 있다고 생각하는 사람일수록 유엔을 과대평가하는 경향이 크다. 그들은 유엔이 전능해야 마땅하다는 듯이 말한다. 반대로, 다자외교에 별 관심이나 애정이 없는 냉소주의자들은 유엔이 쓸모없는 토크쇼에 불과하다고 단정한다. 하지만 이 두 극단적인 태도는 언뜻 생각하기보다 서로 가깝다. 유엔이 제 할 일을 전혀 못하고 있다고 주장하는 사람은 유엔이 '할 수 있는 일'의 기준을 너무 높게 잡고 있는 경우가 많기 때문이다.

알프레드 히치코크 감독의 1959년 영화 <북북서로 진로를 돌려라North by Northwest>는 비밀 요원으로 오인 받은 주인공 로저(캐리 그랜트 분)가 악당들에게 쫓기는 스릴러물이다. 일종의 프리랜서

북북서로 진로를 돌려라
North by Northwest
1959

스파이로 추정되는 악당 반담(제임스 메이슨James Mason 분)은 유니포 UNIPO라는 (실재하는 기구는 아니다.) 유엔기구 관계자 타운젠드를 사칭하고, 그의 부하는 유엔본부 건물 안에서 진짜 타운젠드를 살해한다. 이 영화는 유엔을 마치 국제 첩보전의 최전선이라도 되는 것처럼 묘사했다. 1952년 뉴욕에 유엔본부가 개설된 후 7년밖에 지나지 않았던 당시로서는 오해가 있을 수도 있잖느냐고 하기에는 그 오해의 꼬리가 참 길다.

토미 리 존스와 웨슬리 스나입스Wesley Snipes 주연의 1998년 영화 〈도망자 2U.S. Marshals〉에서는 외교공관에 대한 보호를 담당하는 미국 외교보안부Diplomatic Security Service 요원 두 명이 유엔본부 주차장에서 살해당하는 사건이 벌어진다. 변절한 미국 요원들이 중국 외교관에게 국가 기밀 정보를 팔아넘기다가 뭔가 잘못되어 총격전이 벌어진 것이다. 그들이 중국에 넘기려던 자료의 제목은 '남한의 전략 방공 체계'였다. 워싱턴이라면 모를까, 뉴욕의 다자외교 현장인 유엔은 그렇게 민감한 고급 정보를 음습하게 거래하기에 적합한 장소가 아니다. 내용이 뭐든 간에 복수의 국가들과 공개적으로 토론하는 장소이므로, 외교관들은 유엔 회의장에 민감한 자료를 들고 드나들지 않는다.

1981년 스릴러 〈나이트호크Nighthawks〉에서는 실베스터 스탤론이 유럽 출신 테러리스트와 결전을 벌인다. 룻거 하우어Rutger Hauer가 연기하는 테러리스트 울프가는 뉴욕에 잠입해 유엔본부 앞을 얼쩡거리며 목표물을 물색하더니 루즈밸트 아일랜드행 케이블카tram에 탄 외교관들을 인질로 잡고, 프랑스 외교관의 부인을 본보기로 살해해 시신을 이스트강에 떨어뜨린 다음 유엔의 책임자를 불러달라고 한다. 명색이 국제적 테러리스트라는 자가 이렇게 무지하다면 그쪽 세계에서도 명망을 얻기는 어려웠겠다.

울프가의 오해를 하나씩 풀어보자. 첫째, 그는 자신이 '유엔의 대표들Representives of the United Nations'을 인질로 잡고 있다고 주장한

도망자 2
U.S. Marshals
1998

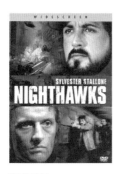

나이트호크
Nighthawks
1981

다. 하지만 유엔은 각국을 유엔에서 대표하는 '유엔으로의 대표들 Representative to the United Nations'이 모이는 곳일 뿐, '유엔의' 대표라는 것은 없다. 유엔은 그 자체로써 독립적으로 작동하는 기관이라기보다는 회원국들이 모여서 의견을 교환하고 결정을 내리는 '장場'이다. 내가 뉴욕에서 일하던 시절, 주유엔대표부에서 근무한다고 하면 유엔본부 건물 안에서 일하는 것으로 생각하던 친구들이 적지않았다. 각국의 주유엔대표부Permanent Mission to the United Nations는 유엔본부 안에 있는 게 아니라 맨해튼 시내 각지에 산재해 있다. 대한민국 주유엔대표부는 45가 335번지에 있다.

유엔본부는 각국의 외교관들이 회의를 하기 위해 모이는 '장소'다. 프랑스 외교관이나 그 가족을 공격하면 그것은 프랑스에 대한 공격이고, 그를 보호해야 할 의무를 가진 주재국에 대한 공격이다. 국제사회의 공분을 살 범죄행위이긴 하지만 그가 '유엔의 누군가'를 살해했다고 말하기는 어렵다. 그런 오해에 관한 한 테러리스트 울프가나 내 친구들이나 도긴개긴이긴 하다.

둘째, 울프가는 자신의 요구를 말하겠다며 '유엔의 책임자 Authority of the UN'을 불러달라고 한다. 결론부터 말하자면 테러리스트의 요구를 듣고 그에게 탈출용 버스 따위를 제공할 수 있는 유엔의 책임자는 없다. 유엔은 곧 회원국이기 때문이다. 산호 같은 군체동물에 뇌와 소화기관이 따로 없는 거나 마찬가지다. 그래도 유엔건물 안에서 가장 큰 권위를 인정받는 수장이 있을 것 아니냐고 묻는다면 가장 먼저 생각할 수 있는 사람이 사무총장이다. 구별을 잘 못하는 사람도 많지만 사무총장은 유엔의 수장이 아니라 유엔 '사무국Secretariat'의 수장이다. 사무국은 유엔의 운영과 사무를 총괄하는 중요한 기관이지만 '결의Resolution'라는 형식의 결정을 내리는 기관이 아니다. 사무총장은 사무국 직원의 인사권과 유엔 내 여타 기관들과 협의하고 권고할 수 있는 권한을 가지고 있으며, 분쟁을 중재하는 등의 역할도 맡는다.

인터프리터
The Interpreter
2005

　　시간이 흐를수록 사무총장의 역할이 당초 헌장에 명시된 것보다 커지는 경향이 있는 것은 사실이다. 그것은 사무국 이외의 유엔 기관들이 잘 작동하지 않고 있기 때문에 용인되어온 면도 있고, 역대 사무총장이 유엔의 사명을 어떻게든 이행하기 위해 적극적으로 노력해온 덕분이기도 하다. 우리나라가 배출한 반기문 사무총장은 다른 어느 전임자들보다 국제사회의 민감한 현안에 관해 용감히 입장을 밝혔고, 뚜렷한 방향을 제시했고, 현장을 누비며 평화와 개발과 인권과 환경보호의 어젠다를 진전시키는 데 크게 기여했다. 그럼에도 사무총장 개인이 곧 유엔이었던 적은 없다. 사무총장 외에 안전보장이사회 의장, 총회 의장 등이 있지만 그들도 각자 독단적으로 내릴 수 있는 결정은 없다. 그래서 유엔 앞에 서서 '책임자 나오라'고 아무리 고함을 쳐도 유엔의 결정과 행동을 책임질 한 사람을 골라낼 도리는 없다. 유엔의 무능과 실책을 사무총장에게 전가하면서 유엔에 대해 아는 체하는 사람도 참 많았는데, 그들도 울프가나 도긴개긴인 셈이다.

　　지금까지 유엔본부 내부 구석구석 가장 많은 곳을 촬영 장소로 삼은 영화는 2005년의 정치 스릴러 〈인터프리터The Interpreter〉였다. 시드니 폴락Sydney Pollack 감독이 코피 아난Kofi Annan 사무총장에게 열성적으로 부탁해 특별히 허락을 받아낸 덕분이다. 자국민을 학살한 독재자를 국제형사재판소International Criminal Court로 소추하는 줄거리가 유엔사무총장에게 매력적으로 보였을 법도 하다. 전성기의 니콜 키드먼Nicole Kidman이 주인공 실비아 역을 맡았다. 아프리카 태생의 미국 이중국적자인 실비아는 유엔에서 영어 통역사로 일하면서 독재자 암살 음모를 우연히 접하고 사건에 말려든다. 아프리카의 모국에서 반정부 활동을 하던 실비아가 과거를 버리고 유엔에 근무하는 것은 총보다 외교가 더 확실한 문제의 해결책이라고 믿었기 때문이다. 하지만 유엔에 큰 기대를 걸었던 다른 많은 사람들처럼, 실비아도 유엔에 실망하고 극단적인 자구책을 선택한다.

유엔의 성과는 왜 사람들의 기대에 미치지 못할까? 유엔이 전능하지 못한 이유는 193개 회원국을 일사불란하게 움직이도록 만들 방법이 없기 때문이다. 다수결로 채택되는 총회의 결의는 강제성이 없다. 강제성을 가진 결정을 내릴 수 있는 기관은 15개 이사국으로 이루어진 안전보장이사회뿐이다.

안보리 15개 이사국 중 5개국은 거부권을 보유한 상임이사국이다. 나머지 10개국은 선거로 2년마다 교체된다. 그러니까 유엔의 어떤 결정 사항이 강제적 규범이 되느냐 아니냐는 5개 상임이사국이 결정하는 거나 다름없다. 이들은 제2차 세계대전에서 승리함으로써 전후의 국제 질서를 자기들이 꿈꾸는 대로 설계하고 운영할 권리를 쟁취한 미국, 영국, 프랑스, 소련, 중화민국 다섯 나라(지금은 그 자리를 계승한 러시아와 중국)로 이루어져 있다. 이들 승전국들이 마음만 합치면 못할 일이 없도록, 처음부터 의도적으로 그렇게 설계된 기구가 유엔인 셈이다. 오늘날 유엔이 사람들의 눈에 무능한 것처럼 비친다면, 가장 근본적인 이유는 냉전을 거치면서 국제 질서가 유엔을 설계했던 당시와는 전혀 달라졌기 때문이라고 해야 할 것이다.

1960년대를 풍미했던 TV 첩보물 시리즈 〈The Man from U.N.C.L.E.〉에서는 나폴레옹 솔로라는 미국 요원과 일리야 쿠리야킨이라는 소련 요원이 한 팀을 이루어 활동한다. 이들이 속해 있는 법집행네트워크사령부연합United Network Command for Law and Enforcement이라는 국제조직의 본부는 뉴욕 유엔본부 인근에 있었다. 냉전을 겪은 지금 세대의 눈에는 미국과 러시아의 첩보 요원이 함께 활동하는 모습이 어색해 보이지만, 제2차 세계대전 직후 미국인에게 소련은 함께 싸워 전쟁을 치러낸 동료 승전국이었다. 유엔과는 직접 관련이 없는 액션물이긴 해도, 〈The Man from U.N.C.L.E.〉의 설정에는 1960년대까지 미국인들이 유엔을 어떤 시각으로 바라보았을지 짐작할 수 있는 힌트가 포함되어 있었던

The Man From U.N.C.L.E.
2015

United Nations Headquarters

셈이다. 결국 현실정치는 미국-소련 간의 첩보 협조라는 소재를 어색하게 만들고 말았는데, 이 드라마는 2015년 헨리 카빌Henry Cavill 주연의 동명 영화로 리메이크되기도 했다. 원작처럼 솔로와 쿠리야킨이 살갑게 팀워크를 발휘하기보다는 둘이 협력하면서도 살벌한 경쟁을 벌이는 내용으로.

북한 문제건, 이란 문제건, 시리아 문제건, 안보리는 (그러므로 유엔은) 상임이사국 다섯 나라가 동의하는 폭만큼만 평화와 안보 문제에 대처할 수 있다. 군축, 개발, 환경, 인권 같은 나머지 문제들은 총회에서 개도국과 선진국 또는 서로 다른 지역의 국가들이 합의할 수 있는 폭만큼만 진전할 수 있다. 그 폭이 만족스러울 정도로 크다고 말할 사람은 아마 없을 것이다. 이런 낌새가 일찌감치 보였던 것인지, 2대 사무총장이던 다그 함마슐트Dag Hammarskjöld는 'The United Nations was not created to take mankind to heaven, but to save humanity from hell(유엔은 인류를 천국으로 보내려고 만들어진 것이 아니라 지옥으로부터 구하려고 만들어진 것).'이라는 말을 남겼다. 산적한 범세계적 문제들의 규모와 난이도를 생각하면, 요즘은 이 겸허한 목표조차도 야심 찬 것으로 보일 지경이다.

그럼에도 분명한 사실은, 유엔이 사라져버린다면 세상은 지금보다 더 끔찍해질 것이라는 점이다. 유엔이 실패해버린 순간들에 벌어지는 끔찍한 일들을 포착한 영화들이 있다. 부트로스 부트로스 갈리Boutros Boutros-Ghali 사무총장은 자신이 이집트 장관 시절에 승인하여 르완다 정부에 넘겨준 무기들이 1994년 소수 부족을 대량 살상하는 도구로 사용되는 모습을 지켜봐야 했다. 〈호텔 르완다Hotel Rwanda〉(2004), 〈Shooting Dogs〉(2005), 〈Sometimes in April〉(2005), 〈Shake Hands with the Devil〉(2007) 같은 영화들이 이 비극을 다루었다. 〈Backstabbing for Beginners〉(2018)는 이라크 인도 지원 프로그램을 둘러싼 유엔 사상 최악의 독직 사건을 다루었다. 코피 아난 사무총장의 업적에 가장 깊은 흉터를 남긴 사건이었다.

　일반인들이 유엔을 구경할 수 있는 방문객 센터 정문은 46가 쪽으로 나있다. 40명 미만 소그룹의 경우 성인 입장료는 22달러다. 투어가 없는 날도 있으니 visit.un.org 홈페이지로 미리 확인해보고 가는 편이 좋겠다.

국제연합 본부
....

☞ 46th St &1st Ave,
New York, NY 10017
🖥 visit.un.org
☎ +1 212-963-7539
🕐 09:00~16:45
(월~금 가이드 투어
가능)

메트로폴리탄 박물관
Metropolitan Museum of Art

우리 반 학생들에게 메트로폴리탄 박물관에서 열리는 카라
바지오 전시회에 데려가주겠다고 약속했어. 가끔 문화적인
걸 보여주려고 해. 맨날 자전거 체인 같은 걸로 서로 죽도록
두들겨 패기만 하지 말라고.

– 영화 <애니씽 엘스Anything Else> 중에서

애니씽 엘스
Anything Else
2003

역사학자 니얼 퍼거슨Niall Fergusson은《콜로서스Colossus》라는 저서를
통해 미국은 제국이면서도 제국이기를 거부하는 특이한 나라임을
설파했다. 하지만 미국이 제국이라는 사실을 확인하기 위해 책 한
권 분량의 설명을 굳이 읽어야 할 필요는 없다. 영국에는 대영박물
관, 프랑스에는 루브르박물관이 있고, 미국에는 메트로폴리탄 박
물관이 있다. 이 박물관들은 그것을 가진 나라들이 제국이거나 제
국이었다는 사실을 보여주는 증거들이다. 이런 박물관들은 그 어
떤 활자보다 또렷이 제국의 힘과 의지와 권능을 보여준다. 대영박
물관이나 루브르박물관과는 달리, 메트로폴리탄 박물관은 남의
나라를 침략해서 다짜고짜 빼앗아온 물건들로 채운 것이 아니라
기부와 기금을 통해 구입한 물품들을 소장하고 있다고 한다. 그
게 더 무섭다. 저토록 엄청난 구매력이야말로 번영하는 제국의 징
표라서 그렇다. 상트페테르부르크의 에르미타주 박물관만 하더라
도, 혁명 후 귀족들로부터 몰수한 예술품도 적지 않지만 알짜 소장
품은 러시아제국이 가장 융성하던 예카테리나 2세 시절에 사 모은

것들이라고 한다. 유물들은 질감과 양감을 지닌 지식이고, 손으로 만져지는 권력이다. 그렇다고 전시물을 손으로 만지면 안 되지만.

메트로폴리탄 박물관은 미국 최대의 예술품 박물관으로, 2백만 점 이상의 유물과 예술품을 소장하고 있다. 1872년 개관 이래 건물만 꾸준히 증축된 게 아니라 소장품의 목록도 줄기차게 늘어났다. 거의 모든 시기의 미국과 유럽 화가들의 작품, 고대 중동, 아시아, 아프리카, 오세아니아, 비잔틴, 이슬람 유적들을 보유하고 있다. 특히 이집트에 있던 덴두르 사원Temple of Dendur은 통째로 옮겨다 놓았다. 1965년 아스완 댐 건설로 사원이 수몰될 위험에 처하자 이집트 정부가 미국으로의 이전을 양해한 것이다.

로브 라이너Rob Reiner 감독의 1989년 명작 〈해리가 샐리를 만났을 때When Harry Met Sally〉에서 해리(빌리 크리스털Billy Crystal 분)와 샐리(멕 라이언 분)가 이곳을 거닐었다. 이집트관의 높다란 창밖으로 센트럴파크의 찬란한 가을 빛깔이 쏟아져 들어오고 있었다. 똑같은 장소가 2002년 로맨틱 코미디 〈러브 인 맨하탄Maid in Manhattan〉에서는 일인당 참가비가 2500달러인 도심 문맹 퇴치 캠페인 모금 만찬장으로 등장했다. 신데렐라처럼 성장盛裝을 하고 이곳에 나타난 마리사(제니퍼 로페즈Jennifer Lopez 분)는 호텔 청소부라는 자신의 정체를 차마 밝히지 못한다.

영화 속에서 박물관과 미술관은 역사와 예술을 소중히 여기는 인문주의적 교양과 지적 태도를 상징한다. 특히 메트로폴리탄 박물관처럼 회화 작품을 많이 보유한 미술관들은 영화 속에서 품격 있는 로맨스의 현장으로 애용된다. 때로는 품격을 가장한 얄팍한 가식과 허영을 드러내는 장치가 되기도 한다. 어쩌면 로맨스와 허영은 애당초 한 몸인지도 모른다.

브라이언 드 팔마Brian De Palma 감독의 1980년작 〈드레스드 투 킬Dressed to Kill〉에서 일탈을 꿈꾸는 여주인공 케이트(앤지 디킨슨Angie Dickinson 분)는 미술관에서 시간을 보내다가 매력적인 남자와 마주친다. 그에게 추파도 던져보고 장갑도 슬쩍 떨어뜨려보지만 남자는 별다른 반응을 보이지 않는다. 아무런 대사 없이 미로 같은 박물관 전시실을 오가며 밀고 당기는 심리적 게임을 펼치는 장면이 10분이나 이어지는 동안 주인공의 심리는 배경음악으로만 표현된다. 남자를 뒤쫓아 미술관을 나간 그녀는, 결국 처음 만난 사내와 자동차 안에서 끈끈한 정사를 나눈다. 메트로폴리탄 박물관이 배경인데, 촬영 허가가 나지 않아 실내촬영은 필라델피아에서 했다.

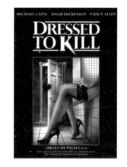

드레스드 투 킬
Dressed to Kill
1980

　1999년의 〈토마스 크라운 어페어〉는 위성사진으로 미국 동부를, 뉴욕시를, 맨해튼을 그리고 메트로폴리탄 박물관을 줌인하면서 시작한다. 1968년 만들어진 동명의 오리지널 영화에서는 스티브 맥퀸Steve McQueen이 백만장자 토마스 크라운으로, 페이 더너웨이Faye Dunaway가 보험수사관 비키 앤더슨으로 출연했다. 이때의 크라운은 보스턴의 은행에서 돈을 훔쳤고 로맨스는 결실을 맺지 못하지만 1999년 피어스 브로스넌Pierce Brosnan이 연기하는 크라운은 메트로폴리탄 박물관에서 모네의 그림을 훔치고 보험수사관 캐서린(르네 루소Rene Russo 분)의 사랑도 쟁취한다. 범죄 현장이 은행에서 박물관으로 바뀐 건 아마 변화한 시대상 탓이리라. 은행털이범을 매력과 연관시키기는 아무래도 어려워진 것이다. 돌이켜보면 이제는 미술품 도둑도 1990년대만큼 멋져 보이진 않는다. 물론 메트로폴리탄 박물관의 소장품을 훔치는 건 가능하지 않은 이야기다. 절도는커녕 〈토마스 크라운 어페어〉는 메트로폴리탄 박물관 내부 촬영 허가도 얻지 못해 세트장으로 박물관을 재현했고, 박물관 로비 장면들은 뉴욕 공공도서관에서 촬영했다.

토마스 크라운 어페어
The Thomas Crown Affair
1999

　〈고스트버스터즈 2〉(1989)도 촬영 허가를 얻지 못했다. 박물관이 귀신의 소굴로 변해 분홍색 거품으로 뒤덮이고 자유의 여신상의 공격을 받아 부서지는 설정이었다. 명칭조차 사용하지 못하도록 했기 때문에 이 영화에 등장하는 가상의 박물관은 '맨해튼 박물관Manhattan Museum of Art'이라고 이름을 붙였고, 외관은 로워 맨해

Metropolitan Museum of Art | Met Breuer

튼의 커스텀 하우스Alexander Hamilton U.S. Custom House로 대신했다.

오션스 8
Oceans 8
2018

하기야, 소장품을 훔친다거나 전시관을 때려 부수는 영화의 촬영 장소로 선뜻히 박물관을 내줄 수는 없었겠다. 한 점의 가격이 영화제작비보다 훨씬 더 비싼 소장품들도 수두룩하니 박물관 측의 보수적인 태도도 이해는 간다. 하지만 2018년 〈오션스 8Ocean's 8〉은 메트로폴리탄 박물관에서 도둑질을 감행하는 영화의 촬영 허가를 얻어내는 데 성공했다. 프랭크 시나트라, 딘 마틴Dean Martin, 새미 데이비스 주니어Sammy Davis, Jr. 등이 출연한 1960년 〈오션스 일레븐Ocean's 11〉이라는 영화를 스티븐 소더버그Steven Soderbergh 감독이 2001년에서 2007년에 걸쳐 리메이크한 삼부작 범죄 코미디의 번외편Spin-off이라고 할 수 있는 영화다. 산드라 불록이 전편에서 조지 클루니가 연기한 대니 오션의 여동생 데비로 출연한다. 오빠를 똑 닮아 도둑질의 대가인 데비는 교도소 출소 직후 여성 동료들로 팀을 꾸려, 매년 메트로폴리탄 박물관에서 개최되는 초호화판 기금 모금 파티 '메트 갈라Met Gala'에서 유명 여배우가 착용하는 1억 5천만 달러짜리 보석 목걸이를 훔칠 계획을 실행에 옮긴다.

박물관 소장품을 훔치는 줄거리가 아니라서 쉽게 촬영 허가를 받았나 보다 생각한다면 순진하시다. 영화제작사는 메트 갈라 주최 측의 동의를 얻는 데도 많은 공을 들였고, 박물관에도 섭섭지 않게 기부금을 제공했다고 한다. 기부한 액수가 1백만 달러였다는 보도도 있었다. 원래 메트로폴리탄 박물관은 30억 달러 가량의 기금을 운영하고 있었고, 입장료 수익은 예산의 15퍼센트 정도만을 차지한다고 알려져 있었는데, 요즘 살림은 그다지 넉넉지가 못한 모양이다. 지난 수십 년 동안 메트로폴리탄 박물관의 입장료는 관람객이 원하는 만큼만 지불해도 되어서 동전 한 닢만 내도 입장이 가능했다. 하지만 2018년 3월부터는 다른 지역 주민과 외국인은 25달러를 지불해야 입장할 수 있도록 제도를 바꾸었다. (뉴저지주와 코네티컷주 학생들은 학생증을 제시하면 뉴욕주 주민처럼 자발적

요금 지불이 가능하다.) 관람객의 절반 정도는 뉴욕 주민들이고 절반 정도가 외국 관광객들이라니까 입장료 수입이 제법 늘어날 것으로 보인다. 하지만 박물관 정문 앞의 계단에서 사진만 찍고 돌아서는 관광객들도 전보다는 늘어나지 않을까 싶다.

　　이 계단을 촬영 장소로 삼은 영화들도 많다. 실제로 이 계단은 어퍼 이스트사이드에서 만남의 광장 같은 역할을 한다. 2005년 〈Mr. 히치〉에서는 의뢰인 알버트(케빈 제임스Kevin James 분)가 연애상담가 히치(윌 스미스 분)를 여기서 기다렸다. 계단에 앉아 옷에 양념을 흘려가며 핫도그를 먹는 알버트의 모습이 서툴고 소탈한 그의 캐릭터를 시각적으로 드러냈다. 2007년의 〈내니 다이어리The Nanny Diaries〉에서는 부잣집 도련님 헤이든(크리스 에반스 분)이 보모 애니(스칼렛 요한슨 분)와 여기서 달달한 첫 데이트를 했다.

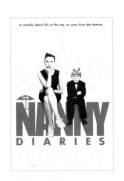

내니 다이어리
The Nanny Diaries
2007

애니: 너무 늦었죠? 미안해요. 내 메시지는 받았어요?

헤이든: 넵, 여섯 개 다.

애니: 일이 안 끝나서 나올 수가 없었어요. 놔주질 않잖아요. 끔찍했어요.

헤이든: 네, 근데 예약 시간이 지나버린데다가 주방까지 닫았대요. 그러니…….

애니: 할 수 없죠. 늦어서 미안해요. 만남이란 게 잘 안될 수도 있는 거죠, 뭐.

헤이든: 잠깐, 잠깐. 나를 그렇게 쉽게 따돌릴 수 있을 거 같아요?

애니: 따돌리는 게 아니고요, 이 시간까지 하는 식당도 없는 걸요.

헤이든: 사실 완벽한 장소를 알아요.

(두 사람은 메트로폴리탄 박물관 계단 앞에서 피자를 한 조각씩 들고 먹는다.)

헤이든: 괜찮죠? 어퍼 이스트사이드 최고의 피자라고요.

애니: 나쁘진 않지만 솔직히 말하면 뉴저지 해변 피자집은 못 따라가요.

헤이든: 흠, 피자 전문가시라면 이탈리안 할렘에 엄청난 집이 있어요. 나중에 데려가죠.

애니: 할렘이요? 당신이 거기 가는 모습을 상상하긴 어려운데요.

헤이든: 왜요? 나는 내가 사는 도시를 탐험하기 좋아한답니다.

　　2016년 3월 메트로폴리탄 박물관은 매디슨가와 75가 교차로 부근에 있던 휘트니 미술관Whitney Museum of American Art을 임대했다. 휘트니 측이 미트패킹 디스트릭트에 새 건물을 마련해 확장하면서 자금난에 빠지자 메트로폴리탄 측이 75가 건물에 대한 휘트니의 임대료 부담을 덜어주기로 한 것이다. 이 건물을 설계한 마르셀 브루어Marcel Breuer의 이름을 따서, 이곳은 메트로폴리탄 브루어 박물관이 되었다. 1931년 거트루드 밴더빌트 휘트니Gertrude Vanderbilt Whitney가 설립한 휘트니 미술관은 고미술품보다는 현존하는 예술가들의 작품을 전시함으로써 새로운 미국 대가들의 등용문이 되어주던 미술관이었다. 이 건물이 아직 휘트니였던 시절, 1979년 흑백 영화 〈Manhattan〉의 주인공 아이작(우디 앨런 분)과 메리(다이안 키튼 분)가 이곳의 전시물 사이를 거닐며 사귐을 시작했다.

　　메트로폴리탄 박물관은 하도 넓어서 몇 번 가본 사람도 거기 뭐가 있는지 속속들이 알기는 어렵다. 이집트 전시관 옆에는 그레이스 레이니 로저스 강당The Grace Rainey Rogers Auditorium이라는 700석 규모의 공연 시설이 있다. 1954년에 지은 공연장이지만 방음장치를 철저히 해놔서 밖의 소음이 공연장으로 들어오지 않고 음악 공연도 밖에서 전혀 들리지 않는다고 한다. 크리스토퍼 월켄Christopher Walken, 필립 세이모어 호프먼, 캐더린 키너Catherine Keener 등 쟁쟁한 배우들이 현악기 연주자로 출연하는 〈마지막 4중주A Late Quartet〉이라는 영화가 있다. 이 영화의 마지막 현악 4중주 공연 장면을 이곳에서 촬영했다. 이 영화 이야기는 다음 장에서 조금 더 해보자.

Frick Collection

마지막 4중주
A Late Quartet
2012

잘 살펴보면 그림들은 속에 담겨진 이야기를 해주지. 그림 속으로 들어가서 사람들을 만날 수도 있어. 안쪽에서 바깥을 내다보면서 밖의 소리를 듣고 있던 사람들을.

– 영화 〈마지막 4중주〉에서 크리스토퍼 월켄의 대사

〈마지막 4중주〉는 야론 질버먼Yaron Zilberman 감독의 2012년 작품이다. 세계적으로 유명한 현악 4중주단의 25주년 기념 공연을 앞두고 리더인 첼리스트에게 파킨슨병이 발병한다. 크리스토퍼 월켄이 이 첼리스트 피터 역을 맡았다. 서로 눈빛만 봐도 화음을 맞출 수 있는 이들 베테랑 4중주단은 이제 활동을 중단해야 할지도 모르는 위기를 맞는다. 이 위기는 오랜 세월 동안 눌러놓았던 멤버들 간의 갈등이 표면화하는 기폭제가 된다. 알고 보니, 아름다운 클래식 음악을 평생토록 연주해온 연주자들에게도 인생은 질곡이고 타인은 지옥이다. 아니, 거꾸로일까? 서로에게 상처를 주고, 질시하고, 실망하고, 좌절하는 사람들끼리 모여서도 천상의 화음을 만들어낼 수 있다는 것이 인간이 받은 축복이라고 해야 할지도 모른다.

실의에 젖은 피터는 미술관 전시실에 우두커니 서서 렘브란트Rembrant van Rijn의 자화상을 바라보고 있다. 먼저 세상을 떠난 아내 미리엄이 좋아하던 그림이다. 메트로폴리탄 박물관 정문에서 남쪽으로 열 블럭쯤 아래 70가에 있는 프릭 컬렉션Frick Collection이라는 작은 미술관이다. 4중주단에서 비올라를 맡고 있는 줄리엣이 그

Frick Collection

옆에 서 있다.

피터: 미리엄은 늘 그림들과 생각을 교감할 수 있다고 믿었지. 특히 이 그림을 좋아했어.
줄리엣: 오늘은 렘브란트가 뭐래요?
피터: '나는 보스다. 나는 화가들의 왕이다. 난 위대하고, 나의 위대함을 안다. 비록 늙어가고 있긴 해도, 아직은 한창 때다.' 어둠 속에서 바라보는 저 눈을 봐. 그는 강력해. 금빛 드레스를 입어서 좀 어색해 보이긴 해. 자기도 그건 아는 거 같아. 하지만 그의 몸과 마음은 아직 그를 배반하지 않았어. 아직은 아냐. 좋은 영감을 주고 있어. 내 자신의 몸과 마음은 좀 다른 이야기지만.

　　지금껏 프릭 컬렉션의 내부에서의 촬영 허가를 얻은 영화는 〈마지막 4중주〉 한 편뿐이라고 한다. 프릭 컬렉션은 헨리 클레이 프릭 Henry Clay Frick이라는 펜실베이니아 출신 철강 사업가가 자택에 수집해둔 예술품을 전시해둔 곳이다. 1919년 헨리 프릭이 사망한 이후에도 소장품은 계속 증가했고, 그의 유언에 따라 1935년에는 공공시설로 공개되었다. 헨리 프릭은 이 저택에서 가족과 함께 살았지만 당초부터 사후에는 박물관으로 대중에 공개할 생각이었다고 한다. 처음부터 전시 공간으로 지어진 건물이라는 의미다.
　　중세 회화부터 렘브란트, 앵그르Jean-Auguste-Dominique Ingres, 베르메르Johannes Vermeer 등 유럽 거장들의 작품들도 있고, 미국 화가 휘슬러James Abbott McNeill Whistler가 그린 초상화 작품들도 있다. 실내 정원에 해당하는 가든 코트에 들어서면 천장의 유리창을 통해 들어온 빛이 포근하고 아늑하게 감싸주는 아름다운 공간이 손님을 맞는다. 품위 있는 고가구와 도자기들도 차분한 분위기를 만드는 데 기여한다. 시간이 있다면 들러서 그림들이 들려주는 이야기에 귀 기울여보시기 권한다.

프릭 컬렉션

☞ 1 E 70th St, New York, NY 10021
🏛 frick.org
☎ +1 212-288-0700
🕐 10:00~18:00 (일 11:00~17:00, 월 휴무)

Solomon R. Guggenheim Museum

늦어서 미안해. 병원에 입원한 친구 비니를 보고 왔어. 구겐하임미술관에서 현기증을 일으켜 난간에서 떨어졌는데, 카푸치노 카트 위로 떨어졌대. 다들 행위 예술인 줄 알고 박수를 쳤다는군. 갈비뼈는 부러졌지만 국립 예술 기금의 지원금을 얻었다던걸.

– 시트콤 <Just Shoot Me!> 중에서

1959년 어퍼 이스트사이드에 개관한 구겐하임미술관은 건축가 프랭크 로이드 라이트Frank Lloyd Wright가 설계했다. 이 미술관에 대해서는 전시물과 일체가 되어 독특한 조화를 이루는 걸작 예술품이라는 찬사에서부터 부적절하고 과시적인 건물로 주변 경관과도 부조화를 이룬다는 비난에 이르기까지 다양한 견해가 존재하니까, 어떤 느낌을 솔직히 털어놓는대도 흉잡힐 일은 없다.

설립자인 솔로몬 구겐하임Solomon R. Guggenheim은 광산 재벌 집안에서 태어나 알래스카 금광업으로 거부가 되었다. 그는 제2의 직업이 수집가라고 할 정도로 예술품 수집에 열을 올렸는데, 힐라 리베이Hilla Rebay라는 추상미술 작가와 죽이 맞아 주로 현대미술 작가들의 작품을 수집했다. 구겐하임은 1939년 지금의 미술관 전신인 비구상 미술관Museum of Non-Objective Painting을 개관했고, 리베이가 첫 관장을 맡았다.

하지만 구겐하임미술관에 오면 설립자나 관장보다 건물 설계자인 프랭크 로이드 라이트의 흔적이 더 짙게 느껴진다. 건물도 특이하지만 라이트 자신도 특이한 사람이었다. 처자식을 버리고 떠난 아버지를 증오해 미들 네임을 로이드라는 어머니의 이름으로 바꾸었지만, 그 자신도 좋은 아버지였던 적이 없고, 결국 가정을 버렸으며, 여성 편력을 일삼았다. 사람이 자기 부모의 싫어하는 면을 닮는 건 왜일까? 단지 피가 물이나 콜라보다 진하기 때문일까? 흉내를 냄으로써 부모를 용서할 수밖에 없도록 만드는 특이한 섭리라도 작용하는 것일까?

그가 진정으로 사랑했던 두 번째 부인은 하인에 의해 처참하게 살해당했고, 그 비극을 극복하려는 듯이 그가 몰두했던 건 일본 데이코쿠 호텔帝国ホテル의 건설이었다. (1923년 관동대지진도 버텨냈던 이 건물은 1967년 확장 공사 당시 철거되었다.) 그는 영국의 아트 앤드 크래프트 운동Arts and Crafts movement, 오스트리아의 빈 분리파Vienna Secession, 일본 건축양식 등 외국의 양식을 빌려왔지만, 그 어느 것과도 비슷하지 않은 신대륙의 새로운 건축을 창조했다. 칸막이를 허물고 수평적으로 확장된 내부 공간과, 그와는 딴판으로 창이 별로 드러나지 않는 무뚝뚝한 외관이 그의 건물 특징이다. 그는 'Outside of the house is there chiefly because of what happens inside(건물의 외양은 내부에서 벌어지는 일의 결과물일 뿐).'이라고 주장했다. 그의 이러한 특징은 지구라트의 안팎을 양말처럼 뒤집어 놓은inverted ziggurat 것 같은 구겐하임미술관의 생김새에도 잘 드러나 있다.

구겐하임과 라이트 모두 세상을 떠난 후인 1959년, 미술관은 지금의 명칭으로 개관했다. 구겐하임미술관 이전까지 서양의 미술관은 궁전palace이나 박람회장pavilion 두 가지 양식뿐이었다. 이 건물 이후 비로소 미술관도 창의적인 예술의 일부가 되는 자유를 누리게 되었다. 하지만 미술관의 건축양식이 어디까지 자유를 누릴 수 있느냐에 관한 논란은 아직 진행형이다. 그래서 구겐하임미술관은

Solomon R. Guggenheim Museum

아직도 논쟁적 장소다. 성마르고 자기중심적인 성품을 지녔던 라이트는 생전에도 미술관장과 실내조명의 적절성을 두고 크게 다툰 적이 있었다. 그의 건물이 시대를 너무 많이 앞서 갔던 건지, 아니면 실패한 실험으로 끝날지 판명이 나려면 세월이 좀 더 흘러야 한다.

구겐하임미술관에 대한 비난이 맹목적인 것만은 아니다. 경사진 바닥과 위로 가면서 바깥으로 기울어진 벽 때문에 미술품을 어떻게 전시해도 기울어져 있는 것 같은 착시 현상을 준다. 조각품은 비뚤게 전시할 수도 없어 어려움이 더 크다. 각층 천장이 너무 낮아 전시품 크기에도 제약을 받는다. 유리 지붕을 통해 쏟아져 들어오는 햇볕이 너무 밝아 미술품의 차분한 감상을 방해한다. 이런 등등의 비판에는 실체적인 고민이 깃들어 있다. 그럼에도 구겐하임미술관은 뉴욕에서 가장 사랑받는 장소들 중 하나가 되었다. 당초 현대작가들의 비구상화 위주로 시작했던 미술관은 여러 명의 관장을 거치면서 인상파 작가들의 작품도 다수 소장하게 되었다.

위험한 연인
Someone to Watch Over
Me
1987

시드니 폴락 감독의 1975년 〈콘돌Three Days of the Condor〉에서 주인공 터너(로버트 레드포드Robert Redford 분)는 살인 사건을 목격한 후 정처 없이 구겐하임미술관을 찾아간다. 미술관은 조용하고 안전한 장소라는 느낌 때문이었을 것인데, 할리우드는 거꾸로 구겐하임미술관을 놀이터나 싸움터로도 자주 활용한다. 〈위험한 연인〉(1987)의 주인공 키건 형사(톰 베린저 분)는 살인 사건의 증인 클레어(미미 로저스Mimi Rogers 분)를 보호하는 임무를 맡는데, 클레어는 키건의 만류에도 아랑곳 않고 구겐하임미술관에서 열리는 파티에 참석한다. 초대형 스위스 칼이 로비에 설치되어 있다. 클레어는 키건더러 "소변은 나 혼자 볼 줄 안다."라고 쏘아붙이고 혼자 화장실에 갔다가 거기서 살인범으로부터 위협을 받았다.

〈맨 인 블랙Men In Black〉(1997)에서 주인공 제임스(윌 스미스 분)가 추격하던 외계인은 구겐하임미술관 외벽을 기어올라 달아나고,

제임스는 문을 부수고 뛰어들어 미술관의 램프를 뛰어올라가 옥상에서 총을 겨눈다. 외계인은 난간에서 뛰어내림으로써 자살을 택하지만, 제임스는 맨몸으로 외계인을 제압한 능력을 인정받아 비밀조직 MIB 요원으로 선발된다.

2009년 액션 스릴러 〈인터내셔널The International〉은 구겐하임미술관을 총 싸움터로 만들기 위해 아예 실제 사이즈와 같은 세트장을 만들었다. (건물 입구와 로비 장면만 진짜 미술관에서 촬영했다.) 인터폴 요원 샐린저(클라이브 오웬Clive Owen 분)는 무기 밀매로 수익을 내는 다국적 은행의 뒷조사를 하다가 청부 살인업자의 뒤를 밟아 구겐하임미술관으로 온다. 꼬투리가 밟힌 사실을 깨달은 은행 간부들은 자신들이 고용한 암살자와 샐린저를 함께 처치하도록 기관총으로 무장한 폭력배들을 미술관으로 보낸다. 양측이 벌이는 총격전에 뉴욕 경찰관과 폭력배들은 물론 관람객들도 다치고, 미술관과 작품들도 쑥대밭이 된다. 실제 벌어졌다면 전 세계가 발칵 뒤집혔을 사건이다.

크리스틴 벨Kristen Bell 주연의 2010년 로맨틱 코미디 〈로마에서 생긴 일〉에서 주인공 베스는 구겐하임미술관의 큐레이터다. 영화는 구겐하임미술관에서의 파티 장면으로 시작하는데, 무슨 전시인지 몰라도 실물 크기 자동차들을 주렁주렁 매달아 놨다. 후일 주인공 일행은 소형 자동차를 몰고 미술관 내부로 돌진해 승용차를 탄채 승강기에 올라탄다. 2011년 코미디 〈파퍼씨네 펭귄들Mr. Popper's Penguins〉에서도 구겐하임미술관은 파티 장소였다. 파퍼 씨네 펭귄들은 이 전시장 꼭대기에서 경사진 램프를 미끄럼 타고 1층까지 내려오며 파티를 난장판으로 만들었다. 자, 여러분이 영화제작자, 감독이라면 이 건물을 어떤 식으로 써먹고 싶은지 한번 상상해보시기를.

인터내셔널
The International
2009

로마에서 생긴 일
When in Rome
2010

구겐하임미술관

☛ 1071 5th Ave, New York, NY 10128

🏛 guggenheim.org

☎ +1 212-423-3500

🕙 10:00~17:45
(토 10:00~19:45 /
목 휴무)

Columbus Circle

뉴욕 관광버스를 탔는데 타미 첸이라는 가이드가 있었어요. 이 친구는 뉴욕에 대해서 아무것도 모르더군요. 엉터리 설명을 마구 지어내기 시작했어요. "여기가 콜럼버스 서클입니다. 콜럼버스가 처음 도착했을 때 한 바퀴 돌며 사방을 둘러보았기 때문이죠."

– 영화 <Punchline> 중에서 톰 행크스의 대사

바르셀로나의 번화가 람블라스 거리La Rambla 끝자락에는 거대한 원형 기둥 위에 크리스토퍼 콜럼버스의 동상Mirador de Colón이 세워져 있다. 황영조 선수가 마라톤 금메달의 위업을 달성한 몬주익 Montjuïc 언덕의 발치, 지중해와 맞닿은 바닷가 동네다. 제노바Genova 출신의 뱃사람 콜럼버스는 1492년 세 척의 배를 이끌고 바하마 제도에 도착했다. 그는 거기가 인도의 동해안이라고 굳게 믿었다. 애꿎은 북미대륙 원주민들이 대대로 '인디언'이라고 불리게 된 시발점이었다. 동남쪽 항로를 손으로 가리키는 바르셀로나의 콜럼버스 동상은 그가 후원자였던 카스티야 여왕 이사벨 1세와 아라곤 왕페르난도 2세에게 항해 계획을 보고하고 출항한 것을 기념한다.

1499년 북미 지역에 도착한 또 다른 이탈리아인 아메리고 베스푸치Amerigo Vespucci 덕분에 미대륙에는 아메리카라는 이름이 붙게 되었다. 한때나마 미국에서는 콜럼버스가 먼저 도착했으니까 나라 이름을 컬럼비아 합중국United States of Columbia이라고 해야 한다는

주장도 있었다는데, 그 이름은 1861년 남미대륙의 콜롬비아Estados Unidos de Colombia가 가져갔고, 미국에는 수도인 워싱턴 컬럼비아 특구Washington District of Columbia에만 흔적이 남았다.

바르셀로나의 콜럼버스 동상이 야심찬 항해의 시작을 기리는 조형물이라면, 뉴욕 콜럼버스 서클에 세워진 그의 동상은 항해의 성과를 기념한다. 이 조형물을 포함한 콜럼버스 서클은 맨해튼에서 유일한 대형 로터리다. 센트럴파크 입구를 단장하기 위한 도시계획의 일환으로 1905년에 설치했고, 교차로 안팎의 시설물은 계속 수정과 보완을 거쳐 왔다. 센트럴파크 앞쪽 머천츠 게이트Marchant's Gate는 1913년에 설치되었는데, 1898년 아바나Havana에서 폭파 사고를 당해 스페인과의 전쟁의 도화선이 되었던 전함 메인호USS Maine를 기념한다. 로터리 안쪽 광장의 분수와 벤치는 2005년에 설치한 것이다.

1954년 영화 〈It Should Happen To You〉의 주인공 글래디스 글로버(주디 홀리데이Judy Holliday 분)는 유명해지고 싶어 안달인 모델 지망생이다. 뉴욕에 온 그녀는 콜럼버스 서클 앞 광고판에 자기 이름을 광고하려고 가진 돈을 다 써버린다. 광고계의 거물 아담스(피터 로포드Peter Lawford 분)의 자동차에 동승하고 콜럼버스 서클 앞을 지나던 그녀는 아담스가 광고판을 보지 못하자, 콜럼버스 서클을 맴돌면 좋겠다고 한다. 아무 설명도 없이 글래디스 글로버라는 이름만 덜렁 써둔 광고판 덕분에 그녀는 호기심 많은 시민들 입에 오르내리는 유명 인사가 되고, 결국 원하던 모델 일도 얻는다.

It Should Happen to You
1954

〈택시 드라이버〉(1976)의 주인공 트래비스(로버트 드니로 분)가 베씨(시빌 쉐퍼드Cybill Shepherd 분)에게 데이트를 신청한 후 그녀를 데려간 곳이 콜럼버스 서클 앞 커피숍이었다. 그녀와의 연애가 뜻대로 이루어지지 않자 낙담한 그는 머리를 모히칸족처럼 밀어버리고 여러 정의 권총으로 무장한 채 콜럼버스 서클 앞 머천츠 게이트에서 열리는 대선 유세장에 나타난다. 경호원들의 눈에 띄어 별다른

Columbus Circle

소득 없이 물러난 트래비스는 애꿎은 이스트 빌리지의 사창가에서
총격전을 벌였다.

에드워드 노튼은 자신이 감독한 2000년 영화 〈키핑 더 페이스
Keeping the Faith〉에서 천주교 신부 브라이언 역을 맡았다. 브라이언은
짝사랑하던 어린 시절 여자 친구 아나(제나 엘프만Jenna Elfman 분)에게
애인이 있다는 사실, 그 애인이 하필이면 어린 시절부터 단짝 친구
이던 유태인 랍비 제이크라는 사실을 뒤늦게 알고 충격을 받는다.
(제이크 역은 벤 스틸러가 맡았다.) 아나에 대한 연정에 몸부림치며 파
계의 문턱까지 갔었던 브라이언은 폭음을 하고 길바닥에 쓰러져
밤을 보낸다. 그가 부스스한 모습으로 아침을 맞이하던 곳도 머천
츠 게이트 앞이었다.

경치로 말하면 콜럼버스 서클에서 바라보는 풍경보다 콜럼
버스 서클을 바라보는 경관이 더 멋지다. 이곳을 가장 시원하게 내
려다볼 수 있는 장소는 쌍둥이 고층 빌딩 타임 워너 센터Time Warner
Center다. 2003년에 완공된 55층짜리 이 건물 안에는 타임워너사와
CNN, 각종 부티크 상점, 식료품점과 고급 식당, 링컨센터 재즈 공
연장 등이 입점해 있다. 2008년에는 〈클로버필드〉의 주인공 청년
들이 괴물의 공격으로 부서져 심하게 기울어진 이 건물 내부에 갇
혀버린 친구를 구하기 위해서 온갖 위험을 무릅썼다.

〈마법에 걸린 사랑〉(2007)에서는 남자 주인공 로버트(패트릭
뎀시 분)의 사무실이, 〈The Other Guys〉(2010)에서는 불법적 수단
으로 부자가 된 악당(스티브 쿠건 분)의 사무실이 이 건물에 있었
다. 커다란 통유리의 창밖으로 콜럼버스 서클이 보이고, 59가를 가
운데 두고 북쪽에는 센트럴파크의 나무숲이, 남쪽으로는 미드타
운의 빌딩 숲이 서로 한 치의 양보도 없이 기 싸움을 벌이는 광경
이 내다보이는 곳이다. 이 풍경을 감상하기 위해서 꼭 뉴욕 변호사
가 되거나 돈 많은 악당이 될 필요는 없다. 링컨센터 재즈 공연장
의 어펠 룸The Appel Room이나 디지즈 클럽Dizzy's Club Coca-Cola에서 재즈

The Other Guys
2010

Columbus Circle
2012

공연을 관람해도 좋고, 같은 건물의 만다린 오리엔탈 호텔Mandarin Oriental 식당 아시에이트Asiate에서 브런치를 먹어도 되니까.

제목을 아예 'Columbus Circle'로 정한 셀마 블레어Selma Blair 주연의 2012년 스릴러 영화도 있었다. 콜럼버스 서클이 내려다보이는 고층 아파트에서 20년이나 두문불출하며 살던 주인공 애비게일이 이웃집에서 벌어지는 살인 사건에 휘말리는 이야기다. 하지만 이 영화의 촬영은 대부분 할리우드의 세트장에서 이루어졌다.

콜럼버스 서클

☛ 848 Columbus Cir, New York, NY 10019
🖵 nycgovparks.org
☎ +1 212-639-9675

타임 워너 센터

☛ 10 Columbus Cir, New York, NY 10019
🖵 theshopsatcolumbus circle.com
☎ +1 212-823-6300
🕐 10:00~21:00
(일 11:00~19:00)

링컨센터

Lincoln Center for the Performing Arts

6년 전 나는 겁 많은 한 말라깽이 학생이 가지고 있던 열정을 봤어. 그래서 내 밴드에 넣어주었지. 졸업 후에 윈튼 마살리스가 그를 링컨센터의 3석 트럼펫 주자로 기용했고, 1년 후에는 제1 트럼펫이 되었지. 지금 너희가 듣는 게 그의 연주다. 숀 케이시. 숀이 어제 교통사고로 죽었다는 소식을 들었다. 그의 아름다운 연주를 너희가 알아야 한다고 생각했다.

– 영화 <위플래쉬Whiplash> 중에서

위플래쉬
Whiplash
2015

니나는 뉴욕 시립 발레단New York City Ballet의 촉망받는 단원이다. 발레단은 차이코프스키의 〈백조의 호수〉 공연을 준비하고 있다. 이 공연의 프리마돈나는 순결하고 해맑은 백조와 어둡고 관능적인 흑조를 둘 다 연기할 수 있어야 한다. 니나의 문제는 백조 역에는 잘 맞지만 흑조 역을 맡기에는 너무 순진하다는 데 있다. 새로 입단한 라이벌 릴리가 흑조 역에는 더 적격인 것처럼 보인다는 데서 니나의 고민이 시작된다. 인정사정 안 봐주는 단장은 그동안의 성과 따위는 개의치 않고 새로운 배역을 뽑을 태세다. 니나는 흑조의 내면세계를 탐닉하면서 점점 더 심각하게 분열되는 자아를 경험한다. 냉혹한 프로페셔널의 세계다. 2010년 영화 〈블랙 스완Black Swan〉을 통해 대런 아로노프스키Darren Aronofsky 감독은 저만치 떨어져 보면 아름다운 발레가 실은 발가락 끝으로 몸무게 전체를 지탱해야 하는 부자연스러운 행위임을 강조하면서, 그 위태로운 신체 훼손

블랙 스완
Black Swan
2010

의 감각을 관객에게 성공적으로 전달했다.

　　니나 역은 나탈리 포트먼, 흑조 릴리는 밀라 쿠니스, 단장 토머스는 뱅상 카셀Vincent Cassel이 맡았다. 아카데미 작품상, 감독상, 촬영상, 편집상 후보에도 올랐던 이 영화는 나탈리 포트먼에게 첫 여우주연상을 안겨주었다. 니나의 시점에서 경험하는 불안과 공포가 어찌나 섬뜩한지 이 영화는 군이 분류하자면 호러horror물에 가깝다. 발레리나 니나가 경험하는 마음속의 지옥도는 악당 조커 역할에 몰입하다가 우울증에 빠져 약물 과다 복용으로 사망한 젊은 배우 히스 레저Heath Ledger를 떠올리게 만든다. 어디까지가 올바른 직업윤리고 어디서부터가 과욕인지는 자기 자신 말고 아무도 정해주지 않는다. 그 균형을 잘 잡는 사람이 프로페셔널이다. 니나와 릴리가 경쟁하던 무대가 이번에 소개할 링컨센터다.

　　제자가 링컨센터 재즈 오케스트라에 데뷔할 때까지 한없이 몰아세우던 음악 선생도 있었다. 2014년 영화 〈위플래쉬〉에서 절대로 현실에서 마주치고 싶지 않은 독선적 강사 플레처 역을 맡았던 J. K. 시먼즈J. K. Simmons는 이 영화로 아카데미 남우조연상을 받았다. 숀 케이시라는 학생이 링컨센터에서 퍼스트 트럼펫을 맡았던 게 과연 그의 지도 덕분이었을까? 플레처 선생은 학생들 앞에서 숀이 교통사고로 죽었다며 눈물을 보이며 애도하지만, 주인공이 나중에 알게 된 진실은 숀이 플레처 선생으로부터 받은 스트레스 탓에 생긴 우울증으로 자살했다는 것이었다. 강해지려는 놈들이 우글대는 세상에서 살아남기 위해서는 마음을 잘 다스려야 하는 법이다. 누군가를 죽고 싶게 만드는 쪽에도, 죽고 싶은 쪽에도 서지 마시기를.

　　니나가 춤추던 링컨센터와 숀이 연주하던 링컨센터는 다른 장소다. 트럼펫 연주자 윈튼 마살리스가 예술 감독을 맡고 있는 링컨센터 재즈 공연장은 앞서 소개한 콜럼버스 서클 앞 타임 워너 센터 안에 있다. 클래식 음악을 교육하고 연주하는 링컨센터 본관은

Lincoln Center for the Performing Arts

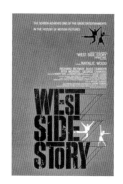

웨스트 사이드 스토리
West Side Story
1961

링컨센터 플라자Lincoln Center Plaza 10번지다. 지금은 말쑥한 예술의 전당이지만 링컨센터가 생겨나기 전 이곳은 로워 이스트사이드를 방불케 하는 슬럼가였다. (〈웨스트 사이드 스토리West Side Story〉(1961)의 무대가 여기였다.) 록펠러 3세John D Rockefeller III가 상당 부분의 비용을 사재로 충당해준 덕분에 1962년 완공된 링컨센터는 1950~1960년 대 뉴욕 재개발의 핵심 사업이었다. 링컨센터는 완성되자마자 단 박에 뉴욕의 주요 관광지로 부상했다. 1968년 영화 〈No Way to Treat a Lady〉의 주인공 케이트(리 레믹Lee Remick 분)는 관광 가이드 였다. 그녀는 링컨 센터 오페라하우스를 장식하는 9미터 높이의 벽 화인 샤갈Marc Chagall의 작품을 관광객들에게 소개한다.

링컨센터는 세 개의 건물로 이루어져 있다. 길에서 정면으로 보이는 건물이 오페라하우스Metropolitan Opera House, 오른쪽이 뉴욕 필하모니 오케스트라가 상주하는 데이비드 게펜 홀David Geffen Hall, 왼쪽 건물이 뉴욕 시립 발레단이 사용하는 데이비드 콕 극장David H. Kock Theater이다. 이 세 건물을 링컨센터 본사Lincoln Center for the Performing Arts, Inc., 링컨센터 시어터Lincoln Center Theater, 뉴욕 공연예술도서관New York Public Library for the Performing Arts, 체임버 뮤직 소사이어티The Chamber Music Society, 필름 소사이어티Film Society, 줄리어드 음대Julliard School, 미 국 발레 학교School of American Ballet 등 여러 기관이 함께 사용한다.

링컨센터는 데이트 코스로도 애용된다. 〈고스트버스터즈〉 (1984)에서 뱅크먼 박사(빌 머레이 분)가 흠모하던 데이나(시고니 위 버Sigourney Weaver 분)는 아마도 뉴욕 필하모니일 것으로 추정되는 심 포니 오케스트라의 첼리스트였다. 뱅크먼 박사가 그녀의 리허설을 구경하고 저녁 약속을 잡자며 지분대던 장소가 링컨센터의 데이비 드 게펜 홀이다. 1962년 완공되었을 때 이 건물의 이름은 필하모닉 홀Philharmonic Hall이었고, 1973~2015년간은 애버리 피셔 홀Avery Fisher Hall이었다.

아카펠라 중창 팀의 이야기를 그린 2012년의 〈피치 퍼펙트

고스트버스터즈
Ghostbusters
1984

Pitch Perfect〉에서 주인공 베카(안나 켄드릭Anna Kendrick 분)와 제시(스카일러 어스틴Skylar Astin 분)가 서로에 대한 사랑을 확인하는 것은 링컨센터에서 개최된 중창 결승 경연을 통해서였다. 이 대회가 영화의 클라이맥스였는데, 실제 촬영은 다른 곳에서 이루어졌다.

피치 퍼펙트
Pitch Perfect
2012

2015년 영화 〈포커스Focus〉의 도입부에서 주인공 닉(윌 스미스 분)이 어설픈 미녀 사기꾼 제스(마고 로비 분)의 유혹에 넘어가는 척 하던 식당은 링컨센터 구내에 있는 이탈리아 식당 링컨 리스토란테Lincoln Ristorante였고, 한 수 가르쳐 달라며 따라온 제스에게 닉이 다정하게 소매치기 수법을 가르쳐주던 눈 덮인 비탈은 링컨센터의 옥상 하이퍼 파빌리온Hypar Pavilion이었다. 평소에는 잔디밭이 있는 곳이다.

메트로폴리탄 오페라 극단은 흔히 메트 오페라Met Opera라고 부른다. 여기서 뮤지컬 〈명성황후〉를 관람한 적이 있었다. 국산 뮤지컬이 메트에서 며칠간 공연되는 것도 뿌듯한 일이긴 하지만, 콧대 높은 메트 오페라 극단에서 꾸준히 활동하는 한국인 성악가들의 존재는 그에 비할 수 없을 만큼 대단한 성취를 의미한다. 1984년 소프라노 홍혜경이 한국인 최초로 메트 무대에 데뷔한 이래, 2007년 〈라 트라비아타La traviata〉 공연 때는 홍혜경과 테너 김우경이 127년 메트 오페라 역사상 최초로 동양인 커플 주연을 맡았다. 2009년에는 소프라노 김지현이, 이듬해인 2010년에는 테너 이용훈, 김재형 두 명이 함께 데뷔했다. 최근에도 테너 강요셉, 신상근, 소프라노 박혜상, 신영옥, 베이스 연광철 등이 메트 오페라 무대에서 기량을 뽐내고 있다. (참고로 링컨센터의 아메리칸 발레 시어터에서는 발레리나 서희가 수석무용수로 활약하고 있다.)

메트 오페라 무대는 세계 정상급의 성악가들도 가슴을 졸이게 만드는 큰 무대다. 1982년의 코미디 〈Yes, Giorgio〉에서 세계 최고의 테너 루치아노 파바로티Luciano Pavarotti는 메트 공연을 하다가 실수를 했던 트라우마 때문에 뉴욕 메트 공연을 계속 기피하는 가

Yes, Giorgio
1982

수 조르지오 피니 역을 맡았다. 그가 연인의 도움으로 두려움을 극복하고 메트에서 〈투란도트Turandot〉의 〈공주는 잠 못 이루고Nessun dorma〉를 힘차게 부르는 장면이 이 영화의 클라이맥스다.

문스트럭
Moonstruck
1987

가수들이 가슴을 졸이건 말건, 관객은 우아한 차림으로 오페라를 즐기면 그만이다. 노먼 주이슨Norman Jewison 감독의 1987년 영화 〈문스트럭Moonstruck〉에서 셰어Cher가 연기하는 주인공 로레타는 약혼자 조니(대니 아옐로Danny Aiello 분)의 부탁으로 그의 동생 로니(니콜라스 케이지 분)를 결혼식에 초대하러 찾아갔다가 그만 그와 하룻밤을 함께 보내고 만다. 이래서는 안 된다며 없었던 일로 하자던 로레타에게 로니는 오페라를 함께 보자고 한다.

로니: 좋아요. 내가 결혼식에 나타나지 않기로 하죠. 대신 조건이 있어요. 오늘 밤 나와 함께 오페라를 보러 가줘요.
로레타: 대체 무슨 소리예요, 그게?
로니: 내가 사랑하는 게 두 가지예요. 당신과 오페라. 만약 내가 사랑하는 두 가지를 하루 저녁만이라도 함께 가질 수 있다면…….
로레타: 맙소사.
로니: 그렇다면 나는 내 인생의 나머지를 포기할 수도 있어요.
로레타: 알았어요.
로니: 메트에서 만나요.
로레타: 메트가 어디죠?

링컨센터

☏ 10 Lincoln Center Plaza, New York, NY 10023
🖥 lincolncenter.org
☎ +1 212-875-5456

로레타의 마음과 그녀의 의지가 서로 싸운다. 결국 로레타는 링컨센터 오페라 극장에 나타난다. 그냥 나타나는 게 아니다. 머리를 염색하고, 멋진 드레스를 입고서다. 로레타 자신은 아직 모르고 있는 것처럼 보이지만, 관객의 눈에 보이는 것은 사랑에 빠져 소녀처럼 설레는 여인의 모습이다. 셰어는 이 표정과 몸짓 연기만으로도 여우주연상감이었다.

뉴욕 자연사박물관
American Museum of Natural History

래리: 내가 하는 말이 완전히 미친 소리 같을 거예요.
레베카: 괜찮으니 해보세요.
래리: 박물관에 가면 역사가 살아난다는 얘기들 하잖아요?
이 박물관에서는 진짜로 살아나요.

– 영화 <박물관이 살아 있다Night at the Museum> 중에서

박물관이 살아있다
Night at the Museum
2006

<레릭The Relic>이라는 1997년 영화가 있었다. 브라질 유물에 붙어온 괴물이 시카고 자연사박물관을 쑥대밭으로 만든다. 페넬로프 앤 밀러Penelope Ann Miller가 괴물과 사투를 벌이는 고고학자 마고 그린으로 등장하는 이 영화에는 대중적 인기가 사라진 박물관에 근무하는 관계자들의 자조 섞인 대사가 나온다.

레릭
The Relic
1997

그린 박사: 수상쩍은 물건을 가지고 사람들을 박물관에 끌어 모으는 건 마치 볼쇼이 발레단이 토플리스 도우미들을 고용하겠다는 거나 마찬가지예요.
프록 박사: 나는 볼쇼이 발레단이 그랬으면 좋겠는걸. 그럼 나도 발레 좀 보러 갈 테니까.

　　뉴욕 자연사박물관을 무대로 하는 <박물관이 살아 있다> 시리즈(2006, 2009, 2014)도 이를테면 그런 '수상쩍은' 고민의 산물인 것처럼 보인다. 박물관 경비원으로 취직한 주인공 래리(벤 스틸러 분)는 해가 지면 이집트 석판의 마력으로 떠들썩하게 살아나서 난

박물관이 살아있다:
비밀의 무덤
Secret of the Tomb
2014

장판을 만드는 전시물들을 돌봐야 하는 처지가 된다. 의도했던 효과가 있어, 2006년 영화 개봉 후 휴가 시즌에는 뉴욕 자연사박물관을 찾는 관람객이 20퍼센트 가까이 증가했고, 그해에는 전년도에 비해 5만 명 정도 더 많은 사람들이 방문했다. 영화 속에서 래리는 티라노사우루스의 화석, 원시인 모형, 원숭이 박제, 미니어처 인형 등 되살아난 전시물들 때문에 곤욕을 치르는데, 실제로 이런 일이 벌어지기라도 했다가는 큰일이다. 뉴욕 자연사박물관이 보유한 소장품은 3천만 점이 넘으니까 경비원 한 명이 진땀을 흘리고 끝날 정도로 소박한 규모가 절대로 아니다.

이 영화의 3편이 개봉하던 2014년에 작고한 로빈 윌리엄스는 세 편 모두에서 미국의 26대 대통령 디오도 루스벨트Theodore Roosevelt의 왁스 인형 역을 맡았다. 루스벨트는 남들이 자기를 '테디Teddy'라는 별명으로 부르는 걸 끔찍하게 싫어했다는데, 안됐지만 이 별명은 '테디 베어Teddy Bear'라는 곰 인형의 이름으로 영원히 남고 말았다. 루스벨트가 사냥을 나갔다가 나무에 묶여 있는 불가항력 상태의 곰을 쏘지 않았다는 뉴스를 듣고 봉제인형회사가 그의 이름을 딴 인형을 만든 것이 발단이었다고 한다. 뉴욕 자연사박물관이 처음 개관한 것은 1869년이었는데, 최초 발기인 명단에는 디오도 루스벨트의 아버지도 포함되어 있었다. 지금의 박물관 건물은 1874년부터 1936년 사이에 꾸준히 증축되고 개축된 것으로, 서로 연결된 27개의 건물 안에 포유류관, 조류관, 생물다양성관, 인류문화관, 지구과학관, 화석관, 우주관 등 45개의 전시관이 있다.

진 켈리와 프랭크 시나트라가 출연한 1949년의 뮤지컬 영화 〈On the Town〉에서는 휴가 나온 세 명의 수병들이 이 박물관에서 공룡 뼈를 훼손하는 바람에 지명 수배당하고 도망 다니는 처지가 되었다. 2006년 〈악마는 프라다를 입는다The Devil Wears Prada〉에서는 잡지사 런웨이의 편집장 미란다 프리슬리(메릴 스트립 분)가 뉴욕 자연사박물관에서 자선 파티를 개최한다. 그녀 뒤에 딱 붙어선

American Museum of Natural History

두 명의 비서가 다가오는 손님들의 신상을 귓속말로 알려주던 파티 장면이다. 2007년의 〈내니 다이어리〉에서는 보모(스칼렛 요한슨 분)가 휴일임에도 아이를 떠맡게 되자 뉴욕 자연사박물관으로 데려갔다.

꼬마: 엄마가 좋아하는 박물관에 가랬어. '구기하이니'였던가?

보모: 오늘은 내가 쉬는 날이었으니까 내가 좋아하는 박물관으로 가자. 뉴욕 자연사박물관.

꼬마: 그거 웨스트사이드에 있는 거 아니야?

보모: 그런데?

꼬마: 나는 웨스트사이드에는 못 가는 게 엄마 규칙이야.

보모: 오늘은 규칙을 깨는 날이야.

(둘은 박물관 안으로 들어간다.)

보모: '브론토사우루스는 거대 초식동물에 속한다.' 초식이란 건 너희 엄마처럼 채식주의자를 말하는 거야.

꼬마: 저건 뭐야?

보모: 저건 티라노사우루스야.

꼬마: 저것도 우리 엄마 같아?

보모: 흠, 글쎄…….

(둘은 다른 전시관도 들린다.)

보모: 저 사람들은 마티스 일가야. 아마존에서 살았대.

꼬마: 저 중에 보모는 누구야?

보모: 휴일이라서 없나 봐. 세상의 다른 곳에서는 사람들이 다르게 살아.

2016년 〈닌자 터틀: 어둠의 히어로〉에서는 악당 슈레더가 외계로 통하는 이동 장치를 찾기 위해 뉴욕 자연사박물관으로 잠입했다. 이 장치는 우주관에 전시된 운석 안에 감춰져 있었다. 2014년 우리나라 영화 〈우는 남자〉에 장동건과 함께 출연했던 한국계 일본인 배우 브라이언 티Brian Tee가 악당 슈레더 역을 맡았다.

2017년에는 마치 뉴욕 자연사박물관에 헌정된 것처럼 보일 정도로 이 박물관을 중심으로 전개되는 가족 영화 한 편이 만들어졌다. 브라이언 셸즈닉Brian Selznick이라는 작가의 그림책에 바탕을 둔 토드 헤인즈Todd Haynes 감독의 〈원더스트럭Wonderstruck〉이다. 2015년 영화 〈캐롤Carol〉로 1950년대의 뉴욕을 성공적으로 재현해 냈던 헤인즈 감독은 〈원더스트럭〉에서는 1927년의 뉴욕과 1977년의 뉴욕을 생동감 있게 묘사했다. 1927년의 화면은 흑백으로, 1977년의 화면은 구식 컬러 화면으로 촬영된 이 영화는 한 소녀와 한 소년이 서로 50년의 간격을 두고 집을 나와 겪는 여정을 번갈아 보여준다. 뉴욕 자연사박물관은 둘의 여정이 교차하는 지점이고, 둘을 이어주는 매개물이 된다.

원더스트럭
Wonderstruck
2017

뉴욕 자연사박물관이 가장 은유적인 장소로 등장한 영화는 노아 바움백 감독의 2005년작 〈The Squid and the Whale〉이었다. 브루클린에 사는 버크만 씨 내외(제프 다니엘즈Jeff Daniels, 로라 리니Laura Linney 분)는 겉보기에는 평온한 지식인 부부지만, 이기적인 남편과 무책임한 아내다. 아내의 외도를 계기로 이혼을 결정한 이들 부부에게는 월트(제시 아이젠버그Jesse Eisenberg 분)와 프랭크(오웬 클라인Owen Kline 분)라는 두 아들이 있다. 이 아이들은 공동 양육 합의 탓에 두 집을 오가며 지내게 된다. 가장 가까운 사람들이 서로에게 가장 잔인한 상처를 입히는 과정을 섬세하게 묘사한 이 영화는 이혼을 쉽게 하는 것처럼 보이는 미국에서도 이혼은 아이들에게 깊은 충격과 상처를 준다는 점을 보여준다.

The Squid and the Whale
2005

두 아역 배우들은 서로 다른 방식으로 상처를 소화하려 애쓰거나 또는 이겨내지 못하는 모습을 설득력 있게 연기한다. 형 월트는 작가인 아버지의 냉소를 흉내 내면서 면전에서 어머니를 천박한 바람둥이라고 저주한다. 영화의 결말 부분, 학교의 상담사는 월트에게 좋았던 기억을 떠올려보라고 한다. 뜻밖에도 월트는 엄마와 '로빈후드' 영화를 함께 보고 뉴욕 자연사박물관에 갔던 기억을 떠올린다. 오징어와 고래는 무서워서 쳐다볼 수가 없었던 어린 시절의 기억이다. 어머니에 대한 그의 악다구니는 사랑을 배반당한 아이가 아픔을 고함치는 하나의 방식이었던 거다.

어린 월트가 쳐다보지 못했던 오징어와 고래는 뉴욕 자연사박물관 해양관의 허공에 매달아 놓은 전시물이다. 푸른빛이 도는 29미터짜리 흰긴수염고래 한 마리가 대왕오징어와 싸우는 모습으로 전시된 이 모형은 1933년에 설치되어 몇 차례 수선을 거쳤다. 닮고 싶어 하던 아버지로부터도 실망과 배신감을 느끼던 날, 월트는 아버지를 뿌리치고 뛰쳐나간다. 그가 한달음에 달려간 곳이 뉴욕 자연사박물관이었다. 그는 오징어와 싸우는 고래를 한참 응시한다. 그걸 무서워하던 그의 어린 시절은 그때의 달콤한 기억과 함께 이제는 사라지고 없다. 당신이 어릴 때 못했지만 이제 할 수 있게 된 일은 무엇인가? 낙원에서 추방된 당신이 지금 있는 곳에서 응시하는 것은, 당신의 오징어와 고래는 무엇인가?

뉴욕 자연사박물관

☛ Central Park West &
79th St, New York, NY
10024
🖥 amnh.org
☎ +1 212-769-5100
🕐 10:00~17:45

Coney Island

Uptown Girls
2003

나는 달아나야 했어. 가방을 챙겨 기차를 탔어. 코니아일랜
드를 찾아가서 살기로 결심했어. 그게 진짜 섬인 줄 알았거
든. 톰 소여나 허클베리 핀처럼 살 거라고 생각했으니, 내가
얼마나 놀랐을지 상상해봐. 그 나이 때 태워주는 건 찻잔밖
에 없더라. 그걸 타고 빙글빙글 돌았지. 난 지금도 그 찻잔을
타고 있는 거 같아. 멈추지 않는 찻잔.

– 영화 <Uptown Girls> 중에서

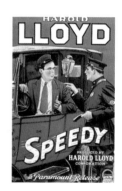

Speedy
1928

오래전부터 뉴욕 주민들에게 코니아일랜드는 그 이름을 듣는 것
만으로도 미소를 짓게 만드는 놀이공원의 대명사였다. 브루클
린 남부 해안에 있는 이 섬은 제2차 세계대전 이전의 간척 사업으
로 육지와 연결되어 지금은 이름만 섬이다. 도심에서 가까운 모래
섬이었기 때문에 1820년대 말부터 휴양지로 각광을 받아 호텔이
들어섰고, 1880년대에 초창기 놀이공원 형태의 위락 시설이 설치
되었다. 무성영화 시대의 스타 헤럴드 로이드Harold Lloyd가 주연한
1928년 영화 〈Speedy〉를 보면, 주인공 커플이 즐거운 시간을 보내
는 코니아일랜드가 당시에 얼마나 활기차고 붐비는 곳이었는지 알
수 있다. 로이드는 음식, 사람들, 강아지, 페인트를 칠한 벽 등등 놀
이시설 이외의 요소들로 웃음을 빚어냈다.

　　코니아일랜드 개발이 시작되던 19세기 말에는 환경을 보전해
야 한다는 반대론이 거셌다. 제2차 세계대전 후 롱아일랜드 동부

지역 인구가 급격히 늘어나자 이번에는 이곳을 주상 복합 지역으로 재개발하려는 개발업자들의 끈질긴 시도가 시작되었다. 업자들은 재개발에 유리한 환경을 만들 요량으로 놀이공원을 인수한 다음 일부러 운영을 중단해 폐허처럼 만들기도 했고, 초대형 상가 건축 계획을 발표한 뒤 땅값이 치솟으면 다른 업자에게 팔아버리는 '먹튀'를 하기도 했다. 가장 큰 놀이공원이던 스티플체이스 공원 Steeplechase Park 은 1964~1979년간 개발업자 프레드 트럼프의 소유였다. 도널드 트럼프 대통령의 아버지인 그는 손님들을 초대해 재개발의 필요성을 역설한 다음 돌멩이를 나눠주고 공원 시설을 부수도록 하는 기묘한 퍼포먼스도 벌였다.

그러니까 이 지역이 지금까지 '놀이시설 지역amusement area'으로 지정되어 있다는 사실은 당연하기보다는 대견한 일이다. 2002년 로맨틱 코미디 〈투 윅스 노티스〉의 주인공은 코니아일랜드에서 나고 자란 루시(산드라 불록 분)다. 하버드 법대를 졸업한 그녀는 공사 현장에서 드러눕는 반대 시위도 마다하지 않는 열성적인 민권운동가 타입의 변호사다. 어린 시절 추억이 깃든 커뮤니티센터를 허물고 그 자리에 고층 주상 복합 건물을 지으려는 재개발 사업 계획이 발표되자, 그녀는 다짜고짜 부동산 재벌 조지 웨이드(휴 그랜트 분)를 찾아간다.

루시: 저는 코니아일랜드 커뮤니티센터 변호를 맡고 있어요. 1922년에 지어진 이 센터는 코니아일랜드의 심장이라고 할 수 있는 건물이죠. 성인 교육, 농구, CPR, 라마즈, 수중발레, 태권도 교실 등을 운영해요. 대단하죠. 어린이들에게는 집 밖의 집인 셈이에요. 저도 그 센터에서 자란 거나 다름없어요.
조지: 멋지군요. 그런데 그 건이라면 트럼프 입장이 더 중요해요. 만나서 반가웠어요.
루시: 아니에요, 웨이드 씨. 이해를 못 하시는 거 같은데, 저는 거기 살아요. 우리 부모님도요. 이사회의 페레즈 의원님도 잘 알죠. 센터의 보존을 보장해주

신다면 건축 허가가 나도록 도와드릴 수 있어요.

조지: 그런데 왜 우리 회사를 찾아온 거지요?

루시: 음……, 트럼프 씨는 당최 만날 수가 없고 제그만 씨는 (제가 하도 괴롭혀서) 법원이 접근 금지명령을 내렸거든요.

이 영화에는 부동산 사업가 도널드 트럼프가 자신의 역할로 출연하기도 했다. 정작 부동산 개발보다 더 근본적으로 코니아일랜드의 놀이공원을 위협한 것은 줄어드는 손님이었다. 갈수록 도시가 팽창하면서 코니아일랜드는 브루클린 주거지의 일부처럼 되었고, 교외의 나들이 장소로서 지녔던 매력을 잃어갔다. 어린이와 청년들은 TV나 영화, 전자오락 같은 새로운 놀이에 탐닉하면서 놀이공원을 '촌스러운' 것으로 인식했다. 놀이공원들은 최신식 설비에 투자할 여력을 잃었고, 시설이 낡아 더욱 외면당하는 악순환이 벌어졌다. 부동산 개발업자들의 발호는 놀이공원의 발전을 막는 원인이기도 했지만, 그들이 이러한 시장의 추세를 읽었기 때문에 벌어진 결과이기도 했다.

20세기 후반 코니아일랜드 놀이공원은 전성기가 지난 다른 모든 시설물들처럼 쇠락해갔다. 영화에도 이곳은 시대착오적이고 쓸쓸한 장소로 등장했고, 심지어 싸움터로 전락하기도 했다. 이제는 철거되어 사라진 썬더볼트라는 롤러코스터 밑에는 작은 집처럼 생긴 관리사무소가 있었다. 1977년 영화 〈Annie Hall〉의 주인공 엘비(우디 앨런 분)는 어린 시절 자기 집이 그곳이었다고 능청을 떤다. 자기가 신경병적인 인물이 된 건 롤러코스터가 지나다닐 때마다 마구 흔들리는 집에서 살았기 때문이라는 우디 앨런 특유의 농담이다.

〈The Warriors〉는 뉴욕의 각 동네 깡패들이 회합에 갔다가 전체 모임을 소집한 지도자가 암살당하는 바람에 전쟁을 벌이는 1979년 영화다. 코니아일랜드에 근거지를 둔 '워리어즈' 파가 암살

Annie Hall
1977

Coney Island | Steeplechase Park

범 누명을 쓰고 공격의 대상이 된다. 1970년대 말 컬트 팬들은 이들이 죽을 고생을 거쳐 코니아일랜드 모래톱의 유원지에 도착하는 장면에서 환호했다. 이 소박한 약속의 땅은 폐장한 놀이 기구와 문 닫은 상점들이 즐비한 을씨년스러운 장소였다.

The Warriors
1979

1985년 〈레모〉에서는 한국인(으로 설정된) 춘이라는 노인(조엘 그레이 분)이 전직 경찰 레모(프레드 워드 분)에게 신안주라는 정체불명의 전통 무술을 전수하면서 훈련을 시키는데, 한때는 명물이었다가 텅 빈 공원에 방치된 원더 휠이라는 대관람차를 훈련 기구로 사용했다. 이렇게 다 쓰러져가던 원더 월은 〈맨 인 블랙 3〉에서 주인공이 1969년의 과거로 거슬러 찾아간 코니아일랜드에서는 몰라볼 만큼 활기찬 모습으로 등장한다.

우디 앨런의 2017년 영화 〈원더 휠Wonder Wheel〉은 1950년대의 코니아일랜드를 배경으로 벌어지는 인간 군상의 코미디를 그렸다. 영화는 유람객으로 정신없을 만큼 붐비는 해변 놀이공원의 모습으로 시작하지만, 여기서도 주인공 미키(저스틴 팀벌레이크 분)의 내레이션은 다가오는 쇠락의 징조를 알린다. 실은 영화 제목이 '원더 휠'이라는 사실 자체가, 이 영화가 이미 저 멀리 지나가버린 떠들썩하고 어수선한 시절의 추억에 관한 것임을 암시한다.

원더 휠
Wonder Wheel
2017

코니아일랜드. 1950년대. 해변. 널판자 산책로. 예전에는 빛나는 보석 같았지만 세월이 흐를수록 가차 없이 초라하게 변해가는 곳. 여름이면 나는 여기서 일을 한다.

알란 파커Alan Parker 감독의 1987년작 〈엔젤 하트Angel Heart〉에서 주인공 해리(미키 루크Mickey Rourke 분)는 의뢰받은 사건의 단서를 찾아 인적이 드문 코니아일랜드 놀이공원으로 갔다. 부두 아래 쓰레기 더미에는 쥐들이 들끓는다. 한겨울 텅 빈 해변에 웬 사내가 러닝 셔츠 바람으로 일광욕을 하고 있다. 그의 아내는 바닷물에 하반신

엔젤 하트
Angel Heart
1987

을 담근 채 서서 혈액순환에 좋다며 파도를 맞고 있다. 해리가 이 부부로부터 얻어들은 건 그들이 서 있던 풍경처럼 괴이하고 수상쩍은 소문뿐이었다.

최근 들어서는 2017년의 〈스파이더맨: 홈커밍Spider-Man: Homecoming〉이 코니아일랜드를 싸움터로 만들었다. 힘겨운 싸움 끝에 악당을 사로잡은 피터 파커는 사이클론Cyclone이라는 롤러코스터의 철로 꼭대기에 앉아 난장판이 된 해변을 내려다보았다. 사이클론은 1927년 목조 롤러코스터로 운행을 시작한 유서 깊은 놀이기구다.

오늘날까지 코니아일랜드의 놀이시설이 명맥을 유지하고 있는 건 뉴욕시 당국의 아집 탓도 아니고, 부동산 개발업자들의 무능함 때문도 아니다. 그것은 뉴욕 주민들의 가슴속에 그곳이 즐겁고 아련한 기억을 담은 소중한 공간으로 남아 있기 때문일 것이다. 뉴요커도 아니면서 어떻게 아냐고? 영화를 보니까 그렇다는 이야기다. 떨어지는 오동잎을 보면 천하의 가을을 아는 법 아니겠나.

요절한 여배우 브리타니 머피Brittany Murphy 주연의 2003년 영화 〈Uptown Girls〉에서 철없는 보모 몰리(브리타니 머피 분)는 애늙은이 같은 꼬마 레이(다코타 패닝Dakota Fanning 분)를 돌보느라 고생이 많다. 레이와 가까워지자, 몰리는 어린 시절 사고로 부모를 여읜 뒤 무작정 가출을 해서 코니아일랜드로 갔던 이야기를 해준다. 보모 자리에서 해고당한 뒤, 레이가 가출했다는 소식을 들은 몰리는 짚이는 데가 있어 코니아일랜드로 간다. 찻잔 놀이 기구에 레이가 오도카니 앉아 있다. 둘은 함께 찻잔을 탄다. 레이는 처음으로 울음을 터뜨리며 꽁꽁 감췄던 감정의 속살을 내보인다.

스티븐 스필버그Steven Spielberg 감독의 2001년 영화 〈에이 아이〉에서 로봇 소년 데이비드는 피노키오 이야기에서처럼 자기를 인간으로 만들어줄 푸른 요정을 찾아 맨해튼까지 간다. 해수면 상승으로 자유의 여신상마저 바닷속에 잠겨버린 미래의 뉴욕이다. 바닷

속에서 그가 찾아낸 푸른 요정은 코니아일랜드 놀이동산의 마네킹이었다. 요정에게 소원을 빌며, 그는 바닷속에 갇힌 채 2천 년의 세월을 보낸다. 이때까지만 해도 귀여운 아역 배우였던 헤일리 조엘 오스먼트Haley Joel Osment가 데이비드 역을 맡아 사람이 되고 싶다며 관객의 눈물샘을 자극했다.

에이 아이
A.I. Artificial Intelligence
2001

2000년 대런 아로노프스키 감독의 〈레퀴엠Requiem for a Dream〉은 마약으로 인생을 망치는 인물들을 다룬다. 해리(제러드 레토Jared Leto 분)와 마리언(제니퍼 코넬리Jennifer Connelly 분)은 브라이튼 해변 출신의 젊은 커플이다. 해리는 파멸을 향해 치달으면서 과거의 회상인지 상상인지 구분하기 어려운 행복한 시절을 종종 떠올린다. 그곳은 햇살이 따사롭게 내리쬐는 코니아일랜드 해변이다. 파라슈트 점프Parachute Jump라는 76미터 높이의 놀이 기구 철탑이 저만치 보인다. 오래전에 가동을 멈추고 지금은 그냥 서 있을 뿐이라서 '코니아일랜드의 에펠탑'이라고 불리기도 하는 이 동네의 상징물이다. 마리온이 바다를 바라보며 난간에 기대 서 있다. 이 장면은 강한 기시감을 준다. 제니퍼 코넬리가 1988년 공상과학영화 〈다크 시티Dark City〉의 마지막 장면에서 주인공을 맞이하던 자세도 거의 똑같았다. 이 영화 속 인간들은 외계인에게 납치당해 가짜 도시와 가상현실 속에서 살아가는데, 주인공은 초능력으로 악당을 물리치고 소문 속에만 존재하던 바다를 만들어낸다. 제니퍼 코넬리 때문인지, 셸비치라던 그 해변의 이미지도 틀림없이 코니아일랜드였던 것만 같다. 내 기억이 사후적으로 농간을 부리는 탓일 것이다.

레퀴엠
Requiem For A Dream
2000

2015년 영화 〈데몰리션Demolition〉에서 교통사고로 아내를 잃은 주인공 데이비스(제이크 질렌할Jake Gyllenhaal 분)는 사고가 나기 전에 이미 아내를 잃은 셈이었다. 아내가 다른 남자를 만나고 있었던 거다. 그는 이중의 상실감을 견디지 못하고 며칠에 걸쳐 집을 망치로 때려 부순다. 그가 영화의 말미에서 고통을 이겨내고 거니는 장소가 코니아일랜드 해변의 판자길boardwalk이었다. 그는 아내 줄리

다크 시티
Dark City
1988

아의 이름이 새겨진 회전목마를 코니아일랜드에 기증하는 자기만의 방식으로 애증의 대상이던 아내에게 작별을 고한다.

지금도 코니아일랜드의 유원지는 많은 이들의 빛바랜 추억을 담고 있다. 오히려 인파로 붐비던 과거의 전성기에 비해 여행자가 방문하기에는 더 적합한 장소가 된 셈이 아닐까.

스티플체이스 공원

☛ 1739 Riegelmann Boardwalk, Brooklyn, NY 11224
🖥 nycgovparks.org
☎ +1 212-639-9675

코니 아일랜드 해변과 판자길

☛ 37, Riegelmann Boardwalk, Brooklyn, NY 11224
🖥 nycgovparks.org
☎ +1 718-946-1350

Chapter 2. 교통

뉴욕은 언제나 그대로다. 썰물과 밀물의 도시,
끊임없이 유동하는 인구의 도시, 휴식을 모르는 도시.
이 도시는 거칠고, 더럽고, 위험하다. 변덕스럽고
몽상을 즐긴다. 아름답고 역동적이다.
뉴욕은 이들 중 어느 한 가지가 아니라 동시에
그 모두다. 이 역설을 받아들이지 못하면
뉴욕이라는 존재의 현실을 부정하는 것이다.

– 건축비평가 폴 골드버거Paul Goldberger

비행기

Airplane

나는 연애를 시작할 때 절대 애인을 공항까지 바래다주지 않
아. 어차피 시간이 흘러 시들해지면 공항에 바래다주진 않게
되잖아. 그때 가서 왜 이젠 안 데려다주느냐는 소리를 듣긴
싫거든.

– 영화 <해리가 샐리를 만났을 때> 중에서

매년 5천만 명 넘는 방문객들을 맞이하는 뉴욕의 공항들은 언제나
북적인다. 그중 가장 큰 존 F. 케네디ᴶꜰᴷ 국제공항은 미드타운에서
24킬로미터 떨어진 퀸스 남동부에 8개의 터미널을 갖추고 해마다
오고 가는 4500만 명의 여객을 수용한다. 국내선 항공편이 많은
라과디아ᴸᵃ ᴳᵘᵃʳᵈⁱᵃ 공항은 그보다는 작고 시내에서 13킬로미터 떨
어진 거리에 있다. 뉴저지에도 매년 3600만 명의 여행객이 이용하
는 뉴어크ᴺᵉʷᵃʳᵏ 리버티 국제공항이 있다.

　9/11 테러 사건이 벌어지기 전까지만 해도, 미국의 국내선 항
공은 별다른 검색이나 제지를 받지 않고 비행기 탑승구까지 터벅
터벅 걸어가 손님을 마중할 수 있었다. 맥가이버가 스위스 칼을 휴
대한 채 여객기를 이용하면서 임기응변으로 위기에 대처하던 것도
이제 불가능한 일이 되었다. 한줌의 테러리스트들이 수십억 인구의
삶의 모양새를 바꿔버린 셈이다. 덕분에 공항은 예전보다 덜 매력
적인 장소가 되었다.

　그래도 여전히 공항에는 저마다 다른 사연을 품은 사람들의

데몰리션
Demolition
2015

떠남이 있고, 이별이 있고, 귀환이 있고, 만남이 있다. 공항에서 바쁘게 오가는 사람들을 보고 있노라면 궁금하다. 다들 어디로 저토록 부지런히 가는 걸까. 〈데몰리션〉(2015)의 주인공 데이비스(제이크 질렌할 분)는 아내의 죽음 이후 스스로의 삶과도 유리된 국외자가 되어버렸다. 그는 라과디아로 추정되는 뉴욕의 공항에서 이렇게 독백한다.

부모님들은 오늘 오후 탬파로 떠나셨다. 나는 공항에 남아 두 시간 동안 가방을 끌고 오가는 사람들을 구경했다. 점점 더 궁금했다. 아니, 궁금증이 나를 압도했다. 저 가방들 속엔 뭐가 든 걸까? 국내선을 타고 버팔로 같은 곳에 사나흘 다녀오는 데 없으면 절대로 안 되는 물건이 과연 뭘까. 사람들 가방을 일일이 열어서 그 잡동사니들을 한데 쏟아 높다랗게 쌓아 올려보고 싶었다.

의미 있는 것들에 대한 관심을 잃으면 쓸모없는 궁금증이 고개를 든다. 우리가 사소한 것들에 목숨을 걸게 되는 경로는 중요한 것들에 대한 무관심이라는 경유지를 거치기 마련이다. 의미의 경중이 전복되는 지점에서는 거의 언제나 삶의 부조리가 발생한다.

스티븐 스필버그 감독의 2004년작 〈터미널The Terminal〉에서 주인공 빅토르 나보스키가 재즈 연주자 56명의 친필 사인이 든 깡통을 품에 안고 뉴욕을 방문했던 건 돌아가신 아버지와의 약속을 지키기 위해서였다. 다른 사람들에게 그것은 그냥 빈 땅콩 깡통일 뿐이다. 공항출입관리소장에게는 어떤 나라가 쿠데타 때문에 '법적으로' 사라졌다는 사실이 누군가의 입국을 금지하기에 충분한 사유가 된다. 하지만 정작 나보스키에게는 자기 나라가 어떤 사람들 눈에 '법적으로만' 사라졌다는 건 자신의 정체성과 상관없는 사건에 불과하다. 이 모순된 간극은 빅토르 나보스키를 9개월 동안이나 JFK 공항 입국장에 갇혀 사는 신세로 만든다.

톰 행크스가 선량한 경계인 나보스키 역을 잘 소화해 영화의

터미널
The Terminal
2004

설득력을 높였다. 나보스키는 아버지가 원했지만 사인을 받지 못했던 단 한 명의 재즈 연주자 베니 골슨Benny Golson의 사인을 받기 위해 뉴욕으로 왔다. 그는 공항에서 지내며 승무원 아멜리아(캐서린 제타존스Catherine Zeta-Jones 분)와 친구가 된다. 고작 그런 일로 이 고생을 하느냐고 묻는 그녀에게 나보스키는 대답한다. "아버지도 나를 위해 그렇게 해주셨을 거예요."

나보스키의 공항 체류기가 터무니없다고 생각된다면, 이 영화가 실화에서 영감을 받아 만들어졌다는 사실을 알려드리고 싶다. 메르한 카리미 나세리Mehran Karimi Nasseri라는 이란인은 난민 지위에 논란이 생기면서 프랑스 샤를 드골 공항 제1터미널에 1988년부터 2006년까지 장장 18년 동안이나 발이 묶여 있었다. 영화 속에서처럼, 그는 가방을 베고 터미널에서 잠을 잤고, 공항 직원들이 주는 음식으로 끼니를 연명했다. 다른 모든 이들이 떠나고 도착하는 곳에서 반어적인 수인囚人이 된 사람의 심정은 어떤 것이었을까.

2016년 톰 행크스는 다른 영화로 뉴욕 공항에 돌아왔다. 클린트 이스트우드Clint Eastwood 감독의 〈설리: 허드슨강의 기적Sully〉에서 그는 2009년 1월 15일 엔진 고장으로 허드슨강에 불시착한 US 에어웨이즈 1549편의 기장 설렌버거Chesley Burnett Sullenberger 역을 맡았다. 155명의 탑승객을 태우고 뉴욕 라과디아 공항을 떠나 노스캐롤라이나 샬롯Charlotte 공항으로 출발한 비행기는 때마침 상공을 이동 중이던 철새 떼와 충돌해 두 개의 엔진이 모두 고장 나면서 하강을 시작했다. 설리는 침착하게 기수를 돌려 맨해튼 옆을 흐르는 허드슨강 중앙에 기체를 비상착륙시켰고, 155명의 생명을 구한 영웅으로 유명해졌다.

항공안전당국은 속죄양이 필요했고, 조종사가 더 민첩하게 대처했더라면 인근 공항으로 회항할 시간 여유가 있었다고 주장했다. 그러나 설리 기장은 초기 사태 파악과 결정에 수십 초가 필요하다는 점을 감안하면 비상착륙이 최선의 대안이었음을 증명했

설리: 허드슨강의 기적
Sully
2016

John F. Kennedy International Airport

고, 이듬해 은퇴한 이래 항공안전자문관으로 일하고 있다.

　뉴욕 공항이 잠깐씩 스쳐가는 배경으로 등장하는 영화는 무수히 많지만 톰 행크스가 주연한 이 두 편의 영화만큼 뉴욕행 비행 편과 뉴욕발 비행 편에 타고 있던 인물의 애환을 자세히 다룬 다른 영화는 없었다.

Train

(왜 목적지 역에 내리지 않았냐는 물음에) 지난 10년 동안 매일 이 기차를 탔거든. 종착역이 어떤 곳인지 한번쯤 보고 싶어서 였는지도 모르지.

– 영화 <커뮤터The Commuter>에서 리암 니슨의 대사

커뮤터
The Commuter
2018

비행기 여행은 점에서 점으로 건너뛰는 여행이지만, 기차로 여행하면 두 점 사이를 잇는 선이 여정에 포함된다. 차창 밖 풍경을 구경하는 건 비행기에서 빈 하늘을 내다보는 것보다 훨씬 운치가 있다. 공항에서처럼 오래 기다릴 필요도 없고, 성가신 검색도 없다. 같은 목적지라도 뭘 타고 가느냐에 따라 우리의 마음은 다른 자세를 취한다. 비행기로 가는 여행은 목적 지향적이고, 사무적이고, 건조하다. 자동차로 가는 여행은 과정 지향적이고, 운전자 주도적이고, 불확실하다. 기차로 가는 여행은? 어딘가 일탈적이다. 운전대를 잡고 길을 찾지 않아도, 안전벨트를 차고 좌석에 갇혀 있지 않아도 되기 때문이다. 출발과 도착 사이의 시간 동안 여행자에게 가장 큰 신체적 자유를 허락하는 교통수단이 기차다. 그 잠깐의 자유가 우리에게 날콤한 일탈의 느낌을 허용하는 것이리라.

그래서 기차 여행자들은 딴짓을 한다. 사랑에 빠지는 건 영화 속 기차 여행객이 벌이는 대표적인 '딴짓'에 해당한다. 1959년 영화 〈북북서로 진로를 돌려라〉에서 범죄자의 누명을 쓰고 뉴욕에서 달아나던 주인공 로저(캐리 그랜트 분)는 시카고행 열차에서 수

상한 미녀 이브(에바 마리 세인트Eva Marie Saint 분)와 만나 사랑에 빠졌고, 1984년 영화 〈폴링 인 러브Falling in Love〉에서 매일 기차로 뉴욕주와 맨해튼 사이를 출퇴근하던 유부남 프랭크(로버트 드니로 분)와 유부녀 몰리(메릴 스트립 분)도 사랑에 빠졌으며, 2004년 영화 〈이터널 선샤인Eternal Sunshine of the Spotless Mind〉에서 롱아일랜드 노선에서 만난 조엘(짐 캐리 분)과 클레멘타인(케이트 윈슬렛 분)도 사랑에 빠졌다. 2002년 〈언페이스풀Unfaithful〉의 유부녀 코니(다이안 레인Diane Lane 분)는 프랑스 청년과 육체적 사랑을 나누던 짜릿한 순간을 복기하는 것으로 기차가 허락하는 일탈의 시간을 사용했다. 2018년 〈커뮤터〉의 주인공 마이클(리암 니슨 분)의 경우에는 은근슬쩍 맞은편 자리로 다가와 수작을 거는 것처럼 보였던 초면의 여성으로부터 솔깃한 제안을 받았다가 음모에 걸려들어 결국 총격전이 벌어지고 사람이 죽는, 스케일이 큰 딴짓을 벌였다.

맨해튼에는 두 개의 중요한 기차역이 있다. 하나는 매디슨 스퀘어 가든 지하의 펜실베이니아 스테이션이고(보통 '펜 스테이션'이라고 줄여 부른다.), 다른 하나는 미드타운 이스트의 그랜드 센트럴 터미널Grand Central Terminal이다. (공식 명칭은 터미널인데 많은 사람들이 '그랜드 센트럴 스테이션'이라고 부른다.) 펜 스테이션에서는 뉴저지주와 워싱턴 D.C.로 가는 암트랙Amtrak 노선이 출발하고, 롱아일랜드 철도Long Island Rail Road가 매일 28만 명의 통근자를 운송한다. 그랜드 센트럴 터미널에서 출발하는 메트로 노스 철도Metro-North Railroad는 코네티컷주, 웨스트체스터 카운티 등 뉴욕시 이북 지역을 오가는 승객들을 실어 나른다.

그러니까 뉴욕과 워싱턴 D.C.를 오가는 기차에서 낯선 사람을 만나 사건에 휘말리는 알프레드 히치콕 감독의 〈열차 안의 낯선 자들Strangers on a Train〉(1951)이라든지, 뉴저지로 귀가해야 하는 고등학생들 이야기를 다룬 〈Nick and Norah's Infinite Playlist〉(2008)에는 펜 스테이션이 등장하고, 업스테이트 뉴욕(뉴

열차 안의 낯선 자들
Strangers on a Train
1951

욕주의 북부, 중부, 서부를 가리킨다.)에서 맨해튼으로 통근하는 인물들을 다룬 〈폴링 인 러브〉나 〈언페이스풀〉 같은 영화에는 그랜드 센트럴 터미널이 배경으로 나오게 된다.

미국 철도 조합은 1971년 이래 거점 도시 간 중장거리 철도 여행 패키지를 암트랙이라는 이름으로 운영해왔다. 암트랙 패스는 전자 티켓으로 발급되고, 첫 탑승일부터 날짜가 계산된다. 패스를 소지했어도 탑승권은 따로 예약을 해야 하고, 메트로라이너 Metroliner나 아셀라 익스프레스Acela Express 같은 고속 열차를 이용하려면 두 배 정도 추가 운임을 지불해야 한다.

펜 스테이션은 북미대륙에서 가장 번잡한 환승시설이다. 1910년 완공되었을 당시 이 역의 주인이던 펜실베이니아 철도사 PRR의 이름을 딴 것이다. 1945년까지만 해도 해마다 100만 명 이상의 승객이 펜 스테이션을 이용했지만 이후 제트기가 등장하고 고속도로가 발전하면서 승객이 꾸준히 감소했다. 1963~1969년 사이에는 원래 기차역이 있던 지상에 매디슨 스퀘어 가든 체육관을 조성하고 펜 스테이션을 지하로 이전하는 공사가 이루어졌다. 뉴욕에서 가장 화려한 건축물 중 하나였던 기차역사가 사라지는 것을 막아보려고 건축가들이 반대 시위도 하고 탄원도 했지만 허사였다.《뉴욕타임스》는 신축된 펜 스테이션을 가리켜 '가장 크고 아름다운 랜드마크에 가한 기념비적 파괴 행위monumental act of vandalism'라고 비난했다. 건축비평가 빈센트 스컬리Vincent Scully는 "예전에는 이 도시에 신과 같은 자태로 도착했는데, 지금은 쥐처럼 허둥대며 들어와야 한다."고 탄식했다.

웅장했던 펜 스테이션의 과거 모습은 영화 속에 남아 있다. 헤럴드 로이드의 마지막 무성영화였던 1928년의 〈Speedy〉에서 택시 기사로 일하던 주인공이 범인을 쫓는 경찰들을 내려준 곳이 여기였고, 알프레드 히치코크 감독의 1951년작 〈열차 안의 낯선 자들〉 도입부에 주인공이 기차를 타던 장소, 스탠리 큐브릭Stanley

Penn Station | Train

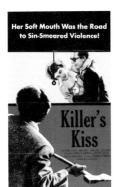

Killer's kiss
1955

피셔 킹
The Fisher King
1991

이터널 선샤인
Eternal Sunshine of the
Spotless Mind
2004

Kubrick 감독의 1955년작 〈Killer's Kiss〉에서 남녀 주인공이 새 출발을 위해 만난 마지막 장면도 여기였다. 빌리 와일더Billy Wilder 감독의 1955년 코미디 〈7년 만의 외출The Seven Year Itch〉 도입부에서 여름휴가철이 시작되자 뉴욕의 수많은 가장들이 가족을 배웅하려고 모여들던 혼잡한 기차역도 펜 스테이션이었다. 하지만 역사가 지하로 옮겨진 1960년대 이후로는 이곳을 배경으로 삼는 영화가 좀처럼 없다.《뉴욕타임스》기자 마이클 그린봄Michael Grynbaum의 불평처럼 펜 스테이션이 '뉴욕의 위대한 두 기차역들의 못난 의붓자식ugly stepchild of the city's two great rail terminals' 같은 처지가 되어버렸기 때문이다.

1970년대 이후 영화 속 뉴욕 기차역은 거의 대부분 그랜드 센트럴이 도맡아 오고 있다. 1913년 완성된 그랜드 센트럴 터미널의 경우도 승강장은 전부 지하로 연결되어 있지만, 그 위풍당당한 역사驛舍의 창틈으로 비쳐 들어오는 햇살은 내부 공간을 장중한 비장미로 덧입힌다.

로버트 드니로 주연의 1988년 액션 코미디 〈미드나잇 런Midnight Run〉에서 현상금 사냥꾼 잭(로버트 드니로 분)이 마피아 회계 담당 존(찰스 그로딘Charles Grodin 분)을 체포해 끌고 가던 장소가 여기였다. 1995년 영화 〈Hackers〉의 주인공들은 그랜드 센트럴 터미널 공중전화기 선을 연결해 거기서 해킹하는 것처럼 경찰을 속였고, 2002년 〈맨 인 블랙 2〉에서는 조그만 외계인들이 사는 도시가 기차역의 동전 로커 속에 들어 있었다. 이 역을 가장 시적으로 묘사한 영화는 1991년의 〈피셔 킹The Fisher King〉이었다. 부랑자 페리(로빈 윌리엄스 분)는 출판사 직원 리디아(아만다 플러머Amanda Plummer 분)를 짝사랑하는데, 분주한 출근 시간에 그녀가 들어서자 역사를 가득 메운 군중들이 군무를 시작한다. 테리 길리엄Terry Gilliam 감독이 현실과 환상을 뒤섞는 특유의 기법을 가장 아름답게 발휘한 장면이었다.

〈이터널 선샤인〉(2004)에서는 클레멘타인을 기억 속에서 지우-

기 싫어하는 조엘이 하나둘씩 사라지는 사람들 사이로 그녀의 손목을 잡고 질주하며 그랜드 센트럴 역사를 가로질렀다. 〈레볼루셔너리 로드Revolutionary Road〉(2008)에서는 코네티컷에서 뉴욕으로 출근하는 프랭크(레오나르도 디카프리오 분)가 판에 박힌 옷차림의 인파 속에서 일과를 시작하던 장소였으며, 〈프렌즈 위드 베네핏〉(2011)에서는 딜런(저스틴 팀벌레이크 분)이 제이미(밀라 쿠니스 분)에게 플래시 몹 댄스를 선사하며 사랑을 고백하던 장소였다.

아서
Arthur
2011

더들리 무어Dudley Moore 주연의 1981년 동명의 영화를 리메이크한 2011년의 〈아서Arthur〉에서는 그레타 거윅이 아서(러셀 브랜드Russell Brand 분)의 연인 나오미 역을 맡았다. 무허가 관광 가이드로 용돈을 버는 나오미는 관광객들을 데리고 그랜드 센트럴 역 한복판에 드러누워 천장에 그려진 별자리 벽화를 설명해준다.

날마다 수천 명의 사람들이 여기를 스쳐가지만 아무도 천장을 쳐다보지 않아요. 여긴 맨해튼에서 별을 볼 수 있는 유일한 장소죠. 하지만 항상 이랬던 건 아니에요. 저기 구석에 시커먼 벽돌 보이시죠? 1998년에 보수가 이루어지기 전까지는 천장 전체가 저런 색이었어요.

나오미는 아서에게 그랜드 센트럴 터미널의 '속삭임의 벽Whispering Wall'도 소개해준다. 역 지하 구내의 유서 깊은 식당 오이스터 바Oyster Bar 앞쪽 기둥과 아치로 이루어진 벽이다. 한쪽 기둥에서 벽을 보고 속삭이면 아치 천장을 타고 간 속삭임이 맞은편 기둥 앞에 서 있는 사람에게 전달되는 곳이다. 기차 여행을 하면서 서로 속삭일 말이 있는 사람과 함께라면, 여기서 한번 시험해보시길.

펜 스테이션

☛ 2 W 31st St &8th Ave, New York, NY 10001

⊡ amtrak.com

그랜드 센트럴 터미널

☛ 89 E 42nd St, New York, NY 10017

⊡ grandcentralterminal.com

☎ +1 212-340-2583

버스

Bus

오, 걱정 마. 자기. 뉴욕에서는 사람을 치지 않는 한 아무도
버스에 신경을 쓰지 않는다구.

– <섹스 앤 더 시티>의 에피소드 'Secret Sex' 중에서

기차와 지하철이 서로 다른 것처럼, 시외버스와 시내버스는 서로
다른 교통수단이다. 미국의 다른 지역에서 맨해튼으로 들어오는
시외버스들은 40~42가 사이에 있는 포트 오소리티 버스 터미널
Port Authority Bus Terminal에 도착한다. 그냥 '포트 오소리티'라고만 해
도 이 버스 터미널을 가리키는 경우가 많다. 웬 해운항만청 같은 이
름이 버스 터미널에 붙어 있나 싶은데, 원래 포트 오소리티는 뉴욕
과 뉴저지 사이의 교량, 터널, 공항, 항구 등 교통 인프라 전반을 관
리하기 위해 1921년에 설립된 기관의 명칭이다.

어퍼 맨해튼에도 조지 워싱턴 브리지 버스 터미널George
Washington Bridge Bus Station이 있고, 저지시티Jersey City에도 저널 스퀘어
교통 센터Journal Square Transportation Center라는 시외버스 터미널이 있지
만, 포트 오소리티 터미널의 이용자가 압도적으로 많다. 뉴욕 시내
곳곳에 흩어져 있던 버스 정류장을 한곳에 모으기 위해 1950년에
건설된 이 터미널은 1960~1970년대를 거치며 증축되었다. 매주
평균 8천여 대의 버스가 22만 명 이상의 승객을 실어 나른다. 미국
은 물론 세계에서도 가장 통행량이 많은 버스 터미널이다. 영화에
서 뉴욕행 버스는 조용한 시골에 살던 주인공들이 뉴욕이라는 초

현실주의적 무대 위로 올라오는 장치로 사용되곤 한다. 연극이라면 '암전' 또는 '입장'이라는 지문으로 표시될 수 있는 장면이랄까.

　존 보이트가 연기한 〈미드나잇 카우보이〉(1969)의 주인공 조는 텍사스의 식당 주방에서 허드렛일을 하던 미남 청년이다. 어느 날 그는 결심을 한 듯 카우보이 복장을 하고 뉴욕의 유한마담들을 유혹해보겠다는 허황된 꿈에 부풀어 버스에 오른다. 창밖 경치가 바뀌어 가다가 마침내 맨해튼의 스카이라인이 강 건너로 보인다. 조는 환호하지만 관객은 불길한 예감을 느낀다. 이 영화의 결말은 조가 뉴욕에서 사귄 친구 래초(더스틴 호프먼 분)와 함께 처연한 몰골로 버스를 타고 뉴욕을 벗어나는 장면이다. 버스로 왔다가 버스로 떠나는 수미상관 구조인 셈이다.

Desperately Seeking Susan
1985

　마돈나Madonna의 영화 데뷔작이나 다름없는 〈Desperately Seeking Susan〉은 유치하지만 묘하게 기억에 남는 1985년의 블랙코미디다. 뉴저지 포트 리Fort Lee에 살면서 지루한 일상을 보내는 로베르타(로자나 아케트Rosanna Arquette 분)의 취미는 신문 개인 광고란을 뒤적이는 것이다. 광고에 난 수잔(마돈나 분)이라는 여자의 행적에 관심을 가지고 뒤를 쫓던 로베르타는 수잔으로 오인받아 악당에게 쫓기는 처지가 된다. 진짜 수잔(마돈나 분)은 애틀랜틱시티Atlantic City에서 하룻밤을 함께 보낸 남자의 옷에서 귀걸이를 슬쩍 훔쳐 버스를 타고 뉴욕에 도착하는데, 실은 그 귀걸이가 고대 이집트 유물이었던 거다. 수잔은 가방을 포트 오소리티 터미널의 동전 라커에 넣고 애인을 만나러 갔다가 로베르타와 행적이 겹치면서 오해와 혼동으로 소동이 벌어진다. (수잔이 도착하는 곳은 조지 워싱턴 브리지 터미널인데 어쩐된 영문인지 가방을 보관하는 장소는 포트 오소리티 터미널이다.)

나의 성공의 비밀
The Secret of My
Succe$s
1987

　1987년 영화 〈나의 성공의 비밀The Secret of My Succe$s〉의 주인공 브랜틀리(마이클 J. 폭스 분)는 캔자스에서 대학을 갓 졸업한 후 대도시에서 활약하고 싶어 안달하는 젊은이다. 사는 데 필요한 건 여기

GW Bridge Bus Termnal | Port Authority Bus Terminal

다 있는데 뉴욕은 뭐 하러 가냐는 부모의 만류를 뿌리치고, 브랜틀리는 버스를 타고 포트 오소리티에 도착한다. 버스가 터미널로 진입하는 와중에도 그는 연신 창밖 경치와 멋쟁이 여자들을 쳐다보며 감탄한다. 장차 사촌 숙모에게 유혹을 당하게 될 기이한 여난女難을 모르는 채.

1991년 영화 〈프랭키와 쟈니Frankie and Johnny〉에서 미셸 파이퍼Michelle Pfeiffer는 맨해튼의 식당에서 일하는 웨이트리스 프랭키를 연기한다. 영화는 그녀가 버스를 타고 펜실베이니아의 고향에서 조카의 세례식에 참석하고 돌아오는 장면으로 시작한다. 그녀는 모르고 있지만, 같은 날 펜실베이니아의 교도소를 출소한 조니(알 파치노 분)도 맨해튼으로 온다. 그녀가 밤차를 타고 와 아침에 내린 포트 오소리티 터미널 앞에는 전도사가 메가폰을 들고 회개하라고 외치고 있다. 어떤 여자가 그 메가폰을 빼앗아 들고 친구를 부른다. 흔한 일이라는 듯, 프랭키는 이 정신 사나운 풍경을 무표정하게 지나쳐 바쁜 걸음으로 출근한다.

프랭키와 쟈니
Frankie and Johnny
1991

1996년의 〈Joe's Apartment〉는 아이오와에서 버스를 타고 뉴욕에 온 주인공 조(제리 오코넬Jerry O'Connell 분)가 포트 오소리티 터미널에 도착하는 장면으로 시작한다. 조는 버스에서 짐을 잔뜩 들고 내리자마자 세 명의 권총 강도에게 연속으로 폭행을 당한다. 이 불운은 그가 뉴욕에서 겪을 고난의 시작에 불과하다.

2017년 영화 〈원더스트럭〉에서는 미네소타에서 어머니를 여읜 소년 벤(오크스 페글리Oakes Fegley 분)이 혼자 버스를 타고 아버지를 찾아 뉴욕으로 온다. 그가 가방을 끌어안고 새우잠을 청하던 곳이 포트 오소리티다. 실제 촬영을 어디서 했는지는 몰라도 1977년의 포트 오소리티를 잘도 재현해놨다. 1970년대풍 옷차림으로 오가는 수많은 엑스트라들과 옛날식의 거친 컬러 화면이 실감을 더해준다.

일단 주인공들이 뉴욕에서 이야기를 풀어가기 시작하면 왜인

Joe's Apartment
1996

Moscow on the Hudson
1984

블루 발렌타인
Blue Valentine
2010

컨트롤러
The Adjustment Bureau
2011

지는 몰라도 시내버스를 타고 다니는 모습은 영화에 그리 자주 등장하지 않는다. 주인공 곁을 스쳐 지나가는 버스 옆구리에 붙어 있는 커다란 광고판이 줄거리의 전개나 주인공의 심리를 암시하는 도구로 사용되는 정도랄까.

그렇다고 시내버스 장면이 아주 없는 건 아니다. 1984년 〈Moscow on the Hudson〉에서 로빈 윌리엄스는 미국으로 망명한 소련인 블라디미르 역을 맡았다. 영화는 뉴욕에 처음 온 프랑스인이 버스에 타고 있는 블라디미르에게 이 버스가 링컨센터에 가느냐고 묻는 장면으로 시작한다. 블라디미르는 그에게 버스를 잘못 탔지만 57가에서 30번 버스로 갈아타면 되며, 기사에게 말하면 요금을 다시 낼 필요도 없다고 알려준다. 능숙한 뉴요커처럼 보이는 그가 버스에 앉아 과거를 회상하면서 장소는 모스크바로 건너뛴다.

2010년 영화 〈블루 발렌타인Blue Valentine〉에서는 주인공 딘(라이언 고슬링Ryan Gosling 분)이 텅 빈 버스에 앉아 가는 신디(미셸 윌리엄즈Michelle Williams 분) 앞으로 와서, 빈자리가 없으니 옆에 앉아도 되겠냐며 수작을 건다. 두 청춘 남녀는 이렇게 연애를 시작한다. 뜨거운 사랑도 식는다는 게 함정이다. 삶이 고달프면 사랑도 식는다. '어떻게 사랑이 변하니?' 모르는 소리다. 사랑이 변하지, 그럼 사람이 변하나? 사람은 여간해서 변하지 않는다. 그 사람에게 이런저런 기대를 품었다가 접었다가 하는, 사랑이 변하는 법이지. 식어버린 사랑이야말로 우리의 가장 비루한 자화상이 아닐까. 봄날이 가듯, 설령 그것이 정해진 이치라 해도 말이다.

그런가 하면, 〈컨트롤러〉(2011)의 연애도 버스에서 시작된다. 상원의원 데이비드 노리스(맷 데이먼 분)는 버스에서 우연히 만났던 엘리즈(에밀리 블런트 분)를 잊지 못하고 그녀를 다시 만나기 위해 3년 동안이나 M6 노선버스를 타고 다닌다. 인간의 운명을 결정하는 '요원들'의 끊임없는 방해와 감시에도 불구하고 데이비드가 엘리즈를 다시 만나는 데 성공한 것은 변치 않는 버스 노선과 그의

Sightseeing Bus

집요함이 함께 빚어낸 기적이었다. 어떤 사랑은 M6 버스 노선처럼 오래도록 변치 않는다. 적어도 그럴 수 있다고 믿어야 우리 인생이 조금은 덜 처량하다.

　뉴욕의 시내버스는 연간 8억 명 정도가 이용한다. 미국 도시들 중 최대 승객 규모라고 한다. 2등인 LA보다 두 배나 많다. 현금(동전)을 내거나 지하철과 연동되어 환승 할인이 적용되는 MTA 카드로 탑승한다. MTA는 뉴욕 일원의 버스와 지하철 체계를 관리하는 메트로폴리탄 교통공사Metropolitan Transportation Authority를 의미한다. 편도 탑승 요금은 2.75달러이고, 일회용 카드로 사면 3달러를 내야 한다. (지하철도 마찬가지다.)

　MTA 카드는 얇아서 내구성도 작고, 우선 별로 믿음이 가지 않는다. 충전을 해서 쓸 수 있지만 에러도 종종 발생한다. 비웃음이 나온다. 나 참, 이 사람들. 서울의 교통 시스템을 보고 좀 배우지. 신용카드 일체형 칩이나 휴대폰으로 모든 교통수단을 이용할 수 있도록 하면 얼마나 편리한데, 이게 무슨 구닥다리 같은 방법인가. 그런 생각을 하다가 뉴욕에서 신용카드를 발급받는 것이 얼마나 까다로운 일인지에 생각이 미친다. 우수한 신용 기록credit record 이 없으면 카드는 발급되지 않는다. 그러므로 손에 쥔 크레디트카드는 문자 그대로 카드를 사용하는 나의 신용과 그것을 발급한 은행의 신용을 상징한다. 미리 신고하지 않고 낯선 곳으로 여행이라도 가서 사용할라치면 금세 카드가 정지되고, 본인 확인을 요청하는 연락이 온다. 어쩌다 중복 청구가 되거나 카드를 도용당할 경우에는 점포와 실랑이를 벌일 필요 없이 은행에 연락하면 바로 금액을 제외시켜준다. 오히려 우리나라에서 크레디트카드 발급과 사용이 지나치게 쉽게 이루어지는 건 아닐까? 본인 확인을 꼼꼼히 하는 매장도 없다. 심지어 계산하는 직원이나 배달원이 사용자의 서명을 휘리릭 낙서처럼 대신하기도 한다. 누구나 신용카드를 가볍게 발급받고 쓰는 사회는 명랑 사회일지는 몰라도 신용 사회가 되기는 어쩌면 더 어려운 게 아닐까? 그렇게 보면, 묵묵히 교통 카드 역할만 하는 MTA 카드가 그리 한심해 보이지만은 않는다.

버스 기사와 그의 가족이 등장하는 영화도 있다. 1960년대를 배경으로 한 1993년 영화 〈A Bronx Tale〉의 주인공 칼로제로(프란시스 카프라Francis Capra 분)는 브롱크스를 운행하는 버스 기사 로렌조(로버트 드니로 분)의 아들이다. 그는 평생 버스 운전을 하는 아버지보다는 동네 폭력배 소니(채즈 팔민테리Chazz Palminteri 분)를 더 동경한다. 그가 아버지에 대해 품은 감정은 존경이라기보다는 안쓰러운 마음이다.

A Bronx Tale
1993

칼로제로: 지금 스테이크를 먹을 기분이 아니에요.
로렌조: 오, 기분이 아니셔? 내가 우리 식구 일주일에 한 번 스테이크 먹게 해주려고 도대체 하루에 몇 번이나 같은 길을 버스 몰고 왔다 갔다 하는 줄 아냐?
칼로제로: 일곱 번이요.
로렌조: 누구한테 들었어?
칼로제로: 아무한테서도 안 들었어요. 세어봤어요.

뉴욕 인디 영화의 대표 주자 짐 자무쉬Jim Jarmusch가 감독한 2016년 영화 〈패터슨Paterson〉의 주인공도 버스 운전사다. 〈스타워즈: 깨어난 포스Star Wars: The Force Awakens〉(2015)에서 한 솔로의 아들 카일로 렌 역을 맡았던 애덤 드라이버Adam Driver가 패터슨이라는 뉴저지 소도시의 버스 기사로 출연한다. 자기가 일하는 도시와 같은 패터슨이라는 이름을 가진 이 버스 기사는 공책에 틈틈이 시를 쓴다. 뉴저지 패터슨은 모건 프리먼Morgan Freeman 주연 1989년 영화 〈Lean on Me〉와 덴젤 워싱턴 주연 1999년 영화 〈허리케인 카터The Hurricane〉 등의 배경이 된 곳이다.

뉴욕에는 한 장의 차표로 여러 번 탔다 내렸다 반복할 수 있는hop-on hop-off 관광용 이층 버스도 운행한다. 이층은 천장이 없는

맨 인 블랙
Men In Black
1997

무개無蓋 버스다. 여러 회사에서 다양한 노선을 운행하는데, 가격은 코스에 따라 50~140달러로 제법 비싸지만 몇몇 명소의 입장료가 포함된 티켓도 있어서, 잘만 활용하면 뉴욕 시내를 효율적으로 관광하는 수단이 될 수도 있다. 〈맨 인 블랙〉(1997)의 뉴욕 경찰 제이(윌 스미스 분)는 외계인을 추격하다가 육교 아래로 지나가던 관광 버스 위로 뛰어내린다. 깜짝 놀라는 이층 버스 승객들에게 그는 짧은 틈을 놓치지 않고 우스개를 던진다. "그래요. 뉴욕에서는 흑인들이 비처럼 내린다고요!"

포트 오소리티
버스 터미널

☛ 625 8th Ave, New York, NY 10018
🖥 panynj.gov
☎ +1 212-502-2245

조지 워싱턴 브리지
버스 터미널

☛ Fort Washington & Broadway between 178th & 179th Street New York, NY 10033
🖥 panynj.gov
☎ +1 973-275-5555

배
Ship

기숙사 비용은 들이지 않아도 되니 걱정 마세요. 배 타고 등
교하는 데는 이미 이력이 났어요. 과제도 페리 타고 가는 동
안 하면 되니까요.

– 영화 <너브Nerve>에서, 스태튼아일랜드에 사는 주인공의 대사

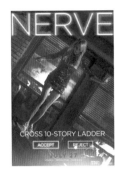

너브
Nerve
2016

배를 타고 뉴욕에 입항하는 외국인은 옛날처럼 많지 않다. 하지만
뉴욕이 항구도시라는 사실은 이 도시의 정체성과 깊이 결부되어
있다. 오늘날에도 자유의 여신상 앞을 지나 맨해튼으로 입항하는
여객선의 승객들은 저 옛날 유럽에서 건너온 이민자들의 복잡한
감정을 짐작해볼 수 있을 것이다. 찰리 채플린은 1917년의 22분짜
리 영화 〈The Immigrant〉에서 뉴욕행 이민선 승객들의 고달픈 여
정을 인상적으로 묘사했다. 흑백영화의 슬랩스틱 마임을 통해서도
뱃멀미의 고통이 실감 나게 전해진다.

The Immigrant
1917

    옛날의 이민선들은 승객을 엘리스섬 입국심사장에 내려주었
지만, 오늘날 다른 나라에서 입항하는 여객선은 맨해튼 52가와 54
가 사이 허드슨강을 면하고 있는 맨해튼 크루즈 터미널Manhattan
Cruise Terminal이나 레드훅Read Hook에 위치한 브루클린 크루즈 터미널
Brooklyn Cruise Terminal로 입항한다.

    관광객들이 이용하는 배는 맨해튼과 주변 지역을 연결하는
페리선, 허드슨강이나 이스트강 위를 잠시 맴도는 유람선 또는 물
놀이를 겸하는 소형 고속정이다. NY 워터웨이NY Waterway라는 사설

어느 멋진 날
One Fine Day
1996

회사가 운영하는 다양한 노선의 페리선은 통근과 통학 수단으로도 이용된다. 서클 라인Circle Line, 뉴욕 워터 택시New York Water Taxi 등 업체들도 몇 가지 코스의 유람선을 운항하고 있다. 스피릿 크루즈Spirit Cruises, 혼블로워 크루즈Hornblower Cruises, 월드 요트World Yacht 등 선상에서 저녁 식사를 하는 관광 코스도 있고, 노스 리버 랍스터 컴퍼니North River Lobster Company처럼 뱃삯은 따로 받지 않고 해산물 요리를 수상에서 즐길 수 있는 배도 있다.

물론 외지에서 온 관광객들만 유람선을 타는 건 아니다. 미셸 파이퍼와 조지 클루니 주연의 1996년 로맨틱 코미디 〈어느 멋진 날One Fine Day〉에서 각자 혼자 아이를 키우고 있던 잭과 멜라니는 서클 라인 유람선을 타고 소풍을 가야 하는 아이들을 선착장에 데려다주다가 배를 놓치는 바람에 바쁜 와중에 서로 번갈아가며 아이들을 봐줘야 하는 처지가 된다. 그러다가 정분이 나는 거다. 꼬마들의 소풍만이 아니라 맨해튼의 고등학교들은 종종 프롬Prom이라는 연례 파티를 선상에서 개최하기도 한다.

유람선이 너무 밋밋하다고 생각하는 분들은 브루클린의 십스헤드베이Sheepshead Bay나 롱아일랜드 캡트리Captree 주립공원에서 낚싯배를 타도 좋다. 여름철에는 광어, 봄가을로는 농어가 낚인다. 좀 더 화끈한 걸 원한다면 비스트Beast나 샤크Shark처럼 이름부터 범상치 않은 고속정을 타고 30분 만에 자유의 여신상 발치를 돌아볼 수도 있다. 수상 스포츠를 즐긴다면 〈Mr. 히치〉(2005)에서처럼 제트스키를 대여해볼 수도 있다. 히치(윌 스미스 분)는 사라(에바 멘데스 분)에게 집요하게 데이트를 신청하고, 약속 장소인 노스 코브 마리나North Cove Marina에 나타난 그녀에게 다짜고짜 수상스키복을 건네며 갈아입으라고 한다. 거기까지는 연애 선수답게 멋있었는데, 그 뒤부터가 각본대로 되지 않고 꼬여만 간다. 각본대로 풀리는 사랑이 어디 있으랴.

영화에 가장 자주 등장하는 '뉴욕의 배'는 스태튼아일랜드와

Water Taxi

스파이더맨: 홈커밍
Spider Man:
Homecoming
2017

워킹 걸
Working Girl
1988

맨해튼 배터리 공원 사이의 8.4킬로미터를 연중무휴로 오가는 페리Staten Island Ferry다. 〈스파이더맨: 홈커밍〉에서 스파이더맨이 악당 벌쳐와 싸우는 과정에서 두 동강 났던 바로 그 배다. 뉴욕 시민들은 물론 관광객들도 이 배를 애용한다. 24시간 운항하고, 무엇보다 공짜이기 때문이다. 편도 25분이 소요되는데, 정원 통제를 해야 하기 때문에 도착하면 반드시 하선을 했다가 다시 승선 절차를 거쳐야 한다.

1905년 시작된 이 페리 서비스는 원래 유료였는데, 뉴욕시 당국은 어차피 적자로 운영되는 이 공공서비스의 요금을 1997년 아예 폐지했다. 지금은 다섯 척의 배가 매일(평일 기준) 109회 운항을 하면서 하루 6만 5천 명, 연 2100만 명의 승객을 실어 나른다. 예전에는 3달러를 내면 자동차를 타고 탑승할 수도 있었지만 9/11 사건 이후로 자동차는 선적할 수 없도록 바뀌었다. 〈데자뷰Deja Vu〉(2006)라든지 〈다크 나이트The Dark Knight〉(2008)에서처럼 페리선이 테러의 대상이 되는 끔찍한 일이 실현될 가능성이 커졌기 때문이다.

1988년 영화 〈워킹 걸Working Girl〉의 주인공 테스(멜라니 그리피스Melanie Griffith 분)는 스태튼아일랜드에 살면서 매일 이 배를 타고 맨해튼 월가 사무실로 출근한다. 성실함과 총명함을 무기로 출세하고 싶어 하는 그녀의 소망과, 아무리 애써도 비서직 이상 직급으로 진입할 수 없는 그녀의 현실 사이의 간격은 그녀가 매일 아침 배로 건너다니는 허드슨 하류의 강물보다 넓고 깊다. 〈워킹 걸〉은 주연 및 조연 배우들의 앙상블도 좋고 연출도 훌륭했기 때문에 1989년 여섯 개 부문 아카데미상 후보에 올랐는데 정작 받은 건 단 하나, 칼리 사이먼Carly Simon의 〈Let the River Run〉이라는 주제가뿐이었다. 영화가 시작하면 자유의 여신상 주변을 한 바퀴 돌던 카메라가 테스가 타고 출근하는 페리를 따라잡으면서 이 경쾌한 노래가 흐른다. 이런 주제가라면 영화가 재미없을 수가 없겠다, 라는 느낌

Staten Island Ferry | Manhattan Cruise Terminal

을 주는 노래다.

케이트 허드슨과 매튜 맥커너히 주연의 2003년 로맨틱 코미디 〈10일 안에 남자 친구에게 차이는 법〉에서 주인공 앤디와 벤자민은 각자 사무실 사람들과 내기를 하고 순수하지 못한 마음으로 연애를 시작한다. 앤디는 남자를 열흘 안에 차버릴 수 있다는 내기, 벤자민은 어느 여자든 꼬드길 수 있다는 내기다. 창과 방패처럼 서로 어긋난 목적으로 만남을 시작한 두 사람이 서로 가장 가까워지는 지점은 벤자민이 앤디를 스태튼아일랜드의 부모님 집으로 데려갔을 때다. 오토바이를 타고 다니는 걸로 미루어, 페리에 자동차를 실을 수는 없게 되었지만 이륜차는 허용이 되는 모양이다. 벤자민의 가족은 맨해튼의 스카이라인이 저만치 멀리 보이는 바닷가 마당에서 카드놀이를 한다. 맨해튼으로 돌아오는 길. 자유의 여신상 옆을 지나가는 페리의 갑판에서 두 사람이 맞는 바닷바람이 더없이 시원해 보인다.

실제로 타보면 스태튼아일랜드와 맨해튼을 오가는 무료 페리는 로맨틱한 분위기라고는 전혀 없다. 하지만 영화들은 이 멋대가리 없는 통근선에조차 따뜻한 추억을 덧입힌다. 영화 속의 로맨스만이 아니라 그 영화들을 보았을 때 내가 겪고 있던 삶의 단상들까지 영상의 이면에 탑재된다. 〈워킹 걸〉이 우리나라에서 개봉하던 1990년 봄, 나는 제대한 복학생답게 후줄근한 차림으로 취업 준비를 하고 있었다. 기약 없는 자신과의 싸움으로 고단하던 시절. 자아실현을 위해 분투하는 테스의 좌충우돌을 보면서 어두운 영화관에서 색다른 위안을 얻었다. 맞아, 인생은 길고, 내가 해야 할 중요한 일들이 어딘가에서 날 기다리고 있는 거겠지. 출근하는 페리선 승객들을 배경으로 흐르던 칼리 사이먼의 노래가 응원가처럼 들렸다. '강물이여, 흐르라. 몽상가들이여, 나라를 깨우라. 오라, 새 예루살렘이여.'

맨해튼 크루즈 터미널

☎ 711 12th Ave, New York, NY 10019
🖥 nycruise.com
☎ +1 212-641-4440

브루클린 크루즈 터미널

☎ 72 Bowne St, Brooklyn, NY 11231
🖥 nycruise.com
☎ +1 718-855-5590
🕐 연중 무휴

택시

Taxi

치이지 않게 조심해! 저 노란 차들은 멈춰주질 않는다고.
– 영화 <엘프> 중에서

엘프
Elf
2003

뉴욕 택시들의 존재감은 크다. 우선 선진국 대도시 택시 요금 치고는, 특히 런던이나 도쿄에 비교하면 저렴한 편이기 때문에 이용도가 높다. 기본요금은 보통 때 2.5달러, 야간(저녁 8시부터 아침 6시까지) 할증 요금은 3달러, 평일 혼잡 시(오후 4~8시)는 3.5달러이고, 1/5마일 또는 시속 12마일 이하 서행 시 50초마다 50센트가 올라간다. 거기에 80센트의 세금과 톨비가 가산되고, 10~20퍼센트 정도의 팁을 지급하는 것이 에티켓으로 되어 있다. 미드타운의 고층건물에서 내려다보면 뉴욕 거리에는 온통 노란 택시들뿐인 것처럼 보이기도 한다. 5만 명 이상의 택시 기사가 면허를 소지하고 있고, 1만 4천 대에 가까운 택시가 연평균 2억 4천만 명 가량의 승객에게 서비스를 제공하고 있다.

그 특유의 샛노란 색깔은 1967년 시 당국이 무허가 택시를 근절하기 위해 지정한 이래 뉴욕시의 중요한 상징 중 하나가 되었다. 운전들은 어쩌면 그렇게 험한지, 뉴욕 택시의 난폭 운전은 뉴욕을 미국의 다른 도시들과 구분 짓는 두드러진 특징들 중 하나가 되었다. <미드나잇 카우보이>(1969)의 두 주인공 조(존 보이트 분)와 래초(더스틴 호프먼 분)는 타임스스퀘어 근처에서 횡단보도를 건너다가 택시에 치일뻔한다. 더스틴 호프먼이 택시를 때리면서 소리친다. "이봐, 여기 사람이 걸어가잖아!" 이 장면은 연출된 게 아니라 촬영 중에 돌발적으로 일어난 실제 상황이었다고 한다. 보통이라면 더스틴 호프먼이 '이봐, 여기 지금 촬영 중이잖아!'라고 외치고 촬영이 중단되었어야 할 상황인데, 메소드 액팅mathod acting의 대가 호프먼은 돌발 상황이 일어났는데도 배역에 몰입해서 연기를 이어 갔다는 후문이다.

북극에서 산타클로스와 함께 살다가 처음 뉴욕을 방문한 〈엘프〉(2003)의 주인공 버디(윌 패럴 분)는 길을 건널 때마다 택시에 치일 뻔하고, 노란 차만 보면 기겁을 한다. 에드워드 노튼이 헐크로 출연하는 〈인크레더블 헐크The Incredible Hulk〉(2008)에서는 배너 박사와 그의 여자 친구 베티(리브 타일러Liv Tyler 분)가 뉴욕에서 감마선 중독을 치료해줄 스턴 박사를 찾아간다. 헐크로 변신할 위험을 감안해 지하철을 타지 않고 택시를 타는데, 택시가 무지막지한 난폭 운전을 한다.

인크레더블 헐크
The Incredible Hulk
2008

베티: 미쳤어요? 도대체 왜 이러는 거예요?

기사: 뭐가 문제죠, 아가씨? 훌륭한 운전이 싫으신가요?

베티: (씩씩대며 택시에서 내려 문을 쾅 닫는다.) 망할 자식.

배너: 저기, 내가 분노를 효과적으로 다스리는 테크닉을 좀 아는데, 도움이 될 거 같은데?

베티: 시끄러워! 걸어갈 거야.

배너: 알았다고.

Scrooged
1988

실제로 상당수의 뉴욕 택시들은 찰스 디킨스Charles Dickens의 동화 〈크리스머스 캐럴〉을 현대물 코미디로 번안한 빌 머레이 주연 1988년 코미디 〈Scrooged〉에서 주인공 프랭크를 택시에 태우고 반대 차선으로 질주하던 '과거의 유령'이나, 시한폭탄을 막기 위해 택시를 빼앗아 타고 신호를 무시하면서 달리던 〈다이 하

Taxi

택시: 더 맥시멈
Taxi
2004

드 3Die Hard with a Vengeance〉(1995)의 브루스 윌리스Bruce Willis, 또는 피해망상에 시달리는 암살자 출신 택시 기사 역을 맡은 〈컨스피러시Conspiracy Theory〉(1997)의 멜 깁슨Mel Gibson, 아니면 뤽 베송 감독의 영화를 번안한 〈택시: 더 맥시멈Taxi〉(2004)에서 시내에서 공항까지 9분 28초 만에 주파하던 퀸 라티파Queen Latifah가 몰고 있는 게 아닌가 하는 생각이 들 정도로 난폭 운전을 일삼는다.

1980년대 중반까지만 해도, 뉴욕 택시 기사 중에는 백인 남성들이 많았다. 베트남전에 해병으로 참전했다가 제대한 〈택시 드라이버〉(1976)의 26세 청년 트레비스(로버트 드니로 분)가 그랬고, 거대한 옥외 감옥이 되어 버린 〈Escape from New York〉(1981)의 맨해튼에서 택시를 몰던 캐비(어네스트 보그나인Ernest Borgnine 분)가 그랬고, 호주인 승객과 의기투합해 술집에 갔다가 거나하게 취한 상태로 운전대를 잡으려던 〈크로커다일 던디Crocodile Dundee〉(1986)의 이탈리아인 택시 기사 대니(릭 콜리티Rik Colitti 분)도 그랬다. (고주망태가된 대니 대신 운전석에 앉은 던디는 운전석이 잘못된 쪽에 붙어 있다며 반대차선으로 질주한다. 어느 쪽이 더 위험한 건지 모르겠다.)

1980년대가 지나면서 뉴욕 택시 기사의 출신지는 한결 더 다채로워진다. 개도국의 신규 이민자들이 대거 택시 기사로 취업하면서 80퍼센트 이상의 기사들이 외국 태생 근로자들로 채워졌다. 통계에 따르면 특히 남아시아(방글라데시, 인도, 파키스탄)와 카리브해(도미니카공화국, 아이티) 출신들이 많다고 한다. 동유럽인들도 적지 않았다. 1990년 〈그렘린 2: 뉴욕 대소동Gremlins 2: The New Batch〉에서는 뉴욕 구경을 하러 시골에서 온 머레이 아저씨(딕 밀러Dick Miller 분)가 개탄한다.

그렘린 2: 뉴욕 대소동
Gremlins 2: The New
Batch
1990

빌리, 여긴 정신 나간 도시 같아. 택시를 잡으려고 했는데, 기사가 러시아인이지 뭐냐. 누군가가 핵무기 기밀이 들어 있는 가방이라도 들고 타면 어쩌려고 그러는지…….

짐 자무쉬 감독의 1991년 옴니버스 영화 〈Night on Earth〉는 LA, 뉴욕, 파리, 로마, 헬싱키 다섯 도시의 택시 기사 이야기로 이루어져 있다. 요요(지안카를로 에스포지토Giancarlo Esposito 분)가 혼잡한 시간에 어렵사리 잡아 탄 뉴욕 택시의 기사는 미국에 막 도착한 동독인 헬무트(아민 뮐러–쉬탈Armin Mueller-Stahl 분)다. 헬무트는 영어도 서툴고 브루클린이 어딘지도 모를 뿐더러 운전도 제대로 못한다. 요요는 자기가 대신 운전을 하겠노라고 헬무트를 조수석에 태운다. 둘은 서로 상대의 이름이 우습다며 낄낄댄다. 브루클린에 도착한 헬무트가 무사히 차를 몰고 맨해튼으로 되돌아갈 수 있었을지, 영화가 끝난 후에도 내내 궁금하다.

Night on Earth
1991

오늘날 뉴욕 시민들은 택시 기사의 다양한 국적에 익숙하다. 심지어 운전 교습소 강사들 중에도 이민 온 지 얼마 안 된 사람들이 있다. 2014년 영화 〈인생면허시험Learning to Drive〉의 시크교도 다르완(벤 킹슬리 분)은 비록 강한 인도 억양의 영어를 사용하지만, 이혼 후 혼란에 빠진 주인공 웬디(패트리샤 클락슨Patricia Clarkson 분)에게 인생의 지혜를 나누어줄 정도의 연륜을 가진 인물로 묘사되었다.

인생면허시험
Learning to Drive
2014

세월이 흐르면서 택시의 차종도 변했다. 예전에는 포드사의 크라운 빅토리아가 주종을 이루었지만 이제 하이브리드 차량의 비중도 늘어나고 있다. 2011년에 뉴욕시는 '내일의 택시'를 공모했는데, 니산이 생산한 미니 SUV 타입의 NV200이라는 차종이 선정되었다. 종전의 세단형보다 타고 내리기가 편리한 이 차종 택시가 빠른 속도로 늘어나고 있다. 영화에 등장하는 뉴욕 택시들의 모습도 조만간 이렇게 바뀔 것이다. 2012년부터는 이른바 '보로 택시boro taxi'라는 것도 생겼다. 뉴욕 택시의 95퍼센트가 맨해튼 96가 이남 지역과 공항에서만 이용 가능하기 때문에 만들어낸 제도다. 연두색으로 칠한 이 택시들은 이스트 96가 또는 웨스트 110가 이북 지역의 맨해튼이나, 공항을 제외한 여타 보로에서만 출발할 수 있다. 공항이나 미드타운에서 손님을 태우고 출발하면 미터가 작동하지 않는다. 이를테면 경기도 택시가 서울에 손님을 데려다주긴 하지만 태우지 않는 것과 흡사하다. 연두색을 택한 건 뉴욕의 별명인 '빅애플Big Apple'의 사과 색에 착안한 것이다. 왜 빨간 색이 아니냐고? 소방차 같은 비상 차량과 헷갈리면 안 되니까!

새로운 카테고리의 택시를 창안했어야 할 정도로, 러시아워에 뉴욕에서 택시를 잡기란 어렵다. 저마다 약간의 요령을 익혀야 한다. 〈티파니에서 아침을〉(1961)의 주인공 홀리(오드리 헵번 분)와 폴(조지 페퍼드 분)은 함께 외출을 한다. 집 앞에서 폴이 택시를 소리쳐 불러보지만 별 효과가 없다. 홀리가 손가락을 입에 대더니 휘이익 하고 휘파람을 분다. 택시 한 대가 다가온다. 폴이 홀리를 돌아보며 경이롭다는 표정으로 말한다. "난 그거 아무리 해봐도 안 되던데……."

더스틴 호프먼 주연의 1982년 코미디 〈투씨Tootsie〉에서 주인공 마이클은 두 가지 상반된 성차별을 경험한다. 배우로서 배역을 얻기에는 여장을 하고 여자 행세를 하는 편이 유리하다는 점. 하지만 택시를 잡는 일처럼 몸싸움이 필요한 일에서는 여자 모습으로는 언제나 손해를 본다는 점. 그가 가냘픈 여자 음성으로 애타게 불러도 반응이 없던 택시는 남자 목소리로 "택시!"라고 외치자 끽하고 선다. 애써 잡은 택시를 새치기 하려는 얌체 아저씨를, 그는 완력으로 끌어내 길에 내동댕이치기도 한다.

Planes, Trains &
Automobiles
1987

남자라고 그런 일을 안 겪는 게 아니다. 1987년 코미디 〈Planes, Trains & Automobiles〉에서 스티브 마틴이 연기하던 주인공 닐은 비행기를 놓치지 않기 위해 파크가에서 택시를 잡으려고 안간힘을 쓴다. 저만치 빈 차를 발견하고 길 건너의 사내와 경쟁하듯 달리기를 하지만 길에 놓인 트렁크에 걸려 넘어지는 바람에 기회를 놓친다. 이번에는 택시를 잡은 다른 사내에게 통사정을 한다. 사내는 75달러를 주면 양보하겠다고 한다. 당신 도둑 아니냐는 물음에 사내는 대답한다. "비슷해요. 변호사거든요." 이들이 실랑이를 벌이는 사이에 반대편 문으로 다른 사내가 승차하고, 택시는 떠나버린다. 아까 그를 넘어뜨린 수상쩍은 트렁크를 실은 채. 이 트렁크의 주인인 델(존 캔디John Candy 분)과의 악연은 이렇게 시작된다. 온갖 교통수단과 관련된 모든 계획이 불운하게 꼬이는 이 영화를 기억하는 미국인이 의외로 많다. 뭔가 일이 잘 안 풀릴 때 이 영화 이야기를 하면 대부분 놀란 얼굴로 손사래를 친다. "오우, 노. 그렇게까지 잘못되면 안 되지요."

택시에 대한 수요가 이렇게 크다 보니, 택시의 승차 거부가 사회적 문제가 되기도 한다. 택시 기사들이 인종을 가려가면서 태운다는 인식을 가진 사람도 있다. 택시 기사 입장에서 보면 자신의 안전과 관련된 일이기는 하다. 1970년에는 뉴욕에서 아홉 달 동안 일곱 명의 기사가 살해당하고 3천 명의 기사가 강도를 당했다. 기사와 승객 사이가 두꺼운 방탄유리로 가로막혀 있는 것도 무리가 아니었다. 베트남전 참전 용사 출신인 〈택시 드라이버〉(1976)의 트래비스는 승객이나 목적지를 가리지 않았지만, 그는 특이한 예외였다.

나는 어디든 간다. 손님을 브롱크스, 브루클린, 할렘, 어디든 태워준다. 상관없다. 내겐 어디든 마찬가지다. 어떤 사람은 가려가며 태운다. 어떤 기사들은 흑인을 아예 태우지 않기도 한다. 나한테는 누구든 다 마찬가지다.

트래비스의 저 대사는 그가 서비스 정신이 투철한 기사라는 사실을 나타내는 게 아니다. 거꾸로, 그가 모든 인간을 쓰레기라고 믿는 염세주의자고, 자기 목숨까지도 가볍게 여긴다는 사실을 보여주는 것이었다.

택시의 앞뒤 좌석 사이에 설치된 방호벽은 승객과 기사 사이의 심리적 거리감을 늘인다. 이 벽은 익명의 다수가 섞여 살아가는 현대 대도시 공동체의 불신을 체화한 것이다. 기사들의 안전도 지

본 콜렉터
The Bone Collector
1999

켜주어야 하겠지만, 방호벽 뒤에 갇힌 승객 입장에서 느끼는 불안감도 있다. 세기말의 불안감이 공기 중을 떠돌고 있던 1999년, 승객들이 느끼는 공포감은 〈본 콜렉터The Bone Collector〉에서 승객들을 택시로 납치해 잔인하게 살해하는 연쇄살인범의 모습으로 형상화된 적이 있었다. 다행히 1990년대 이후로는 뉴욕의 치안이 크게 향상되었다. 이제는 승객도 기사도 자살 충동이나 살해 위협까지는 느끼지 않으면서 뉴욕 어디든 다닐 수 있게 되었으니 다행스러운 노릇이다.

지하철

Subway

할렘 슈가 힐에 가려면 A호선 전철을 타세요.
A호선을 놓치면,
할렘으로 오는 제일 빠른 길을 놓치신 거예요.
서둘러요, 전철이 들어와요.
철로 위로 소리가 들리잖아요.

– 빌리 스트레이혼Billy Strayhorn 작사·작곡, <Take The 'A' Train> 가사

알프레드 엘리 비치Alfred Ely Beach라는 발명가가 있었다. 시각장애인을 위한 타자기를 발명한 사람이다. 그가 1870년에 압축공기 기술을 적용해 뉴욕에 최초로 지하 터널 운송 수단을 선보인 적이 있었다. <고스트버스터즈 2>(1989)에서 유령 잡는 박사들이 지하에서 강물처럼 흐르는 분홍색 점액질 악령을 최초로 발견하는 곳이 이 터널이었다. 맨홀 구멍 아래로 줄에 매달려 내려간 레이 박사(댄 에이크로이드Dan Aykroyd 분)가 밖을 향해 소리친다. "공기압축 운송로야(Pneumatic Transit)! 믿을 수 없군, 이게 아직 여기 있다니!"

고스트버스터즈 2
Ghostbusters 2
1989

뉴욕에 지하 구간 철도가 실제로 운행을 시작한 건 1904년부터였다. 일본 도쿄의 지하철 구간 중에는 민간이 운영하는 이른바 사철私鐵이 아직도 버젓이 존재한다. 사철은 철도 선진국에서 초창기에나 존재하다가 20세기에는 사라진 구시대의 유물이다. 뉴욕 지하철 중 마지막까지 남아 있던 두 개의 사철 노선이 시유화된 것은 1940년이었다. 오늘날 뉴욕시는 422개의 역을 통과하는 34

개 노선, 총길이 375킬로미터의 철로로 연결되어 있다. (맨해튼에는 148개 역이 있고, 스태튼아일랜드는 지하철 체계와 연결되어 있지 않다.) 역의 개수로 따지면 세계 최대 규모의 지하철이다. 연간 이용객은 18억 명 정도라고 한다. 서울의 지하철은 총길이 332킬로미터에 연간 이용객이 무려 26억 명이라니, 서울보다는 덜 붐비는 셈이다. 1~7호선과 A, B, C, D, E, F, G, J, L, M, N, Q, R선이 있다. 지도에는 노선이 각각 다른 색으로 표시되어 있다. 색으로 구분하는 사람들은 관광객이거나 외지인이고, 뉴욕 주민들은 대개 노선 이름으로만 부른다. "Take the 'A' Train"이라는 노래 가사처럼.

G호선을 제외한 나머지 노선들은 맨해튼을 통과하는데, 맨해튼에서는 지하철이지만 다른 지역에서는 지상이나 고가철도 위를 달리는 구간도 많다. 연중 24시간 운영되기는 하는데, 야간 및 휴일에는 운영 노선과 시간표가 달라지기 때문에 잘 알아보지 않으면 안 오는 기차를 하염없이 기다리는 낭패를 겪을 수 있다. 매일 전철을 이용하는 뉴욕 주민들도 헛수고를 하곤 한다. 서울에서처럼 전자 장비나 인터넷 안내에 의지하면 오히려 실패할 확률이 높다. 뉴욕시 당국은 인터넷 서버 용량 증설을 위해 애를 쓰고 있다고는 하는데, 신호가 약해서 지하에서는 잘 잡히지도 않는다. 적어도 뉴욕 지하철역에서는 지저분한 기둥에 종이로 프린트해 붙여놓은 안내문이 훨씬 믿음직하다. 눈에 잘 안 띄고, 가끔은 기둥을 끼고 한 바퀴 빙빙 돌아보는 수고를 해야 하지만 이것도 뉴욕 지하철 문화의 일부다.

〈프란시스 하〉(2012)에서 친구들과 어울려 놀다가 느지막이 귀가하던 프란시스(그레타 서윅 분)의 룸메이트 소피(미키 섬너 분)는 전철역에서 선로 밖으로 매달리며 장난친다. 소피가 프란시스더러 "Don't hit the third rail(세 번째 레일 건드리지 마)."라고 하는데, 이건 전기를 공급하는 제3 레일에 감전되지 말라는 표현이다. 한동안 전철을 기다리다가 벽에 붙은 안내문을 본 소피는 그제야 깨닫는

Subway Station

미믹
Mimik
1997

다. "젠장! F노선은 운행이 끝났대."

뉴욕 주민들도 겪는 일이니 관광하다가 이런 일을 겪으면 상심할 필요 없다. 지하철역에서 예기치 못한 상황이 벌어지면 그저 100년 넘도록 존재해온 뉴욕의 땅굴은 불가사의한 일들이 일어나는 공간이려니 웃어넘겨버리는 편이 상책이다. 기예르모 델 토로 Guillermo del Toro 감독의 1997년 영화 〈미믹Mimic〉에서는 사람 크기로 진화한 바퀴벌레들이 로워 이스트사이드 지하철 딜랜시가Delancey St역에 창궐하면서 사람들을 잡아먹기까지 했었다. 그러니 거대한 쥐가 돌연변이 닌자 거북이들을 이끌고 나타나 자기들을 못 본 체 해달라고 한다든지, 헬보이가 지옥에서 온 괴물과 싸우는 모습을 목격하는 정도는 대수롭지 않게 보아 넘길 마음의 준비가 필요하다. 아, 물론 니콜라스 케이지 주연의 2009년 재난 영화 〈노잉〉에서와 같은 끔찍한 탈선 사고는 생기지 않기를 빌어야겠지만.

2014년의 〈어메이징 스파이더맨 2〉에서 스파이더맨 피터 파커(앤드류 가필드Andrew Garfield 분)는 지하철 D호선의 폐쇄된 루스벨트역 승강장 안에서 돌아가신 아버지가 사용하던 비밀 연구실과 자료들을 발견한다. 이곳은 두 장소를 영화적 상상력으로 결합한 것처럼 보인다. 퀸스에는 제2차 세계대전 이전에 다른 노선과 연결되지 않은 채 건설이 중단된 지하 터널이 있는데, 이 터널이 루스벨트가Roosevelt Ave를 지난다. 다른 하나는 월도프 아스토리아Waldorf Astoria 호텔 지하에서 그랜드 센트럴 터미널로 연결되는 비밀 지하선로다. 프랭클린 루스벨트 대통령이 이용한 적이 있었다는 이 짧은 철도는 응급 대피 시설로 남아 있다.

어메이징 스파이더맨 2
The Amazing Spider-
man 2
2014

뉴욕 지하철에서 괴물이나 우연한 사고보다 더 무서운 것은 범죄였다. 1970~1980년대 뉴욕 지하철 열차는 낙서판이었고, 열차의 유리창들은 깨져 있었으며, 찾는 이 적은 늦은 시간의 승강장은 범죄의 온상이었다. 승객의 수는 1910년대 수준으로 감소했다. 고장도 연착도 잦았지만 정비는 뒷전이었다. 지하철이 뉴욕 최악의 뒷골목으로 전락한 것이었다. 1970년대 영화 속의 뉴욕 지하철은 대개 범죄의 현장이었다. 1971년 우디 앨런의 영화 〈Bananas〉의 주인공 필딩(우디 앨런 분)처럼 힘없는 시민들은 지하철 안에서 불량배들에게 폭행을 당하기 일쑤였다. (불량배 역할로 당시 무명 배우이던 실베스터 스탤론이 출연한다.)

1971년 〈The French Connection〉에서는 마약상인이 고용한 살인범이 브루클린에서 전철을 탈취해 인질을 잡고 도주하다가 브루클린 62가 전철역에서 경찰에 사살된다. 1974년 〈The Taking of Pelham One Two Three〉에서는 기관총으로 무장한 네 명의 강도가 17명의 인질을 잡고 6호선 기관차를 탈취해 1백만 달러를 요구한다. 전동차 탈취 소식을 들은 관제소에서는 기가 막혀 한다.

The Taking of Pelham
One Two Three
1974

지하철 전동차를 훔치는 놈이 세상에 어디 있어? 망할 전동차 따위 가져 가버리라고 해. 젠장, 전동차 많잖아. 없어진다고 아쉬워할 사람도 없어. 어떤 놈이 지하철 전동차를 도둑질한단 말이야?

이런 대사는 1970년대 뉴욕 지하철에 대한 평균적 정서를 반영한다. 이 영화는 2009년에도 리메이크되었다. 덴젤 워싱턴과 존 트라볼타John Travolta가 출연했는데, 변화된 시대상을 설득력 있게 반영하느라 제작진이 애를 먹었다고 한다. 1979년 〈The Warriors〉에서 뉴욕 지하철 승강장과 전동차는 동네 깡패들이 죽자고 싸움을 벌이는 전쟁터였다.

누구나 필요하다고 생각했던 특단의 조치가 시작된 것은 1980년대 후반이었다. 정치학자 제임스 Q. 윌슨James Q. Wilson과 범죄학자 조지 켈링George L. Kelling이 1982년에 공동으로 발표했던 〈깨진 유리창 이론Broken Windows Theory〉이 원용되었다. 깨진 유리창 하나를 방치해두면 그 지점을 중심으로 범죄가 확산되기 시작한다는 이론으로, 사소한 무질서를 방치하면 더 큰 문제로 이어진다는 의

야곱의 사다리
Jacob's Ladder
1990

미다. 낙서를 지우고 1700대 이상의 새 전동차를 들여오자 양재천에 잉어와 왜가리가 돌아오듯 승객이 늘어나기 시작했다. 1986년 콜럼버스 서클 지하철 승강장에서 입추의 여지도 없이 늘어선 사람들 머리를 밟고 공중에서 만나 키스를 나눈 〈크로커다일 던디〉의 주인공들은 시민들의 품으로 되돌아올 지하철의 모습을 예고한 셈이었다. 멀어서 잘 들리지 않는 두 사람의 대화를 중간의 몇 사람이 중계해주더니, 마침내 사람들을 즈려밟고 공중에서 만난 둘이 키스를 하자 다들 박수 치며 환호하는 장면이었다.

뉴욕의 지하철 환경은 서서히 개선되지만 사람들의 고정관념이 변하는 속도는 그보다 느렸다. 1990년대 이후의 영화에서도 뉴욕 지하철은 을씨년스럽게 유령이 떠도는 공간으로 등장한다. 1990년 〈사랑과 영혼Ghost〉에서 억울하게 살해당한 샘(패트릭 스웨이지Patrick Swayze 분)은 지하철역에서 원혼(빈센트 스카아벨리Vincent Schiavelli 분)을 만나 분노로 사물을 움직이는 방법을 배운다. 같은 해 〈야곱의 사다리Jacob's Ladder〉의 베트남전 참전 용사 제이콥(팀 로빈스Tim Robbins 분)도 브루클린 버겐가Bergen St 지하철역에서 유령을 본다. 2016년 〈익스포즈Exposed〉의 주인공 이사벨(아나 데 아르마스Ana de Armas 분)이 몹쓸 짓을 당하고 유령을 만난 것도 워싱턴 하이츠의 지하철 승강장이었다.

익스포즈
Exposed
2016

지하철의 범죄 역시 최근까지 영화에 종종 등장한다. 1995년 〈머니 트레인Money Train〉에서는 범죄자가 토큰 판매 창구에 불을 지르기도 하고, 강도가 지하철 터널로 도주하기도 한다. 급기야 폭력배들에게 도박 빚을 진 경찰관(우디 해럴슨Woody Harrelson 분)이 지하철 요금을 운송하는 이른바 '미니 트레인'을 터는 바람에 승객들의 생명이 위협받는 위험천만한 상황까지 벌어지고 만다.

센트럴파크에서 데이트를 하다가 폭행을 당해 약혼자를 저세상으로 떠나보내고 살아남은 2007년 영화 〈브레이브 원The Brave One〉의 주인공 에리카(조디 포스터 분)는 권총을 사 들고 길거리 범

머니 트레인
Money Train
1995

죄자들을 상대로 분노를 발산한다. 한산한 전동차 안에서 그녀를 희롱하며 강도짓을 하려던 건달들도 그녀의 총을 맞고 죽는다. 마치 〈데스 위시Death Wish〉(1974)에서 지하철 강도들을 권총으로 사살하던 찰스 브론슨Charles Bronson에 대한 오마주처럼 보이기도 하는 장면이다. 이 정도로는 성에 안 찼던지 기타무라 류헤이北村龍平 감독, 브래들리 쿠퍼Bradley Cooper 주연의 2008년 호러 영화 〈미드나잇 미트 트레인The Midnight Meat Train〉은 심야 뉴욕 지하철을 아예 연쇄살인 현장으로 설정했다.

브레이브 원
The Brave One
2007

　뉴욕의 치안이 좋아져 돈이나 물건을 노리는 강도들 걱정이 줄었나 했더니, 테러라는 복병이 새로운 위협으로 등장했다. 〈다이하드 3〉(1995)의 악당들은 뉴욕 연방준비은행을 털려는 속셈을 숨기고 경찰의 시선을 다른 데로 돌리려고 월가의 지하철에 폭탄을 터뜨렸다. 9/11 사건 이후로는 이런 영화를 만들기가 부담스러울 정도로 테러의 위협은 뉴욕 주민들에게 상시적인 스트레스를 주고 있다. 테러리스트의 목적은 파괴 그 자체만이 아니다. 그들의 직함(?)이 보여주듯, 그들의 목적은 공포감을 전파하여 사람들의 마음속을 전쟁터로 만들려는 데 있다. 테러에 대한 가장 본질적인 대항은 일상을 그대로 영위하는 것이다. 하루하루를 성실하게 살아가는 것. 그것도 위대한 일이 아니겠는가. 서울에 비하면 허름하기 이를 데 없지만 예전과는 비할 수 없이 깨끗해진 뉴욕의 지하철, 즐겁게 이용하시길.

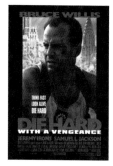

다이 하드 3
Die Hard with a
Vengeance
1995

닐: 깜박 잊었는데, 지하철을 타지 않기로 했어.

디디: 내 자전거를 타고 가지 그래?

닐: 그렇게는 못해.

디디: 괜찮아. 나는 한 대 더 있어.

닐: 아니……. 그게 아니라, 자전거 탈 줄을 몰라.

– 영화 <땡스 포 쉐어링Thanks for Sharing> 중에서

땡스 포 쉐어링
Thanks for Sharing
2012

도쿄에 근무하던 시절, 동네 슈퍼에 가서 자전거를 두 대 샀다. 집에서 전철역까지 거리도 제법 되고, 주말에 뭘 좀 사러 갈 때도 자전거를 타는 게 편리했기 때문이다. 도쿄 근무를 마치고 곧장 뉴욕으로 발령을 받았다. 뉴욕에서 무슨 자전거를 타랴 싶어서 처분을 하려 했지만 중고 자전거를 사겠다는 임자도 없고, 이삿짐 컨테이너 빈자리에 우겨 넣는 게 도쿄에서 자전거를 쓰레기로 처분하는 비용보다 싸서 일단 뉴욕으로 가져왔다.

시도 때도 없이 회의가 열리는 안보리 업무를 맡았기 때문에 맨해튼에 아파트를 구하게 되었다. 20가의 집에서 45가의 사무실까지 출퇴근하기엔 자전거가 딱 직딩했다. 맨해튼을 동서로 가로지르는 스트리트들은 도로가 좁아 자전거 타기가 위험하지만 남북으로 오가는 애비뉴들 중 내가 다니던 1가와 2가에는 자전거 전용 차선이 있어서 다닐만했다. 맨해튼을 동서로 오가는 것을 '크로스타운Crosstown'이라고 부르는데, 남북을 오가는 것보다 정체가 극

심해서 수만 명에 이르는 맨해튼 자전거 이용자들 중에는 나와는 반대로 애비뉴가 아닌 스트리트를 돌파하기 위해 자전거를 선택하는 사람들도 많다. 친구에게 자전거로 출퇴근을 한다고 했더니, 멋지겠다며 사진을 찍어서 남겨두라고 했다. 영화에서 보던 자전거족의 모습을 상상했던 게 아닌가 싶은데, 별로 사진으로 남길 몰골은 아니었다.

양복에 구두를 신고 (뉴욕에서만 쓰고 버릴) 싸구려 배낭을 짊어진 채 머리가 한없이 커 보이는 헬멧을 쓰고, 목숨이 아까우니까 저녁에는 야광 조끼도 입었다. 자전거라도 날렵하면 좋았겠지만, 일본에서 산 자전거는 장 볼 때 이용하는 바구니와 철제 뒷좌석이 달려 있었고 상체를 숙이지 않고 타는, 왜 있잖은가, 전형적인 동네자전거였다. MTB도, 마운틴도, 로드도, 픽시도, 투어링도, 하이브리드도 아닌. 고등학생인 아들은 제발 그 바구니라도 좀 떼고 다니라고 성화였는데, 퇴근길에 식료품점이나 문구점에서 뭐라도 사게되면 유용하게 활용하는 바구니를 떼어버릴 이유는 없었다. 친구의 상상 속에라도 멋진 모습으로 남는다면 그걸로 됐지. 이 자전거는 지금 미국의 밴더빌트대학에서 유학 중인 둘째 아들이 몰고 내쉬빌 시내를 오가고 있다. 역마살이 심한 자전거랄까.

뉴욕의 도로에는 운전이 험악한 차량들이 많아서 이륜차들은 알아서 몸을 사려야 한다. 그런데도 개중에는 목숨이 아깝지 않은 것처럼 행동하는 자전거 운전자들도 있다. 자전거로 출퇴근을 하면서 세 번이나 자전거가 자동차에 들이받혀 사람이 길바닥에 널브러지는 장면을 보고 조심해야겠노라고 마음을 다잡곤 했다.

내가 아는 한, 자전거에 관한 세상에서 가장 아름다운 문장은 우리나라 소설가 김훈이 썼다.

자전거를 타고 저어갈 때, 세상의 길들은 몸속으로 흘러 들어온다. 강물이 생사가 명멸하는 시간 속을 흐르면서 낡은 시간의 흔적을 물 위에 남기지 않듯

Bicycle

이, 자전거를 저어갈 때 2만 5000분의 1 지도 위에 머리카락처럼 표기된 지방도·우마차로·소로·임도·등산로들은 몸속으로 흘러 들어오고 몸 밖으로 흘러나간다. 흘러오고 흘러가는 길 위에서 몸은 한없이 열리고, 열린 몸이 다시 몸을 이끌고 나아간다. …… 구르는 바퀴 위에서 몸과 길은 순결한 아날로그 방식으로 연결되는데, 몸과 길 사이에 엔진이 없는 것은 자전거의 축복이다. 그러므로 자전거는 몸이 확인할 수 없는 길을 가지 못하고, 몸이 갈 수 없는 길을 갈 수 없지만, 엔진이 갈 수 없는 모든 길을 간다. …… 갈 때의 오르막이 올때는 내리막이다. 모든 오르막과 모든 내리막은 땅 위의 길에서 정확하게 비긴다. 오르막과 내리막이 비기면서, 다 가고 나서 돌아보면 길은 결국 평탄하다. 그래서 자전거는 내리막을 그리워하지 않으면서도 오르막을 오를 수 있다. …… 땅 위의 모든 길을 다 갈 수 없고 땅 위의 모든 산맥을 다 넘을 수 없다 해도, 살아서 몸으로 바퀴를 굴려 나아가는 일은 복되다.

– 김훈 저,《자전거 여행》중에서

자동차로 다닐 때는 그저 평탄한 줄만 알았던 맨해튼의 동서남북도 자전거로 다녀보면 제법 오르내리막이 있다. '모든 오르막과 모든 내리막은 정확하게 비긴다'는 김훈의 깨우침을 되뇌다 보면, 장바구니를 장착한 촌스러운 자전거를 타는 일도 그날 분량의 우울함과 속상함을 다스리는 나름의 비방이 되곤 했다. 속도를 내려는 욕심을 부리지 않고 신호만 잘 지키면, 맨해튼의 복잡한 길에서조차 자전거를 타는 일은 보도를 걷는 보행보다 본질적으로 더 위험한 건 아니었다. 더 조심해야 할 것은 자전거 도둑들이었다. 어설프게 묶어둔 자전거는 반드시 도둑을 맞는다는 것이 뉴욕의 불문율이다. 바퀴에 사슬을 묶어두면 바퀴를 빼두고 가져가기도 한다. 자전거를 도둑맞고 망연자실하는 비토리오 데 시카^{Vittorio De Sica} 영화 속 주인공의 후예들을 흔히 볼 수 있다. 자물쇠를 사러 갔더니 다양한 두께의 사슬과 걸쇠가 있다. 두툼한 U 자형 철봉을 가리키면서 이거면 도둑을 안 맞겠냐고 물었더니 점원의 대답이 매우 뉴욕적이었다. "세상에 자를 수 없는 자물쇠는 없어요. 두꺼우면 도둑이 눈독을 들인 순간부터 자전거를 가져가는 데까지 걸리는 시간이 좀 더 길어질 뿐이죠. 자전거를 길에 세워두고 볼일을 볼 수 있는 시간이 그만큼 길어지는 겁니다."

그래도 사람들은 자전거를 탄다. 김훈의 표현처럼 '길이 몸속으로 흘러 들어오는' 경험이 주는 해방감은 독특하기 때문일 것이다. 2012년 영화 〈땡스 포 쉐어링〉의 등장인물 닐(조쉬 개드Josh Gad 분)은 심각한 성 충동 장애 때문에 정기적으로 그룹 치료를 받는다. 아무 데서나 자기도 모르게 성추행을 하기 때문에 지하철 탑승은 삼간다. 치료 세션에서 만난 여성 친구로부터 자전거를 빌리지만 그는 자전거 탈 줄을 모른다. 서툴게 연습을 시작한 그도 마침내 자전거를 타면서 해방감을 맛본다. 너무 좋아하다가 갑자기 열리는 택시 문짝을 피하느라 결국 넘어지긴 하지만.

가장 인상적인 자전거 액션 영화는 2012년의 〈Premium Rush〉였다. 컬럼비아대학 로스쿨 출신의 주인공 윌리(조셉 고든 레빗 분)는 자전거와 모험이 좋아서 택배 일을 한다. 뉴욕에서는 이들을 바이시클 메신저bicycle messenger라고 부른다. 영화만 봐서는 목숨 내놓고 하는 일처럼 보인다. 영화는 그의 내레이션으로 시작한다.

Premium Rush
2012

나는 사무실 일이 맞지 않다. 양복을 입기도 싫다. 자전거를 타는 게 좋다. 고정식 기어에 철제 프레임. 브레이크도 없다. 관성으로 갈 수 없는 자전거다. 페달을 계속 저어야 한다. 멈출 수가 없다. 멈추고 싶지도 않다. 뉴욕 시내 거리에는 1500명의 자전거 택배원이 있다. 뭔가를 보낼 때 이메일을 보낼 수도 있고 소포로도, 팩스로도, 스캔으로도 보낼 수 있다. 하지만 그런 짓거리들 중 아무것도 사용할 수 없을 때, 뭔가를 정해진 시간 내에 어딘가로 보내야 할 때, 당신에게는 우리가 필요하다. 길에서 죽은 동료도 몇 명 있다. 행인들은 위험하다. 택시는 살인자들이다. 언제든 한번은 들이받힌다. 가끔은 우리도 들이받아야만 한다.

똑같은 영화를 만들려고 하다가 한발 늦었지만, 그래도 좀 변형시켜서 만들어본 것처럼 생긴 2015년의 〈트레이서Tracers〉라는 영화도 있었다. 〈The Twilight Saga〉 시리즈에서 순정파 늑대인간으로 소녀들의 마음을 사로잡았던 테일러 로트너Taylor Lautner가 자전거 메신저로 출연한다. 묘기를 부리며 몰던 자전거가 망가지고, 새 자전거마저 도둑맞자 그는 파쿠르parkour를 하는 건달들과 어울려 강도질까지 하게 된다. 뉴욕에서 자전거를 타는 건 좋은데, 영화 속 메신저들 흉내는 제발 내지 마시라. 정해진 루트로 출퇴근해야 하는 처지가 아니라면, 센트럴파크 안에서만 타보는 쪽을 권하고 싶다. 공원 안에서도 오르막과 내리막은 비기며 흘러간다.

트레이서
Tracers
2015

다크 워터
Dark Water
2005

엄마: 저기 봐. 저게 트램이야. 그리고 저기가 우리가 가려는 곳이야. 루스벨트 아일랜드.
딸: 엄마, 저건 뉴욕시^{city}가 아니잖아.
엄마: 뉴욕시 맞아. 뉴욕시의 다른 부분이야.
딸: 아니야. (맨해튼을 가리키며) 뉴욕시는 이쪽이지. 저건 아니야.
행인: 아이 얘기가 맞수.

– 영화 <다크 워터Dark Water> 중에서

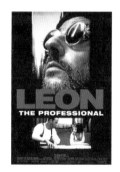

레옹
Leon
1994

케이블카를 타고 출퇴근하는 사람들도 있다. 루스벨트 아일랜드와 맨해튼을 오가는 주민들이다. 1976년 퀸스보로 브리지Queensboro Bridge와 나란히 건설된 케이블카의 명칭은 루스벨트 아일랜드 트램웨이Roosevelt Island Tramway이고, 지금까지 2600만 명가량이 이용해 왔다. 승객 수가 그 절반에도 미치지 않는 오리건주 포틀랜드의 트램을 제외하면, 루스벨트 아일랜드 트램웨이는 북미대륙에서 유일한 출퇴근용 케이블카에 해당한다. 암살자 레옹(장 르노Jean Reno 분)이 부패 경찰과 결선을 벌이면서 장렬한 최후를 맞은 덕분에 목숨을 건진 소녀 마틸다(나탈리 포트먼 분)가 레옹이 아끼던 화분을 품에 안고 처연한 표정으로 학교를 찾아갈 때 이 트램을 탔다.

〈스파이더맨〉(2002)에는 악당 그린 고블린(윌렘 대포 분)이 메리제인(키스틴 던스트Kirsten Dunst 분)을 퀸스보로 브리지 위에서 인질로 잡고 스파이더맨(토비 맥과이어Tobey Maguire 분)에게 여자 친구를 구하든지 강으로 추락하는 트램에 탑승한 무고한 시민들 구하든지 택일하라고 강요하는 대목이 나온다. 눈썰미 좋은 관객들은 눈치챘겠지만, 트램은 관광지에서 흔히 보는 케이블카보다 훨씬 크고 탑승자도 많다. 트램 한 대의 정원은 110명이고, 루스벨트 아일랜드까지 940미터 거리를 약 15분 간격으로 하루에 115번 왕복한다. 편도 운행에 걸리는 시간은 3분이고, 지하철 및 버스와 환승이 가능한 편도 요금은 2.75달러다.

스파이더 맨
Spider-Man
2002

　　루스벨트 아일랜드와 맨해튼 사이의 교통은 오랜 기간 뉴욕시의 고민거리였다. 1909년부터 1957년까지는 퀸스보로 브리지의 옆구리를 오가는 트롤리trolleys라는 소형 기차가 운행된 적이 있었고, 그 뒤로는 버스가 주요 교통수단이었다. 퀸스보로 브리지에 승강기를 설치하거나 페리선을 운항하는 방안도 검토된 적이 있었다. 뉴욕시는 1976년 트램을 개통하면서 당분간만 사용할 임시방편으로 계획했었는데, 지하철 건설이 지연되면서 영구적 시설로 보완했다. 루스벨트 아일랜드에 지하철이 개통된 건 1989년이 되어서였다.

　　그러니까 1981년 〈나이트호크〉에서 두 명의 테러리스트(룻거 하우어, 퍼시스 캄바타Persis Khambatta 분)가 트램에서 경찰(실베스터 스탤론 분)과 대치하며 인질극을 벌이던 무렵에는 트램이 루스벨트 아일랜드로 통하는 유일한 대중교통수단이었다. 테러리스트는 공중에 정지한 트램 안에서 공항으로 가는 버스를 요구하고, 본보기로 프랑스 외교관의 부인을 처형했다.

　　빌리 크리스털 주연의 1991년 코미디 〈City Slickers〉에서는 중년의 위기를 느끼면서 갈피를 못 잡던 주인공 미치가 두 친구와 어울려 뉴멕시코에 가서 소몰이 체험을 하면서 일생일대의 모험을 겪는다. 맨해튼의 방송국에서 근무하는 그의 지루한 일상을 상징하던 장면이 루스벨트 아일랜드에서 트램을 타고 멍한 표정으로

City Slickers
1991

Roosevelt Island Tramway

출근하는 모습이다. 다람쥐 쳇바퀴 돌듯 지낸다는 말이 있는데, 집
과 사무실을 오가며 삶의 의미를 잃어버린 미치에게는 이 트램이
쳇바퀴였을 것이다. 〈링リング〉으로 유명한 나카타 히데오中田秀夫 감
독의 〈검은 물 밑에서仄暗い水の底から〉를 뉴욕을 배경으로 리메이크
한 2005년의 공포 영화 〈다크 워터〉에도 트램이 등장한다. 남편과
이혼한 달리아(제니퍼 코넬리 분)는 어린 딸 세실리아(아리엘 게이드
Ariel Gade 분)를 데리고 루스벨트 아일랜드에 셋집을 찾아 이사를 한
다. 번화한 '시티City'에서 살고 싶다며 낡은 아파트를 못마땅해 하
던 세실리아는 여기서 눈에 보이지 않는 친구를 만난다. 예전보다
젠트리피케이션이 상당히 진행되긴 했지만, 루스벨트 아일랜드는
여전히 낙후된 동네다. 여긴 시티가 아니지 않냐던 세실리아의 투
정은 트램을 타고 출퇴근하는 이 섬 주민들의 푸념을 대변하는 것
처럼 보인다.

Cold Souls
2009

　　2009년 블랙코미디 〈Cold Souls〉에서 배우 폴 지아마티Paul
Giamatti는 자기 자신(배우 폴) 역으로 등장한다. 배역에 몰입하는 데
어려움을 느끼던 그는 잡지 칼럼을 보고 영혼을 분리하는 병원을
찾아 루스벨트 아일랜드로 간다. 거기서 영혼의 5퍼센트만을 남기
고 대부분을 추출해 병원 저장소에 맡겨두는데, 막상 기대와는 달
리 정상적인 삶이 어려울 뿐더러 연기에도 진정성이 깃들지 않는
다. 설상가상으로 저장소에 보관되어 있던 그의 영혼은 도둑을 맞
는다. 이 영화에서 트램은 영혼 창고Soul Storage라는 이름의 병원으로
가는 교통수단이다. 현실과 상상의 흐릿한 경계가 맞닿는 기묘한
장소로 통하는 길이라면, 흐르는 이스트강을 굽어보며 맨해튼 상
공을 오가는 트램보다 더 적당한 게 있으랴. 그 자체로써 불확정적
인 스카이라인의 일부를 이루는.

**루스벨트 아일랜드
트램웨이**

☛ E 59th St &2nd
Avenue, New York, NY
10022

🗗 rioc.ny.gov

☎ +1 212-832-4555

Bridges & Tunnels

Colleen
1936

식중독 걸린 거 말고는 괜찮았어. 난 이제 다시는 유럽에 안 갈 거야. 뉴욕에서 유럽까지 다리를 놓는다면 몰라도.

– 영화 <Colleen> 중에서

뉴욕시에는 무려 2천 개 이상의 교량과 터널이 있다. 여러 기관이 나누어서 관리를 한다. 〈나는 전설이다〉(2007)나 〈다크 나이트 라이즈〉(2012) 같은 영화에서 보듯이, 그중 몇 개만 끊어져도 맨해튼은 오갈 데 없이 섬으로 고립되기 때문에, 다리와 터널은 문자 그대로 뉴욕의 생명선이다. 이 교량과 터널들은 자연의 제약을 극복하기 위해 인간이 발휘한 공학적 재능의 기념비적 성과물이었다. 고대 로마인들이 유럽과 소아시아 곳곳에 만들어놓은 도로와 수도교가 그것을 쳐다보는 다른 민족들에게 경외심과 좌절감을 심어주었던 것처럼, 20세기 초 뉴욕의 토목 현장은 미국의 부와 힘이 창발성과 결합되면 얼마나 큰 잠재력을 발현할지를 은유적으로 세계에 과시하던 기표였다.

1927년 개통된 홀랜드 터널은 세계 최초의 자동차 전용 터널이었다. 그냥 언덕을 깎아 판 굴이 아니라 큰 강의 바닥을 관통하는 터널이고, 강제통풍 시스템까지 갖추었다. 1883년 개통된 브루클린 브리지, 1903년 개통된 윌리엄스버그 브리지, 1931년 개통된 조지 워싱턴 브리지, 1964년 개통된 베라자노내로스 브리지는 세계 최장 현수교 기록을 차례로 갈아치웠다. 조지 워싱턴 브리지는 현재 세계에서 통행량이 가장 많은 교량에 해당한다.

영화에 자주 등장한 터널과 교량 몇 개만 살펴보자. 맨해튼 북서쪽에서 허드슨강을 따라 남쪽으로 내려왔다가 다시 이스트강을 따라 북동쪽으로 올라가는 순서로. 한 가지 참고할 사항이 있다. 지도상으로 보면 허드슨강과 이스트강의 폭은 엇비슷해 보인다. 하지만 물리적인 거리가 전부는 아니다. 뉴욕의 보로들을 잇는 다리는 대부분 통행료가 없지만 뉴저지에서 뉴욕으로 진입하려면 교량이건 터널이건 제법 비싼 톨비를 내야 한다. 일반 승용차의 경우 현찰로는 15달러, 전자통행권인 EZ패스로는 피크타임에 12.5달러, 한산한 시간에는 10.5달러, 세 명 이상이 동행하는 카풀Carpool에 가입하면 6.6달러다. 뉴욕에서 뉴저지로 갈 때 통행료가 없다는 사실이 두 지역의 격차가 가파른 물매를 이루고 있음을 일깨워준다. 뉴욕에 가려는 이들이 더 많다는 뜻이다. 뉴욕 주민 입장에서 보자면, 예컨대 브루클린 브리지는 '우리 다리'지만 조지 워싱턴 브리지는 외지인들이 더 많이 드나드는 다리라는 뜻이다. 이 점을 염두에 두고 바라보면 허드슨강의 심리적 강폭은 실제보다 훨씬 넓어 보인다.

조지 워싱턴 브리지George Washington Bridge

뉴욕과 외지를 잇는 조지 워싱턴 브리지의 성격은 영화에서도 선명히 드러난다. 1953년 코미디 〈How to Marry a Millionaire〉에서 돈 많은 남자들을 유혹하려는 세 여자 주인공 중 한 명인 로코(베티 그레이블Betty Grable 분)는 유부남 사업가 월도(프레드 클락Fred Clark 분)와 지방에서 주말을 함께 지낸다. 아내에게 들키지 않으려고 친구들을 시켜 다른 도시에서 자기 이름으로 아내에게 전보를 보낼 정도의 치밀함을 과시하던 월도는 뉴욕으로 돌아오는 길에도 사람들 눈에 띄지 않으려고 뉴욕주 도로 대신 뉴저지 도로를 타고 내

How to Marry a
Millionaire
1953

려와 조지 워싱턴 브리지를 건넌다. 사람이 똑똑하면 운에 기댈 필요가 없다고 큰소리치면서. 그들의 자동차가 톨게이트를 지날 때 경찰차가 경광등을 켜고 따라온다. 경찰의 지시로 정차한 그들 앞에 수많은 기자들이 진을 치고 있다. 뉴욕시가 조지 워싱턴 브리지를 5천만 번째로 통과하는 커플을 축하하는 행사를 벌인 거다. 기자들이 플래시를 터뜨리며 쇄도하고, 로코는 활짝 웃으며 포즈를 취한다.

조지 워싱턴 브리지는 1776년 미국 독립전쟁 당시 워싱턴 장군의 저항군이 패배해 영국군에 내주어야 했던 두 개의 요새인 맨해튼의 포트 워싱턴Fort Washington과 뉴저지의 포트 리를 육로로 이어주었다. 워싱턴이 퇴각했던 뱃길 상공의 다리에 그의 이름을 붙인 것은 패배의 오욕을 조금이나마 씻어보려는 심리였을까. 이 다리 위로 해마다 1억 대 이상의 자동차가 오간다. 개통 6년 후인 1937년 샌프란시스코의 금문교Golden Gate Bridge가 기록을 깨기 전까지는 세계 최장의 교량이기도 했다. 6차선이 통행하는 아래층lower deck은 1962년에 추가로 개통했다. 1976년의 영화 〈Network〉에서 방송기자 맥스(윌리엄 홀덴William Holden 분)는 친구에게 당시의 뒷얘기를 들려준다.

Network
1976

난 그때 NBC 아침 뉴스 보조 PD였어. 스물여섯 먹은 애송이였지. 조지 워싱턴 브리지 아래층을 개통했고, 거기서 현장 보도를 하게 되어 있었는데, 글쎄 나한텐 아무도 얘길 안 해준 거야! 아침 일곱 시쯤 전화가 왔는데 "너 대체 어디 있어? 조지 워싱턴 브리지에서 보도해야 하잖아!"라는 거야. 침대에서 뛰쳐나와 잠옷 위에 우비를 걸치고 거리로 나가 택시를 잡았어. 얼른 타서 기사에게 "조지 워싱턴 브리지 한가운데로 가주세요." 그랬지. 기사가 날 돌아보면서 이러더군. "어이, 젊은 친구가 그러지 마. 아직 앞날이 창창해 보이는데."

실베스터 스탤론 주연의 1997년 범죄 영화 〈캅 랜드Cop Land〉

에서 뉴욕 경찰이 되고 싶었지만 사고로 청력을 잃어버린 주인공 프레디(실베스터 스탤론 분)는 대신 뉴저지 보안관이 되었다. 그가 관할하는 개리슨이라는 가상의 도시에는 부패한 뉴욕 경찰들이 대거 거주하면서 그의 자격지심을 건드린다. 그중 한 명(마이클 래퍼포트Michael Rapaport 분)이 조지 워싱턴 브리지에서 차를 몰다가 흑인 청년들이 자물쇠로 장난치는 것을 총기로 오인해 사살한다. 궁지에 몰리자 그는 현장검증 팀이 시신을 관찰하는 틈을 타 다리에서 뛰어내리는 체하며 숨는다. 그의 자살을 가장하는 동료 부패 경찰들과 주인공의 긴장이 이 드라마의 핵심이다. 이 영화에서 조지 워싱턴 브리지는 뉴저지 보안관의 못 이룬 꿈을 상징하는 '머나먼 다리'였던 셈이다.

칸 랜드
Cop Land
1997

　　2013년 영화 〈인사이드 르윈Inside Llewyn Davis〉의 주인공 르윈 데이비스(오스카 아이작Oscar Isaac 분)가 실의에 빠진 것은 듀엣을 하던 친구가 조지 워싱턴 브리지에서 투신자살을 했기 때문이었다. 우연히 시카고까지 동승하게 된 심술궂은 노인 롤랜드(존 굿맨John Goodman 분)는 그 얘기를 듣더니 퉁명을 부리는데, 그 대사에도 뉴저지를 낮춰보는 시선이 깃들어 있다. 마치 한남대교쯤은 돼야지 웬 행주대교냐는 식이다.

조지 워싱턴 브리지? 투신자살은 브루클린 브리지에서 하는 거야, 전통적으루다가. 조지 워싱턴 브리지? 대체 누가 그런 짓을 하나?

링컨 터널Lincoln Tunnel

다리 대신 굳이 링컨 터널과 홀랜드 터널을 건설한 이유는, 뉴욕에 입항하는 수송선들이 맨해튼과 뉴저지의 부두를 오가며 허드슨강 수로를 원활하게 이용하도록 하기 위해서였다. 뉴저지 위호켄Weehawken과 뉴욕 미드타운을 잇는 2.4킬로미터 구간의 링컨 터널은 세 개의 2차선 터널로 이루어져 있다. 각각 1937, 1945, 1957년에 완공되었다. 지금은 매일 10만 대 이상의 차량이 통과한다. '미드타운 자동차 터널'이라는 건조한 이름이 붙여질 예정이었는데, 조지 워싱턴 브리지처럼 위인의 이름이 어울리겠다는 여론이 있어 아브라함 링컨Abraham Lincoln의 이름을 빌려오게 되었다. 영화에서는 이 터널도 먼 외지의 인물들이 뉴욕으로 진입하는 통로다.

1979년의 반전 뮤지컬 〈Hair〉에서 주인공 클로드(존 새비지 John Savage 분)는 아버지의 배웅을 받으며 안개 자욱한 오클라호마 시골집을 떠나 뉴욕행 버스를 탄다. 징집영장을 받고 신체검사를 받기 위해서다. 그가 탄 버스가 캄캄한 링컨 터널 속으로 들어가면서 장면이 전환되는데, 그 어둠은 이 영화가 베트남전을 바라보는 시선을 상징한다.

2003년 코미디 〈엘프〉의 주인공 버디(월 패럴 분)는 어릴 적 고아원에서 산타클로스의 가방 속으로 기어들어 갔다가 북극으로 가게 된다. 그는 거기서 산타와 함께 살면서 동심으로 가득한 어른으로 성장한다. 그런 그가 친아버지를 찾아 뉴욕으로 모험을 떠난다. 산타의 집에서 뉴욕으로 오는 여정은, 막상 듣고 보면 그리 복잡하지 않다.

막대사탕 숲 일곱 개를 지나서, 빙빙 소용돌이치는 과자의 바다를 지났지. 그리곤 링컨 터널을 통과해서 도착했어.

Hair
1979

홀랜드 터널Holland Tunnel

1927년에 완공된 홀랜드 터널에는 설계자 클리퍼드 밀번 홀랜드 Clifford Mulburn Holland의 이름이 붙어 있다. 그는 뉴저지와 맨해튼 양쪽에서 파들어 간 땅굴이 허드슨 강바닥 가운데에서 만나는 공사 일정을 불과 하루 앞두고 41세의 아까운 나이에 심장마비로 숨졌

George Washington Bridge | Lincoln Tunnel

다. 자동차가 뿜어내는 매연을 밖으로 강제통풍 시키는 장치가 당시의 첨단 기술로 해결할 가장 큰 난관이었다고 한다. 저지시티와 트라이베카TriBeCa를 잇는 이 한 쌍의 2차선(총 4차선) 터널의 길이는 각각 2.5킬로미터, 2.6킬로미터다.

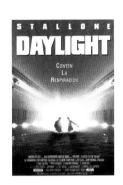

데이라잇
Daylight
1996

1996년의 재난 영화 〈데이라잇Daylight〉은 홀랜드 터널 붕괴 사고를 다룬다. 도주하던 다이아몬드 강도들의 차량이 터널 안에서 인화성 위험 물질을 적재한 트럭을 들이받아 대폭발이 일어난 것이다. 1949년에 실제로 화학물질을 적재한 트럭이 터널 안에서 폭파해 66명이 부상을 당하고 60만 달러 상당의 피해를 일으킨 사건이 있었다. 이 사건 이후로 뉴욕시는 위험 물질의 터널 반입을 철저히 단속해왔다니까 영화는 그저 영화려니 하고 보면 된다. 전직 뉴욕시 긴급 구호 요원 키트(실베스터 스탤론 분)가 물이 차오르는 터널 속에서 고군분투하며 사람들을 구해낸다. 키트 자신은 안타깝게 물살에 휩쓸리지만, 터널 천장을 폭파하고 강바닥에 구멍을 내는 기지를 발휘해 허드슨강 위로 간신히 탈출한다. 구급차에 실리면서 그가 말한다. "다리를 통과해 가는 조건이라면 타겠다."

베라자노내로스 브리지Verrazano-Narrows Bridge

스태튼아일랜드와 브루클린을 잇는 이 6차선 복층 현수교는 1964년에 개통되었다. 다른 교량들과는 달리 강이 아닌 해협Narrows을 가로지르고 있기 때문에 첫째, 베라자노'내로스' 브리지라는 정식 명칭을 가지고 있다. 둘째, 1981년 영국의 험버 브리지Humber Bridge가 건설되기 전까지 세계 최장 교량이라는 기록(약 4.2킬로미터)을 가지고 있었다. 셋째, 해풍에 견디느라 교탑을 크게 세워서 약 200미터 높이에 달하는 이 다리의 타워는 뉴욕시 다섯 개 보로와 뉴저지에서 다 보인다. 넷째, 뉴욕에 입항하는 모든 배들은 이 다리 밑을 통과해야 한다.

배들만이 아니다. 〈어벤져스The Avengers〉(2012)에서 전투기가 발사한 핵미사일도 베라자노내로스 브리지를 스쳐 날아갔고, 다리 상공에서 아이언맨이 잡아채 다른 곳으로 유도했다. 뉴욕 5개 보로를 다 통과해야 하는 뉴욕 마라톤은 스태튼아일랜드의 베라자노내로스 브리지 초입에서 출발한다.

이 다리 이름은 이탈리아 탐험가 조반니 다 베라자노Giovanni da Verrazzano의 이름에서 따왔다. 유럽인으로는 최초로 1524년 허드슨 만에 도착했다는 사람이다. 다리의 이름에는 실수로 'z'가 하나 사라진 'Verrazano'라는 표기가 적용되었는데, 한 번 붙인 이름은 그대로 쓰고 있다. 지명도가 낮은 탐험가 이름이 교량에 사용되기까지는 논란과 우여곡절이 있었다. 1963년 케네디 대통령이 암살당하자 JFK 브리지로 부르자는 주장도 나왔지만 결국 케네디의 이름은 국제공항에 붙이는 것으로 낙착을 봤다.

탐험가 베라자노의 이름이 다리에 붙는 데는 이탈리아계 주민들의 성원이 큰 역할을 했다. 그래서일까? 1977년 영화 〈토요일 밤의 열기Saturday Night Fever〉에 등장하는 이탈리아계 청년들에게는 베라자노내로스 브리지가 꿈의 실현과 자존심의 원천을 상징하는 것처럼 보인다. 이들은 심심하면 다리 난간에서 위험한 놀이를 즐기는데, 영화 후반에는 결국 소외감을 느낀 한 친구(배리 밀러Barry Miller 분)가 실족해 추락사하고 만다.

'The grass is always greener on the other side(건너편 풀밭이 언제나 더 푸르러 보인다).'라는 영어 속담이 있다. 스태튼아일랜드는 뉴욕시 다섯 보로들 중 가장 낙후된 측면도 있는데, 교외의 한적한 분위기 때문인지 브루클린 도심에서 고단하게 사는 서민들에게는 동경의 대상이 되기도 하는 모양이다. 어쩌면 베라자노내로스 브리지를 브루클린에서 스태튼아일랜드로 건너갈 때만 17달러의 통행료를 내는 관행도 그런 동경의 핍진성을 뒷받침해주는 증거인지도 모른다. 〈토요일 밤의 열기〉의 주인공 토니(존 트라볼타 분)는 좋

어벤져스
The Avengers
2012

Verrazzano-Narrows Bridge

아하는 여자를 베라자노내로스 브리지 앞으로 데려온다. 다리 너머 동네처럼, 그녀도 그에게는 동경의 대상이기 때문이었는지도 모른다.

멋지죠? 앉아봐요. 저 다리 높이가 얼마나 되는지 알아요? 교탑이 690피트나 돼요. 일 년에 4천만 대의 차량이 오가죠. 철근이 12만 7천 톤이나 들어가고, 75만 야드나 되는 콘크리트를 사용했다더군요. 가운데 상판의 길이는 4260피트예요. 진입로까지 합치면 총길이는 거의 2.5마일이나 되죠. 이 다리에 대해서라면 모르는 게 없어요. 그거 알아요? 저 다리에 산 채로 시멘트에 묻힌 사람도 있었대요. 공사 중에 시멘트를 붓고 있었는데 미끄러져서 교량 상층부에서 죽었다죠. 멍청이 같으니. 전 여기 자주 와요. 아이디어를 얻으려고요. 뭐, 대단한 생각을 하는 건 아니고, 그냥 공상에 잠기곤 해요. 공상을 자주 하는 편이거든요.

2011년 칸Cannes영화제에서 황금종려상을 수상한 테렌스 말릭 Terrence Malick 감독의 예술영화 〈트리 오브 라이프The Tree of Life〉는 우주의 시작과 지구의 변천 과정을 한 남성(숀 펜Sean Penn 분)의 가족사와 병치시킨 기묘한 영화다. 나는 너무 철학적인 예술영화는 싫어하는 편이지만, 이 영화에 관해서는 왠지 공감할 수 있다. 여러 해 전 마음고생을 겪고 있던 내게 큰 위로를 준 책이 빌 브라이슨 Bill Bryson의 《거의 모든 것의 역사A Short History of Nearly Everything》였기 때문이다. 브라이슨 특유의 재치 있는 어투로 우주와 지구의 역사를 설명한 이 책은 그토록 무겁다고 생각했던, 내 마음을 짓누르던 것들의 미미함을 간단히 증명해주었다. 말릭 감독이 스탠리 큐브릭 풍으로 장엄하게 풀어낸 영상을 통해 하고 싶었던 이야기도 그와 비슷한 것 아니었을까?

이 영화의 마지막 장면에는 뜬금없이 해협 위에 우뚝 선 베라자노내로스 브리지가 등장한다. 어쩌면 토요일 밤마다 디스코 춤

트리 오브 라이프
The Tree of Life
2011

판을 휩쓸던 브루클린 청년 토니가 이 다리를 바라보면서 꾸던 백일몽도 인간의 구조물이 우주적 질서와 만나는 접점에 관한 것이 아니었을까? 다리가 워낙 길기 때문에, 이 현수교를 버티는 두 개의 교탑은 1.3킬로미터나 떨어져 있다. 그러다 보니 평평한 바닥이 아니라 둥근 지구의 곡면을 고려하여 건설할 수밖에 없었다. 사과의 중심을 향해 똑바로 꽂아둔 두 개의 이쑤시개처럼, 두 교탑의 거리는 꼭대기 쪽이 발치 쪽보다 41밀리미터쯤 서로 더 멀다. 강철 케이블이 기온의 영향을 받아 신축하기 때문에, 한여름 다리 높이는 겨울보다 3.66미터 낮다. 우리 개개인의 삶은 우주의 질서에 대비시키면 부끄러울 정도로 왜소한 것이겠지만, 잘 들여다보면 비록 몇 밀리미터나마 우주적 의미를 발견할 수 있는 그 무엇이기도 할 터다.

브루클린 브리지Brooklyn Bridge

1883년에 완공된 브루클린 브리지는 세계 최초의 현수교로 유명하다. 이 다리는 현수교suspension bridge인 동시에 사장교斜張橋, cable-stayed bridge이기도 하다. 맨해튼 로워 이스트사이드와 브루클린 덤보Dumbo 지역을 잇는 1.8킬로미터 길이의 이 다리 위로 6개 차선과 보도, 자전거 도로가 지난다. 그 옛날에 지은 다리가 지금까지 건재한 이유는 부지런히 보수를 한 덕분이기도 하지만, 애당초 설계자였던 존 뢰블링John A. Roebling이 자기가 계산한 최소 필요 강도보다 여섯 배나 더 튼튼한 다리를 설계했기 때문이기도 하다. 하청업체가 설계보다 약한 칠선을 설치한 것으로 드러났는데, 설계자가 검토한 결과 그 철선을 사용해도 필요 강도의 여섯 배까지는 아니라도 네 배는 더 강할 것으로 판단되어 그냥 사용했다는 뒷얘기가 있을 정도다. 2001년의 타임슬립 로맨틱 코미디 〈케이트 앤 레오폴드〉는 주인공 알바니 공작 레오폴드(휴 잭맨 분)가 1876년 한창 공사가 진행되고 있는 브루클린 브리지 앞에서 설계자 뢰블링의 연설을 듣는 장면으로 시작한다.

여러분, 시간이 네 번째 차원이라는 주장이 있습니다. 하지만 생명이 유한한 우리 인간은 시간이 별개의 차원이라고 느낄 능력이 없습니다. 눈가리개를 쓴 말처럼, 우리는 눈앞의 것밖에 못 봅니다. 기껏해야 미래를 추측하고 과거를 조작하는 정도지요. 과연 우리가 어떻게 하면 이러한 시간의 족쇄를 벗어나서, 이 순간만이 아니라 계속되는 시간의 찬란한 확장을 목격할 수 있겠습니까. 제가 그 답을 알려드리겠습니다. 비밀은 우리가 창조한 성과물의 영속적인 힘에 있습니다. 이집트인들에게 피라미드가 증거하는 것처럼, 저의 영광스러운 구조물은 우리의 문명을 영원히 증거해줄 것입니다. 여러분의 눈앞에 있는, 대륙에서 가장 큰 구조물을 보십시오! 이 시대의 가장 큰 구조물! 지구상에서 가장 큰 구조물을!

케이트 & 레오폴드
Kate & Leopold
2001

이 영화에서 뢰블링은 구조물이라는 의미로 'erection'이라는 단어를 반복적으로 사용하는데, 아시다시피 현대에는 주로 '발기'라는 의미로 사용되는 단어다. 레오폴드는 이 대목에서 낄낄대는 수상한 청년(리브 슈라이버Liev Schreiber 분)의 뒤를 몰래 밟다가 브루클린 브리지 교탑 위로 올라가고, 거기서 함께 추락한 두 사람은 21세기로 시간 여행을 하게 된다. 120년 넘도록 한자리에 우뚝 서 있는 인간의 창조물을 물끄러미 바라보다 보면, 누구라도 인간 개인의 유한성과 문명의 지속성이라는 역설에 관한 묘한 느낌을 가질법하다. 이런 느낌은 사람을 조금은 더 겸손하게 만들어준다. 오늘날 우리나라에 백 년 넘는 건축물이 드물다는 사정은 그래서 서글프고 안타까운 일이다.

가장 오래된 기념물이고 보도도 있기 때문에 브루클린 브리지는 관광객들이 많이 찾는 명소가 되었다. 영화에도 그만큼 자주 등장한다. 〈Mo' Better Blues〉(1990)의 주인공 블릭(덴젤 워싱턴 분)

Dumbo | Brooklyn Bridge

은 다리 위에서 구슬픈 선율로 트럼펫을 연주했고, 〈허드슨 호크
Hudson Hawk〉(1991)의 주인공 에디(브루스 윌리스 분)는 달리는 구급차
에서 떨어진 바퀴 달린 침대를 타고 다리 위를 질주했으며, 수상한
약을 먹고 초인적인 능력을 얻은 〈리미트리스Limitless〉(2011)의 주인
공 에디(브래들리 쿠퍼 분)는 밤새 뉴욕 밤거리를 헤매다가 이 다리
위에서 약 기운이 떨어져 정신을 차렸다.

Mo' Better Blues
1990

2012년 영국 영화 〈We'll Take Manhattan〉에서 신인 모델 진
슈림튼(카렌 길런Karen Gillan 분)은 이 다리 위서 맨해튼의 스카이라인
을 배경으로 사진을 촬영하다가 피로와 추위로 쓰러졌다. 주연을
맡은 카렌 길런이라는 1987년생 스코틀랜드 태생 모델 출신 배우
는 TV 드라마에 주로 출연했고 코미디 프로그램에서 유머 감각
을 뽐내기도 했다. 한국계 배우 존 조John Cho가 주연을 맡았던 TV
드라마 〈Selfie〉(2014~2015)의 여주인공이 그녀였다. 〈We'll Take
Manhattan〉으로 인지도를 높인 덕분에 〈가디언즈 오브 갤럭시
Guardians of the Galaxy〉 시리즈나 〈쥬만지: 새로운 세계Jumanji: Welcome to the
Jungle〉 같은 블록버스터에 출연하면서 몸값이 높아지고 있다.

1998년 〈고질라〉의 괴물 고질라는 브루클린 브리지 위에서
철선에 휘감긴 채 공군기의 미사일을 옆구리에 맞고 장렬한 최후
를 맞이했는데, 그로부터 10년 뒤 〈클로버필드〉에서는 반대로 괴
물이 이 다리를 공격해서 피난 가던 많은 시민들이 죽었다. 〈어메
이징 스파이더맨 2〉(2014)에서는 스파이더맨이 이 다리를 메시지
보드로 활용한다. 영국으로 유학을 떠나는 여자 친구를 향해 다리
난간에 거미줄로 커다랗게 'I Love You.'라는 글자를 써놓았던 것
이다. 스파이더맨 영화를 볼 때마다 궁금했다. 거미줄 청소는 누가
하지?

〈인사이드 르윈〉의 등장인물 롤랜드의 말처럼, 브루클린 브리
지는 자살 기도 때문에 종종 몸살을 앓는다. 1996년의 로맨틱 코
미디 〈If Lucy Fell〉의 남녀 주인공 루시(사라 제시카 파커 분)와 조(에

릭 쉐퍼Eric Schaeffer 분)는 대학 동창 사이인데, 한 달 내로 진정한 사랑의 대상을 구하지 못하면 이 다리에서 함께 뛰어내린다는 치기 어린 약속을 한다. 덕분에 이 영화의 라스트 신은 브루클린 브리지의 멋진 야경으로 장식되어 있다.

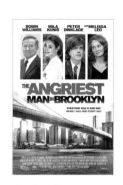

앵그리스트맨
The Angriest Man in
Brooklyn
2014

이스라엘 영화를 리메이크한 2014년의 〈앵그리스트맨The Angriest Man in Brooklyn〉에서는 로빈 윌리엄스가 연기하는 주인공 헨리가 다리 난간에서 뛰어내린다. 병원에서 뇌동맥류 진단을 받고 난동을 부리는 바람에 담당 의사 샤론(밀라 쿠니스 분)이 홧김에 90분의 시한부 선고를 해버렸기 때문이었다. 용케 이곳까지 그를 추적해 온 샤론이 이스트강에서 그를 건져내 목숨을 구해준다. 별점 세 개는 망설임 없이 줄 수 있는 코미디 드라마지만, 40년 넘게 미국에서 가장 열정적인 희극배우 노릇을 해왔던 로빈 윌리엄스가 이 영화가 개봉한 지 불과 석 달 만에 자택에서 자살로 생을 마감했다는 사실을 상기하면 마음 편히 볼 수 없는 영화이기도 하다. 이 영화에서 그가 병상에서 읊는 대사는 로빈 윌리엄스 자신에게 미리 바친 조사라고 해도 좋을 것 같다. 언제 죽느냐보다 살아 있는 동안에 어떤 삶을 살았느냐가 중요하다는 뜻이었으리라.

내 묘비명에는 이렇게 써다오. '헨리 알트만, 1951 대시(一) 2014.' 지금까지는 몰랐는데, 연도가 중요한 게 아니었어. 중요한 건 '대시'였단다.

판타스틱 4
Fantastic Four
2005

2005년판 〈판타스틱 4Fantastic Four〉에서는 추하게 변해버린 자기 모습을 비관한 벤(마이클 치클리스Michael Chiklis 분)이 브루클린 브리시에 혼자 앉아 있다가, 때마침 자살하려는 사람을 발견하고 구해주는데, 그 과정에서 다중 추돌 사고가 벌어진다. 여기서 네 명의 슈퍼히어로들은 (따지고 보면 자기들 때문에 생긴) 위험에서 시민들을 구해주고 영웅으로 주목을 받는다. 이와 흡사하게 아슬아슬한 장면은 반려동물들의 모험을 그린 2016년 애니메이션 〈마이펫의 이

중생활The Secret Life of Pets〉에도 등장한다. 동물들은 친구를 잡아가는
동물관리센터 차량을 버스로 들이받아 브루클린 브리지에 일대 혼
란을 초래하고, 주인공 강아지 맥스는 강물에 빠져 위험에 처한다.

　　몇몇 영화에서 브루클린 브리지는 주인공의 감상적인 '귀환'
을 상징하기도 했다. 우디 앨런 감독의 2016년 작품 〈카페 소사이
어티Café Society〉의 줄거리는 어찌 보면 〈라라랜드La La Land〉의 해설판
처럼 보이기도 한다. 로스앤젤레스의 삼촌을 찾아가 영화계에서
출세를 해보려는 주인공 바비를 제시 아이젠버그가 연기한다. 그
가 실연의 아픔을 안고 뉴욕 집으로 돌아오는 장면에서, 이 영화는
브루클린 브리지의 뒤편으로 펼쳐지는 1930년대 맨해튼의 스카이
라인을 재현했다. 2017년 〈존 윅: 리로드〉에서는 악당의 공격으로
집이 불타버린 뒤 주인공 존(키아누 리브스 분)이 키우던 개를 데리
고 터덜터덜 걸어서 브루클린 브리지를 건넌다. 존 윅이 이 다리를
건너 맨해튼으로 들어오는 것은 가장 유능한 킬러가 은퇴 생활을
접고 현역으로 복귀하는 것을 뜻했다.

맨해튼 브리지Manhattan Bridge

각선미라는 단어를 섬과 섬을 잇는 다리에도 쓸 수 있다면, 뉴욕
다리의 가장 요염한 자태를 볼 수 있는 장소는 브루클린 서안의 덤
보다. 아기 코끼리 이름이 아니라, 맨해튼 브리지 고가 밑 동네Down
Under the Manhattan Bridge Overpass의 앞 글자를 딴 이름이다. 19세기에 증
기선이 이스트강을 오가며 로워 맨해튼과 하나의 상권으로 이어
준 덕분에 브루클린에서 가장 먼저 도시화가 진행된 곳이 이 동네
였다. 돌로 포장된 길이며, 커다란 창고 건물들, 저만치서 거리를
굽어보는 맨해튼 브리지의 위압적인 모습이 덤보 특유의 분위기를
만들어냈다.

　　이 거리에 상자공장, 비누공장, 제분소 등이 늘어서 있던 1920

마이펫의 이중생활
The Secret Life of Pets
2016

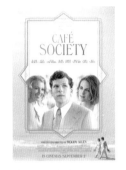

카페 소사이어티
cafe society
2016

존 윅: 리로드
John Wick: Chapter 2
2017

원스 어폰 어 타임 인
어메리카
Once Upon a Time in
America
1984

년대의 풍경을 담은 영화가 세르지오 레오네Sergio Leone 감독의 〈원스 어폰 어 타임 인 아메리카Once Upon a Time in America〉(1984)였다. 레오네 감독은 원래 1920년부터 1968년에 이르는 방대한 대하드라마를 6시간 분량으로 만들어 3시간짜리 두 편으로 상영하고 싶어 했다. 제작자 측의 요청으로 눈물을 머금고 229분으로 줄이기는 했는데, 결국 미국 영화관에서 상영된 것은 제작사가 멋대로 더 가위질을 한 144분짜리 영화였다. 그 때문에 레오네 감독의 마지막 걸작이 되었어야 할 이 영화는 비평가와 관객으로부터 외면당하고 아카데미상 후보에도 오르지 못했다. 229분짜리 DVD가 출시되고 나서 뒤늦게 정당한 평가를 받고 있으니 그나마 다행이다.

유태인 갱 해리 그레이Harry Grey의 자전적 소설을 바탕으로 한 이 영화의 주인공은 누들즈(로버트 드니로 분)와 맥스(제임스 우즈 James Woods 분)다. 이들이 어린 시절 만나서 갱단으로 성장하는 근거지는 맨해튼의 로워 이스트사이드지만, 영화에서 엔니오 모리코네 Ennio Morricone의 음악을 배경으로 소년들이 몰려다니던 장면 중 관객의 뇌리에 가장 깊게 각인된 장면은 덤보 워싱턴가Washington St에서 맨해튼 브리지의 교각이 배경으로 등장하던 장면이었다. 이 장면은 영화의 포스터로도 사용되었고, 훗날 '무한도전'의 멤버들이 롱코트를 걸치고 흑백사진을 찍으며 흉내 낼 정도로 세계적인 컬트로 자리 잡았다.

1909년에 개통된 총 길이 2.1킬로미터의 이 다리는 맨해튼 커널가Canal St와 브루클린 플랫부시가Flatbush Ave를 이어준다. 오늘날에는 상하층 총 7개 차선과 보도만이 아니라 지하철 4개 선로도 이 다리를 통과한다. 발 킬머 주연의 〈배트맨 3: 포에버〉(1955)에서는 악당 투페이스(토미 리 존스 분)의 은신처가 맨해튼 브리지의 브루클린 쪽 교각 부근이었다. 동서 진영 간 첩보전이 한창이던 1950년대를 배경으로 하는 2015년 영화 〈스파이 브릿지Bridge of Spies〉는 독일의 첩자 루돌프 아벨이 맨해튼 브리지 교각 옆의 작업실을 나와 앵커리지 플레이스Anchorage Place를 걷는 장면으로 시작한다. 다리 위를 지나는 차들의 소음이 산만하게 들려오고, FBI의 미행이 그를 따라붙었다.

덤보의 길거리는 〈여인의 향기Scent of a Woman〉(1992), 〈바닐라 스카이〉(2001), 〈25시〉(2002)에도 등장한다. 배경으로 등장하는 맨해튼 브리지는 다른 거리에서 느낄 수 없는 처연한 무력감을 자아낸다. 육중한 교각이 구식 돌길을 짓누르는 화면의 미장센Mise-en-Scène 덕분이 아닐까 싶다. 봉준호 감독의 2017년 영화 〈옥자Okja〉에서는 강원도 두메산골에서 자란 슈퍼 돼지 옥자가 이 다리를 건너 뉴욕으로 왔다. 트럭의 짐칸에서 옥자의 눈으로 내다본 이 다리의 전경도 처연하고 무력했다.

스파이 브릿지
Bridge of Spies
2015

윌리엄스버그 브리지Williamsburg Bridge

1903년에 완공된 길이 2.2킬로미터의 현수교로, 총 8개 차선과 3개 지하철 노선의 2개 선로, 보도와 자전거 도로가 맨해튼 딜랜시가와 브루클린 윌리엄스버그 지역을 잇고 있다. 윌리엄스버그 지역은 '새로운 소호'로 여겨질 정도로 젊은 직장인, 예술가들에게 인기가 높다. 멋쟁이 가게와 음식점도 빠른 속도로 늘어나는 추세다. 그에 따라 윌리엄스버그 브리지 이용자 수도 늘고 있다.

옥자
Okja
2017

노아 바움백 감독의 스크루볼 코미디(로 만들려고 했던 것처럼 보이는) 2015년 영화 〈미스트리스 아메리카Mistress America〉에서 발랄한 뉴요커 브룩(그레타 거윅 분)의 꿈은 윌리엄스버그에 식당을 여는 거였다. 브룩의 아버지는 대학생 트레이시(롤라 커크Lola Kirke 분)의 어머니와 재혼을 준비 중이었기 때문에, 브룩과 트레이시는 의붓 자매가 될 것으로 기대하고 있는 묘한 사이다. 트레이시는 브룩에게 식당을 열면 자기를 웨이트리스로 써달라고 부탁한다. 브룩은 식당으로 꾸미려는 빈 건물에 트레이시를 데려간다. 브룩의 설

Williamsburg Bridge | Manhattan Bridge

명은 윌리엄스버그의 최근 분위기를 짐작할 수 있게 해준다.

미스트리스 아메리카
Mistress America
2015

브룩: 낮 시간 동안 이 앞쪽은 가게처럼 꾸밀 거야. 잡화점이나 진짜 좋은 식품점처럼 유럽산 캔디 같은 걸 갖다 놓고. 월요일에 시연을 하고 4월에 개점하려고 해. 요리 강습도 열 거고, 머리도 자를 수 있도록 할 거야. 커뮤니티센터, 레스토랑, 잡화점이 한곳에 있는 거지. 사람들이 정말로 시간을 보내고 싶어 하는 장소가 될 거야. 어렸을 때 그런 곳이 있었으면 하고 바랐거든.

트레이시: 응, 뉴저지 교외는 그런 걸 차리기엔 영 별로지.

브룩: 접시도 다 특색 있는 걸 쓰려고 해. 보여줄게.

트레이시: 나 여기서 웨이트리스로 일해도 돼?

브룩: 이 접시들 좀 봐

트레이시: 맙소사. 접시들을 많이도 가지고 있네.

브룩: 아주 오래전부터 접시를 모았어. 이유도 없이 그랬는데, 이제 이유가 생겼네.

트레이시: 정말 멋진 식당이 될 거 같아.

브룩: 나도 그럴 거라고 생각해.

트레이시: 언니가 요리도 할 거야?

브룩: 아니. 메뉴는 내가 개발하겠지만, 필요할 때만 도우려고 해. 정식 요리사는 아니라도 집에서 요리하는 거 정말 좋아하거든. 예전에 항상 엄마랑 함께 요리를 했어. 그게 이 식당 이름이야. '엄마네(Mom's)'. 소유격으로.

트레이시: '엄마네 저녁 먹으러 가자.' 완전 괜찮은데! 근데 나 웨이트리스 시켜줄 거야?

How to Be Single
2016

　뉴욕에서 일하는 젊은 여성들의 '모험담'을 그린 2016년 코미디 〈How to Be Single〉에서 법률회사 사무원으로 근무하는 주인공 앨리스(다코타 존슨 분)는 언니 집에서 신세를 지다가 혼자 살 아파트를 찾아 나선다. 그녀가 뉴욕에서 독립의 꿈을 이룬 작은 아파트도 윌리엄스버그 브리지가 저만치 보이는 브로드웨이 149번지였다.

2014년 영화 〈브루클린의 멋진 주말Ruth & Alex, 5 Flights Up〉의 주인공들도 창밖에 윌리엄스버그 브리지가 보이는 아파트에 산다. 흑인 화가 알렉스(모건 프리먼 분)와 백인 퇴직 교사 루스(다이안 키튼 분)가 40년 전 브루클린 베드퍼드가Bedford Ave 327번지 5층의 아파트에 입주했을 때 값싼 변두리였던 윌리엄스버그는 이제 번화가가 되었다. 노부부는 승강기가 없는 5층 계단을 오르내리기 버거워졌기 때문에 정든 아파트를 팔고 맨해튼으로 이사할 계획을 세운다. 두 사람이 집을 내놓고 새집을 알아보기 시작할 무렵, 누군가가 윌리엄스버그 브리지 한복판에 유조차를 세워두고 사라진다. 운전자인 무슬림 청년은 테러 용의자로 수배되고, 이 사건 때문에 집값도 떨어진다. 이 영화에서 윌리엄스버그 브리지는 정든 집과 비정한 도시 사이, 나와 타인 사이를 잇는 통로처럼 보인다.

브루클린의 멋진 주말
Ruth & Alex, 5 Flights Up
2014

윌리엄스버그 브리지와 관련된 가장 중요한 영화는 아마 1948년의 흑백 스릴러 〈The Naked City〉일 것이다. 아카데미 촬영상과 편집상을 수상한 이 영화는 살인 사건을 해결하는 경찰의 수사 과정을 담담하고 차분하게 풀어냈다. 느와르라기보다는 오히려 다큐멘터리 같은 느낌이 더 짙다. 신문기자 출신 제작자 마크 헬린저Mark Hellinger가 영화의 내레이션을 손수 맡았는데, 영화가 개봉되기 한 해 전 심장마비로 세상을 떠났다. 여느 느와르 영화들과는 달리 뉴욕 현지촬영을 고집한 점이 특이한데, 행인들의 자연스러운 모습을 담기 위해 몰래 카메라처럼 숨어서 촬영을 했다고 한다. 클라이맥스에서 살인범(테드 데 코르시아Ted de Corsia 분)은 윌리엄스버그 브리지의 교각 위로 도주한다. 출로가 없는 교각 위를 오르는 그의 고집스러운 도주는 절망적이다. 무모하게 경찰들을 향해 총을 쏴대던 살인범은 결국 추락하는 것은 날개가 없음을 보여준다. 그러거나 말거나 이스트강은 평화롭게 흐르고, 도시의 마천루들은 무심히 서 있을 뿐이다.

The Naked City
1948

퀸스보로 브리지Queensboro Bridge

1909년에 완공된 퀸스보로 브리지는 외팔보cantilever라는 특이한 방식의 교량이다. 고정된 한쪽 교각으로 지탱하면서 다른 끝의 들보는 하중을 받지 않는 방식을 말한다. 그래서 철골로 감싼 독특한 구조물이 되었다. 근처에 있는 다른 현수교들이 우아하다면, 철골투성이의 이 다리는 투박하다. 퀸스의 서민적인 분위기와도 잘 어울리기 때문에 〈Taxi〉, 〈The King of Queens〉 등 퀸스를 배경으로 하는 시트콤에도 자주 등장했다. 〈나 홀로 집에 2: 뉴욕을 헤매다〉(1992)의 케빈이 그랬듯이, 뉴욕 공항에 비행기로 도착하는 관광객들은 대개 이 다리를 건너 맨해튼으로 들어오면서 장엄한 스카이라인에 감탄하기 마련이다.

철골로 감싼 퀸스보로 브리지는 다른 다리들보다 밖에서 들여다보기도 더 어렵다. 그래서 영화 속에서는 다리를 통과하며 몸을 숨기려는 주인공들이 퀸스보로 브리지를 애용한다. 〈컨스피러시〉(1997)에서 CIA에 쫓기고 있던 주인공 제리(멜 깁슨 분)가 추적자를 따돌릴 때 이 다리의 아래층에서 자동차를 갈아탔다. 〈솔트Salt〉(2010)에서 러시아 대통령을 공격하고 체포된 CIA 요원 솔트(안젤리나 졸리Angelina Jolie 분)도 호송 차량이 퀸스보로 브리지 아래층에 접어들었을 때 호송 경관들을 공격하고 탈출한다. 〈나우 유씨 미: 마술사기단Now You See Me〉(2013)에서는 경찰에 쫓기던 마술사 잭(데이브 프랑코Dave Franco 분)이 퀸스보로 브리지 위에서 차량 전복 사고로 죽은 것처럼 경찰을 속였다.

아담 샌들러 주연 2003년 코미디 〈성질 죽이기Anger Management〉의 주인공은 내성적인 성격으로 언제나 손해를 보는 데이비드다. 그는 비행기 여행 도중의 해프닝 때문에 법원으로부터 정신과 상담 명령을 받는다. 하지만 잭 니콜슨Jack Nicholson이 연기하는 담당의사 버디 박사는 그를 치료하기는커녕 한없이 느물대며 그의 성

성질 죽이기
Anger Management
2003

독재자
The Dictator
2012

다크 나이트 라이즈
The Dark Knight Rises
2012

어벤져스: 인피니티 워
Avengers: Infinity War
2018

질을 돋우려는 것처럼 보인다. 출근하는 데이비드의 승용차에 동승한 버디 박사는 퀸스보로 브리지 한가운데 정차하라고 시키더니 마음이 가라앉을 때까지 〈I Feel Pretty〉라는 노래를 부르도록 시킨다. 스쳐가는 운전자들로부터 형형색색의 욕을 얻어먹으면서.

사샤 바론 코헨Sacha Baron Cohen 주연 2012년 코미디 〈독재자The Dictator〉의 주인공 알라딘은 '와디아'라는 나라의 독재자였다. 그는 자기가 죽은 것으로 알려지자 자국민들이 축제를 벌이는 모습을 뉴스로 본 뒤 퀸스보로 브리지에 매달려 자살하려 한다. 연락을 받고 달려온 옛 부하가 '인권과 자유의 확산을 막을 사람은 당신뿐'이라고 부추기자(?) 그는 마음을 고쳐먹고 '북한의 산맥에서 짐바브웨의 정글에 이르기까지' 세계에서 가장 위대한 독재자가 되겠다며 난간에서 내려온다.

크리스토퍼 놀란 감독은 2012년의 〈다크 나이트 라이즈〉만큼은 전편들과 달리 시카고가 아닌 뉴욕시를 배경으로 촬영했다. 악당 베인(톰 하디Tom Hardy 분) 일당은 도시로 진입하는 모든 터널과 교량을 파괴하고 퀸스보로 브리지 하나만을 남겨둔다. 한 사람이라도 이 다리를 건너면 도심에 설치한 중성자탄을 폭파시키겠다는 위협에 뉴욕 경찰은 마지못해 다리를 봉쇄하는 악역을 맡는다. 배트맨이 폭탄을 해체하려고 싸우는 동안 젊은 경관 로빈 존 블레이크(조셉 고든 레빗 분)는 아이들을 스쿨버스에 태워 대피시키려 하는데, 고지식한 경찰관들은 결국 퀸스보로 브리지마저 끊어버리고 만다.

2018년 〈어벤져스: 인피니티 워Avengers: Infinity War〉에서는 스쿨버스를 타고 퀸스보로 브리지를 건너가던 피터 파커(톰 홀랜드Tom Holland 분)가 저 멀리 그리니치빌리지 상공의 우주선을 발견하고 친구에게 주의를 끌어달라고 부탁하고는 창밖으로 뛰어내리더니 브리지 너머 맨해튼을 향해 도약해 갔다.

맨해튼 59가에서 루스벨트 아일랜드를 지나 퀸스로 이어지는 이 다리의 총 길이는 2.3킬로미터 정도이고, 아래위층 총 10개 차선, 1개 보도와 자전거 도로가 통과한다. 59가와 연결된다 해서 59가 브리지The 59th Street Bridge라는 별명도 가지고 있다. 사이먼과 가펑클Simon and Garfunkel은 1966년 앨범에 〈The 59th Street Bridge Song〉이라는 노래를 발표했다. 〈Feelin' Groovy〉라는 제목으로도 알려진 이 노래를 듣고 또 들으며 중학교 시절 나는 이 다리를 얼마나 직접 보고 싶었던지.

속도를 줄여요, 너무 빨리 달리시는군요.
아침 시간을 좀 더 느긋하게 즐겨야죠.
자갈을 발로 차면서
재미난 일을 찾으며 흥겨움을 느껴봐요.

가로등 안녕? 무슨 소식 없니?
네 발치의 꽃들이 자라는 걸 보러 왔어.
나한테 들려줄 시는 없니?
두잇두두, 흥겨움을 느껴봐.

할 일도 없고, 지킬 약속도 없고
나는 얼룩지고 고단해서 잠들려고 해.
아침이 내 위에 꽃잎을 떨굴 거야.
인생, 나는 너를 사랑해. 모든 게 흥겹구나.

Riverside roads

뉴저지에서 조지 워싱턴 브리지를 건너 맨해튼으로 들어오면 서쪽 강변을 따라 헨리 허드슨 파크웨이Henry Hudson Parkway 드라이브가 펼쳐진다. 1937년에 완공된 뒤 꾸준히 확장 및 보수가 이루어져온 이 도로는 72가72nd St 남쪽부터는 웨스트사이드 하이웨이West Side Highway라는 이름으로 바뀐다. 맨해튼의 남단인 배터리 공원부터 이스트강을 끼고 맨해튼 동안東岸을 따라 달리는 강변도로의 이름은 FDR 드라이브Franklin D. Roosevelt East River Drive다. 1955년에 개통된 15킬로미터 구간의 FDR 드라이브는 영화에 자주 등장한다.

벤 애플릭Ben Affleck, 사무엘 L. 잭슨 주연의 2002년 영화 〈체인징 레인스Changing Lanes〉에서는 급한 용무로 촌각을 다투던 두 사내가 FDR에서 접촉 사고를 일으킨다. 언뜻 보면 사소해 보이는 이 사고로 두 사람 모두의 인생에 중대한 차질이 생기고, 둘은 물러설 수 없는 싸움을 시작한다. 나는 3년 동안 출퇴근하느라 FDR을 오갔는데, 접촉 사고 정도는 다반사다. 통행량이 워낙 많다 보니 아무리 보수공사를 해도 FDR의 아스팔트는 구멍투성이다.

이 길 위로 은막의 스타들은 추격전을 벌인다. 〈007 죽느냐 사느냐Live and Let Die〉(1973)에서는 제임스 본드(로저 무어Roger Moore 분)가 탄 차량이 악당의 공격을 받았고, 〈블랙 레인Black Rain〉(1989)에서는 건달 같은 경관(마이클 더글러스Michael Douglas 분)이 건달과 오토바이 내기 경주를 벌였다. 〈본 콜렉터〉(1999)에서는 풋내기 경찰(안젤리나 졸리 분)이 연쇄살인마를 잡기 위해 질주했고, 〈본 얼티메이텀The Bourne Ultimatum〉(2007)의 제이슨 본(맷 데이먼 분)은 경찰차를 훔쳐 타고 CIA 요원의 추격을 피해 달렸다.

목숨을 건 추격전이 영화처럼 자주 벌어지는 건 아니지만, 관

체인징 레인스
Changing Lanes
2002

007 죽느냐 사느냐
Live and Let Die
1973

Riverside road

블랙 레인
Black Rain
1989

광객들에게는 FDR 드라이브 이용을 별로 권하고 싶지 않다. 숙련된 이용자가 아니면 출입구를 제대로 찾아 드나드는 것도 쉬운 일은 아니다. 다만 23가²³rd St 남쪽으로 배터리 공원까지는 FDR 드라이브와 나란히 강변을 따라 달릴 수 있는 자전거 도로와 보행자 도로가 있으니, 기회가 있으면 그 길은 마음 놓고 산책을 해봐도 좋겠다.

Chapter 3. 호텔

세상과 차단되어 있으므로,
어쩔 수 없이 나는 간혹 나 자신이 그림자 세계를
걸어 다니는 그림자처럼 느껴질 때가 있다.
이럴 때면 나는 뉴욕에 데려다 달라고 한다.
항상 녹초가 되어 돌아오지만,
인류가 진짜 육신으로 이루어진 존재이고,
나 자신도 미망이 아니라는 편안한 확신을 얻는다.

– 헬렌 켈러 Helen Keller

뉴욕으로 여행할 독자들의 편의를 위해 평점을 부여하였다.
호텔 평점의 별표는 hotels.com, hotelscombined.com, booking.com 등 관련 사이트의 평가를 참조했다.

콘티넨털 호텔

Continental Hotel(John Wick)

없는 호텔 먼저 소개할까 한다. 키아누 리브스 주연의 2014년 액션 영화 〈존 윅John Wick〉에 등장하는 고딕풍의 콘티넨털 호텔은 이름은 그럴듯하지만 영화 속에만 존재한다. 월가 근처의 비버 빌딩 Beaver Building에서 촬영했다. 플랫아이언 빌딩을 닮은 납작한 세모꼴의 이 건물은 1904년 완공되었고, 지금은 주상 복합 콘도미니엄 건물로 사용되고 있다. 영화 속 콘티넨털 호텔은 암살자들이 서로를 해칠 수 없는 불문율이 작용하는 공간이다. 주인공 존 윅은 여기서 공격을 당한다. 이튿날 아침, 체크아웃 하는 그에게 호텔 직원은 '어젯밤의 불행한 사건에 사과하는 의미로 호텔 측이 준비한 작별 선물'이라며 자동차 열쇠를 건넨다. 그를 공격했던 암살자 퍼킨스

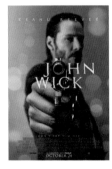

존 윅
John Wick
2014

(아드리안 팔리키Adrianne Palicki 분)는 며칠 후 센트럴파크에서 처단당한다. 콘티넨털 호텔 회원 자격이 취소되었다는 인사말과 함께.

비버 빌딩
☛ 26 Beaver St, New York, NY 10004
☎ +1 212-344-2335

The Jane

지금은 부티크 호텔이지만 1908년 완공되었을 무렵에는 선원들을 위한 숙소로 사용되었다. 1912년에는 타이타닉호의 생존자들이 이곳에서 묵기도 했다. 한때 리버뷰 호텔이라는 이름으로 쇠락해 가던 이 호텔은 2008년에 새롭게 단장했다.

마크 웹Marc Webb 감독의 2017년 영화 〈리빙보이 인 뉴욕The Only Living Boy in New York〉의 클라이맥스가 이 호텔에서 전개된다. 대학을 갓 졸업한 부잣집 외아들 토머스(칼럼 터너Callum Turner 분)는 어퍼 웨스트사이드의 집을 나와 로워 이스트사이드의 허름한 아파트에 산다. 토머스는 이웃에 사는 중년 남자 W. F.(제프 브리지스Jeff Bridges 분)에게 여자 친구 미미(키어시 클레몬스Kiersey Clemons 분)에게서 느끼는 감정 따위를 털어놓으며 친구가 된다. 어느 날 토머스는 출판업

리빙보이 인 뉴욕
The·Only Living Boy in New York
2017

자인 자기 아버지(피어스 브로스넌Pierce Bronsan 분)가 젊은 미녀 조한나(케이트 베킨세일Kate Beckinsale 분)와 바람을 피우는 장면을 목격한다. 토머스는 조한나를 미행하면서 그녀에게 분노와 걱정과 집착이 뒤섞인 묘한 감정을 느낀다. 제인 호텔은 토머스의 아버지가 출판 관계자들과 지인들을 초대해 파티를 여는 장소다. 주요 등장인물들이 처음으로 한자리에 모인다. 토머스의 부모, 여자 친구 미미, 조한나, 그리고 W. F.가 이곳에 온다. 그 뒤로 남은 영화의 20분은 한껏 꼬인 이들 인간관계의 실타래를 풀어내는 데 필요한 시간이다.

제인 호텔

☏ 113 Jane St, New York, NY 10014

🖵 thejanenyc.com

☎ +1 212-924-6700

★★☆☆☆

Hotel Chelsea

1885년에 지은 붉은 벽돌 건물이다. 독특한 외관을 뽐내는 이 12층 건물은 지어졌을 당시만 해도 뉴욕에서 가장 높은 건물이었다. 2011년부터 영업을 중단하고 보수공사에 들어갔는데, 2019년에 재개장 예정이라고 한다.

오랜 세월 동안 여러 작가와 예술가들이 이곳을 애용했다. 아더 클라크Arthur C. Clarke가 〈2001: A Space Odyssey〉를 집필한 것도 여기였고, 딜란 토머스Dylan Thomas가 숨을 거둔 곳도 여기였다. 아더 밀러Arthur Miller는 이 호텔에서의 생활을 담은 〈첼시 정서The Chelsea Affect〉라는 글을 남겼다. 특히 1960년대에 첼시 호텔은 전위 예술가들의 보금자리였다.

앤디 워홀은 1966년 여기서 자신의 영화 〈Chelsea Girls〉를 촬영했다. 이 영화에 출연했던 모델 에디 세지위크Edie Sedgwick의 사연은 시에나 밀러Sienna Miller 주연의 2006년 영화 〈The Factory Girl〉에도 담겨 있다.

1978년에는 록 그룹 섹스 피스톨즈Sex Pistols의 베이시스트 시드 비셔스Sid Vicious

의 애인 낸시 스펀전Nancy Spungen이 이 호텔에서 칼에 찔린 시신으로 발견되었다. 헤로인 중독자였던 이 불행한 연인들의 이야기는 1986년 〈Sid and Nancy〉라는 영화로 만들어졌다. 개리 올드먼Gary Oldman과 클로이 웹Chloe Webb이 주연을 맡았다.

Sid and Nancy
1986

에이드리언 라인Adrian Lyne 감독의 1986년작 〈나인 하프 위크Nine 1/2 Weeks〉는 아름다운 두 남녀가 만나 시작한 사랑이 변태적 육욕으로 변질되는 과정을 감각적으로 그렸다. 존(미키 루크 분)은 엘리자베스(킴 베이싱어Kim Basinger 분)를 첼시 호텔의 906호실로 불러 눈가리개를 한다. 그 눈가리개를 풀어주는 건 존이 고용한 매춘부였고, 엘리자베스는 모욕감을 참지 못하고 호텔을 뛰쳐나간다.

1994년작 〈레옹Leon〉에서 암살자 레옹(장 르노 분)과 소녀 마틸다(나탈리 포트먼 분)가 서로 이웃해 살던 아파트도 첼시 호텔에서 촬영했다.

호텔 첼시

☎ 222 W 23rd St,
New York, NY 10011

☎ +1 817-567-7735

보수공사 중 (2019년에
재개장 예정)

Hotel 17

17가에 있다고 17이라는 이름을 붙인 호텔이다. 저렴하지만 작고, 작지만 청결하고, 청결하지만 공용 화장실을 써야 하는 호텔이라고 한다.

　우디 앨런이 감독, 극본, 주연을 맡은 1993년 코미디 〈Manhattan Murder Mystery〉에 월드론 호텔이라는 이름으로 등장한다. 어퍼 이스트사이드에 사는 주부 캐럴(다이안 키튼 분)은 이웃집 노부인을 그 남편 하우스 씨(제리 애들러Jerry Adler 분)가 살해했을 거라는 심증을 가지고 그의 뒤를 캔다. 캐럴의 남편 래리(우디 앨런 분)는 아내의 지나친 상상을 나무란다.

Manhattan Murder
Mystery
1993

캐럴: 우리 이웃이 살인자일지도 모른다고요.
래리: 어차피 뉴욕은 멜팅 팟Melting Pot이야. 나는 온갖 사람과 섞여 사는 데 익숙하다고.

　캐럴과 래리는 이 호텔에서 이미 죽은 줄만 알았던 하우스 부인을 목격한다. 하우스 씨가 살인범이냐 아니냐는 중요하지 않다. 이웃의 악행을 상상하며 스릴을 느끼는 뉴욕 소시민의 모습이 이 코미디의 핵심이다.

호텔 17
....
☛ 225 E 17th St, New York, NY 10003
🏠 hotel17ny.com
☎ +1 212-475-2845
★★☆☆☆

그래머시 파크 호텔

Gramercy Park Hotel

그래머시 파크에서 가까운 호텔이다. 1925년에 지은 이 호텔에서 험프리 보가트Humphrey Bogart가 첫 번째 결혼식을 했고, 밥 말리Bob Marley나 밥 딜런Bob Dylan 같은 음악인들도 자주 숙박을 했다. 아르헨티나 출신 록 가수 찰리 가르시아Charly García와 페드로 아스나르Pedro Aznar는 〈Gramercy Park Hotel〉이라는 노래를 발표하기도 했다.

　카메론 크로우Cameron Crowe 감독의 2000년 영화 〈Almost Famous〉는 1973년을 배경으로 15세 소년이 록 그룹과 함께 버스를 타고 전국 공연 투어를 하면서 겪는 일을 그렸다. 그들이 마지막에 도착하는 곳이 뉴욕이다. 미국의 다른 지역을 여행하다가 뉴욕에 도착하면 뉴욕이 얼마나 특이하고 대단한 도시인지 훅 하고 실감이 난다. 뉴욕에서 이들이 묵는 숙소가 그래머시 파크 호텔이었다.

Almost Famous
2000

그래머시 파크 호텔

☞ 2 Lexington Ave,
New York, NY 10010
⊟ gramercyparkhotel.
com
☎ +1 212-920-3300
★★★★★

Royalton Park Avenue Hotel

세련된 음악이 흐르는 타이틀 롤의 배경으로 콜럼버스 서클, 크라이슬러 빌딩 등 맨해튼의 상공을 비추던 카메라가 호텔 객실 테라스에 서서 거리를 내려다보는 윌 스미스를 포착한다. 그는 고급 식당에 전화를 걸어 저녁 식사를 예약한다. 잠시 후 그 식당에서 그의 본색이 사기꾼이라는 사실이 드러날 터다.

2015년 영화 〈포커스〉의 시작 부분에 등장했던 이 호텔의 이름은 촬영 당시 갠스부르트 파크 애비뉴Gansevoort Park Ave였는데 지금은 로열턴 그룹이 운영한다.

포커스
Focus
2015

로열턴 파크 애비뉴
호텔

☛ 420 Park Ave S,
New York, NY 10016
🖧 royaltonparkave
nue.com
☎ +1 212-317-2900
★★★★☆

애플코어 호텔

The Hotel @ New York City

톰 행크스 주연 2004년 영화 〈터미널〉에서 9개월 동안이나 터미널
에 갇혀 지내던 주인공 빅토르 나보스키는 영화의 엔드 크레디트
end credit를 10여 분 앞둔 지점에서야 성긴 눈발이 날리는 공항 밖으
로 나온다. 거기서 택시를 잡아탄 빅토르는 렉싱턴가 161번지로
가자고 한다. 로비에 들어선 그는 곧장 라운지 바로 향한다. 마침 재
즈 색소포니스트 베니 골슨의 밴드가 히트곡 〈Killer Joe〉 연주를 시
작하려던 참이다. 빅토르가 공항에서 온갖 고생을 무릅썼던 이유는
여기서 베니 골슨을 만나기 위한 것이었다.

　이때만 해도 코리아 타운과 킵스 베이 사이에 위치한 이 호텔의
이름은 라마다 뉴욕 이스트사이드였는데 언제부터인지 애플코어로
바뀌었다.

애플코어 호텔

☞ 161 Lexington Ave,
New York, NY 10016
🖥 applecorehotels.
com
☎ +1 212-790-2710
★★★☆☆

Hotel Carter

타임스스퀘어의 뒷골목에 있다. 와이파이 요금도 따로 내야 하는 허름한 호텔이지만, 이래 봬도 1929년부터 영업을 시작했다. 1976년까지는 딕시 호텔Dixie Hotel이라는 이름으로 영업했다. 근년에는 빈대가 창궐하는 지저분한 호텔로 유명세를 얻기도 했다. 살인 사건, 사망 사건, 자살 사건이 고르게 일어나는 느와르 소설 속의 호텔을 연상시키는 곳이다.

　찰스 디킨스의 소설을 현대물로 번안한 알폰소 쿠아론Alfonso Cuarón 감독의 1998년 영화 〈위대한 유산Great Expectations〉의 일부 장면을 여기서 촬영했다. 화가가 되기 위해 바닷가 시골에서 뉴욕으로 와 호텔에 묵고 있는 핀(에단 호크Ethan Hawke 분)의 객실로 어린 시

위대한 유산
Great Expectations
1998

절의 여자 친구 에스텔라가 찾아온다. 기네스 펠트로Gwyneth Paltrow가 연기하는 에스텔라는 자기를 그려달라며 옷을 하나씩 벗어던지더니 나신이 되었다.

호텔 카터
☛ 250 W 43rd St,
New York, NY 10036
★★☆☆☆

앨곤퀸 호텔

Algonquin Hotel

1902년에 개업한 앨곤퀸 호텔은 10년간 지속된 한 모임으로 유명하다. 마음이 맞는 몇몇 작가, 기자, 사업가, 배우가 1919년에 장난처럼 시작한 점심 식사 모임은 1929년까지 이어지면서 정규 참석 인원이 최대 서른 명을 헤아렸다. 호텔 측에서 마련해준 원탁 덕분에 이들은 스스로 붙인 '악당서클Vicious Circle'이라는 이름보다 '앨곤퀸 라운드테이블The Algonquin Roundtable'이라는 별명으로 더 널리 알려졌다. 재치라면 한 가닥 하는 영리한 지식인들이 한데 모여 서로에 대한 친밀감을 과시하며 기성 질서에 대한 장난기 어린 비평을 쏟아냈고, 이들의 대화는 신문과 잡지를 통해 인기를 얻었다. 어찌 보면 요즘 유행하는 정치 팟캐스트나 종편 좌담회의 효시 격이랄 수도 있겠다. 라운드테이블 창립 멤버였던 도로시 파커Dorothy Parker는 시인, 평론가, 극작가로서 높은 인기를 얻었지만 훗날 자신의 명성

Mrs. Parker and the
Vicious Circle
1994

이 만담가wisecracker로서의 유명세에 불과했다고 자조했다.

1994년작 〈Mrs. Parker and the Vicious Circle〉이라는 영화에서 제니퍼 제이슨 리Jennifer Jason Leigh가 파커 역을 맡았다. 리는 자신이 연기한 도로시 파커라는 인물의 정서가 슬픔과 우울이더라고 말했다. 배우의 그런 선입견 탓이었을까. 이 영화에서 보여준 그녀의 연기는 살짝 거슬릴 만큼 작위적이었다.

앨곤퀸 호텔

☞ 59 W 44th St, New York, NY 10036

algonquinhotel.com

☎ +1 212-840-6800

★★★★☆

호텔 세인트 제임스
Hotel St. James

1988년작 영화 〈빅Big〉에서 열두 살 소년 조쉬는 마술사 놀이 기구 앞에서 소원을 빌었다가 이튿날 서른 살 어른(톰 행크스 분)이 된다. 갈 곳이 없어진 그는 가장 친한 친구 빌리(제러드 러시튼Jared Rushton 분)와 함께 시내로 나온다. 겁먹은 어른 조쉬를 토닥이던 꼬마 빌리가 허름한 호텔을 가리키며 여기가 좋겠다고 한다. "괜찮아. 세인트 제임스래. 종교적이잖아, 이름이."

숙박비 17달러를 지불하고 들어간 객실은 더럽고, TV에는 쇠사슬이 채워져 있다. 방에 혼자 남은 조쉬는 창밖에서 들리는 총소리, 복도에서 소리치는 사내의 소리에 당황하며 문을 걸어 잠그더니, 베개를 뒤집어쓰고 누워 엄마를 부르며 훌쩍인다.

빅
Big
1988

호텔 세인트 제임스

🕾 109 W 45th St,
New York, NY 10036
🖥 hotelstjames.net
☎ +1 212-221-3600
★★☆☆☆

242

Waldorf Astoria Hotel

2014년 10월 6일《뉴욕타임스》기사를 본 사람들은 경악했다. 호텔 월도프 아스토리아를 중국의 안방보험安邦保险이 매입한다는 소식이었다. 뉴욕 주민들에게 중국의 '굴기崛起'를 피부로 실감시켜준 사건이었다. 외국인이 미국의 고급 호텔을 매입하는 것이 처음은 아니었지만 월도프 아스토리아의 위상은 다른 호텔에 비할 수 없는 것이었다. 전통적으로 미국 대통령이 뉴욕에 오면 언제나 묵던 호텔이 이곳이기 때문이었다. 소유권이 중국 회사로 넘어간 이후로는 미국 대통령이 뉴욕에 와도 여기 머물지 않는다. 사이버 공간에서까지 양국이 치열한 정보전을 벌이고 있는 마당에, 미국 대통령이 굳이 중국계 호텔에 묵을 이유가 뭐 있겠는가. (물론 뉴욕에 자기 건물을 소유하고 있는 트럼프 대통령은 남의 호텔에 투숙할 필요가 없다.) 그러면 2015년과 2016년에 오바마 대통령은 어디에 묵었을

까? 한국 기업이 소유주인 롯데 팰리스 호텔이었다. 평소 사람들이 잊고 지내거나 잘 느끼지 못하는 '동맹국'의 의미는 이런 뜻밖의 대목에서 드러난다.

1893년에 개업한 월도프 호텔과 1897년 개업한 아스토리아 호텔을 합병한 월도프 아스토리아 호텔의 현재 건물은 1931년에 완공되었고, 그로부터 32년간 세계에서 가장 높은 고층 호텔이었다. 2017년부터는 대대적인 보수공사를 시작해 2020년 완공을 목표로 휴업 중이다. 월도프 아스토리아는 뉴욕에서 부와 권력과 명예를 상징하는 대명사였다. 1896년 이 호텔 지배인이 사과, 호두, 셀러리, 포도를 넣어 만들었다는 '월도프 샐러드Waldorf Salad'는 뉴욕 주민들이 즐겨 찾는 음식으로 자리를 잡았다. 뉴욕을 방문한 거의 모든 나라의 국가 원수와 고관대작들이 이곳에 묵었고, 거기에는 청나라의 이홍장, 쿠바의 카스트로처럼 특이한 인물들도 포함된다. 허버트 후버Herbert Hoover 대통령은 프레지덴셜 스위트룸에 30년 이상 거주하기도 했다. 그러니까 1945년 영화 〈Week-End at the Waldorf〉에서 2011년의 〈컨트롤러〉에 이르기까지 많은 영화에 이 호텔이 배경으로 등장한 건 자연스러운 일이다.

로버트 드니로가 색소폰 연주자 지미 도일 역으로 열연했던 1977년 마틴 스코세지 감독의 〈New York, New York〉에서 드니로의 상대역 프랜신 역할은 라이자 미넬리Liza Minnelli가 맡았다. 이 두 사람이 처음 만난 장소와 마지막으로 만난 장소는 스타라이트 테라스Starlight Terrace라는 공연장이었는데, 대사에서 명확히 드러나지는 않지만 월도프 아스토리아 호텔의 연회장인 것으로 추정된다. 뉴욕을 소개하면서 이 영화를 빠뜨릴 수 없는 이유가 '영화가 뛰어나서'는 아니다. 그보다는, 존 캔더John Kander가 작곡하고 프레드 엡Fred Ebb이 작사해 라이자 미넬리가 열창한 이 영화의 주제가 〈New York, New York〉이 프랭크 시나트라의 레퍼토리에 포함된 후 뉴욕을 대표하는 노래로 자리를 잡았기 때문이다.

New York, New York
1977

존 쿠삭John Cusack, 케이트 베킨세일 주연의 2001년 로맨틱 코미디 〈세렌디피티〉는 백화점에서 우연히 만나 서로에게 호감을 느낀 조나단과 사라 두 남녀의 이야기다. 이들은 월도프 아스토리아 호텔에 들어가 동시에 두 대의 승강기에 각각 타고 올라간다. 만일 같은 층에서 내리면 만남이 운명인 걸로 생각하기로 합의한 것이다. 두 사람은 똑같이 23층 버튼을 누르지만 조나단의 승강기에 동승한 꼬마가 심술궂게 모든 버튼을 다 눌러버리는 바람에 사라와 만나지 못하고 헤어졌다. 이들이 다시 만나게 되는 계기를 제공하는 결혼식이 열린 장소도 월도프 아스토리아였다.

2002년 로맨틱 코미디 〈러브 인 맨하탄〉은 월도프 아스토리아 호텔에 청소부로 근무하는 미혼모 마리사(제니퍼 로페즈 분)와 그녀를 투숙객으로 오인한 미남 정치인 크리스토퍼(랄프 파인즈 Ralph Fiennes 분)가 본의 아니게 오해하고, 속이고, 들통나고, 사과하고, 맺어지는 멜로드라마다. 이 스캔들 때문에 해고당한 마리사가 최고의 호텔을 떠나 어렵사리 재취업하는 새 직장은 루스벨트 호텔이었다.

러브 인 맨하탄
Maid in Manhattan
2002

월도프 아스토리아
호텔

☞ 301 Park Ave, New
York, NY 10022
⌂ waldorfastoria3.
hilton.com
☎ +1 212-355-3000
★★★★☆

루스벨트 호텔

Roosevelt Hotel

그래서 〈러브 인 맨하탄〉의 결말은 루스벨트 호텔에서 맺어진다. 그 대목에서 랄프 파인즈가 연설을 했던 이 호텔의 볼룸은 1987년 〈월 스트리트Wall Street〉에서 고든 게코 역을 맡은 마이클 더글러스가 '탐욕은 선하다'며 연설을 한 장소이기도 했다. 1924년 개업한 이 호텔은 뉴욕에서 최초로 투숙객 애완동물용 시설을 마련했고, 최초로 모든 객실에 TV를 설치한 호텔이기도 하다. 이 호텔의 '멘즈 그릴Men's Grill'이라는 식당은 무려 1970년까지 여성의 출입을 금지했던 걸로도 유명하다.

이 호텔이 가장 장시간 등장한 영화는 2012년의 〈맨 온 렛지 Man on a Ledge〉였다. 다이아몬드를 훔쳤다는 누명을 쓰고 교도소에 수감되었다가 탈옥한 전직 경관 닉(샘 워딩턴Sam Worthington 분)은 루스벨트 호텔 21층 객실에 투숙해 창밖 난간 위에서 자살하겠다며

맨 온 렛지
Man on a Ledge
2012

1408
2007

소동을 부려 경찰을 부르고, 그 소란을 이용해 누명을 벗기 위한 위험천만한 계획을 실행한다.

초자연현상 전문 작가 마이크 엔슬린(존 쿠삭 분)이 투숙객이 살아 나오지 못하기로 악명 높은 돌핀 호텔의 1408호에 일부러 투숙해서 죽도록 고생하는 〈1408〉(2007)라는 영화에서 돌핀 호텔의 외관은 루스벨트 호텔이었다. 〈독재자〉(2012)에서 유엔 총회에 참석하기 위해 뉴욕을 방문한 못된 독재자 알라딘(사샤 바론 코헨 분)이 미녀 경호원들을 대동하고 투숙한 가상의 랭카스터 호텔 로비도 루스벨트 호텔에서 촬영했다.

루스벨트 호텔

☛ 45 E 45th St, New York, NY 10017

🖥 therooseveithotel.com

☎ +1 212-661-9600

★★★★☆

인터콘티넨털 바클레이 호텔

InterContinental New York Barclay

밴더빌트 가의 자금으로 1926년에 설립된 14층짜리 호텔이다. 1978년 인터콘티넨털 체인에서 인수했다. 1992년 대통령 선거 당시에는 빌 클린턴 캠프가 이 호텔에 선거본부를 차렸다. 좋은 호텔인데, 월도프 아스토리아와 길 하나를 사이에 두고 붙어 있기 때문에, 멀쩡한 사람도 연예인 옆에 서면 오징어처럼 보이는 식의 불운을 짊어진 호텔이라고 할 수 있다.

〈딜리버리 맨〉(2013)의 주인공 데이비드(빈스 본 분)는 젊은 시절 스타벅이라는 가명으로 열심히 정자를 병원에 기증한 덕에 무려 533명의 아버지가 되었다는 사실을 뒤늦게 알게 된다. 그들 중 142명이 스타벅의 정체를 공개하라는 탄원서를 법원에 제출했기 때문

딜리버리 맨
Delivery Man
2013

이다. 그는 신원 공개는 거부하지만 호기심을 가지고 자녀 한 명을 미행하다가 그가 인터콘티넨털 호텔로 들어가는 모습을 본다. 무심결에 따라 들어가 회의장 한구석에 자리를 잡은 그는 경악한다. 법원에 탄원서를 제출한 스타벅 자녀들의 회합이었던 것이다.

인터콘티넨털
바클레이 호텔

☎ 111 E 48th St, New York, NY 10017
🖥 intercontinentalny barclay.com
★★★★☆

Lotte New York Palace Hotel

한국계 호텔 차례다. 성 패트릭 성당 맞은편의 롯데 팰리스 호텔은
원래 1981년 햄즐리 호텔로 개업을 했었다. 1884년에 지어진 철도
부호 빌라드^{Henry Villard}의 고풍스러운 저택 일부를 그냥 둔 채 그 위
로 55층 건물을 쌓아올린 것이다. 1992년 브루나이의 술탄 소유가
되어 뉴욕 팰리스 호텔로 이름을 바꾸었던 이 호텔을 2015년에 롯
데가 인수했다.

2006년의 로맨틱 코미디 〈행운을 돌려줘Just My Luck〉에서 무슨 일을 해도 만사형통인 홍보회사 직원 애슐리(린제이 로한Lindsay Lohan 분)가 성대한 가면무도회 음반 홍보 행사를 기획하고 개최하던 장소가 이 호텔이었다. 그녀는 이 행사장에서 매사에 운이 지독히 나쁜 사내(크리스 파인Chris Pine 분)와 키스를 나누고, 그 덕에 둘의 행운과 불운은 주인이 뒤바뀐다.

캐서린 하이글 주연 2008년 로맨틱 코미디 〈27번의 결혼 리허설27 Dresses〉에서는 결혼식 들러리만 무려 27번째 서고 있는 주인공 제인이 이 호텔에서 열리는 친구 결혼식과 브루클린에서 열리는 다른 친구 결혼식 사이를 하룻밤에 몇 번씩 오가며 들러리(영어로는 'maid of honor'라고도 하고 'bridesmaid'라고도 한다.) 노릇을 하다가 신부가 던진 부케를 잡으려는 친구들에게 떠밀려 바닥에 쓰러져 잠시 정신을 잃었다.

행운을 돌려줘
Just My Luck
2006

27번의 결혼 리허설
27 Dresses
2008

롯데 팰리스 호텔
☛ 455 Madison Ave,
New York, NY 10022
🖥 lottenypalace.com
☎ +1 212-888-7000
★★★★★

7년만의 외출
The Seven Year Itch
1955

1904년에 개업한 20층짜리 호텔이다. 1954년 9월 15일, 마릴린 먼로Marilyn Monroe는 맨해튼 미드타운에서 수천 명의 구경꾼이 환호하는 가운데 지하철 통풍구의 바람에 속옷이 드러나는 〈7년 만의 외출〉(1955)의 한 장면을 밤새도록 촬영했다. 먼로는 그해 1월 뉴욕 양키스의 야구 선수 조 디마지오Joe DiMaggio와 결혼한 상태였는데, 디마지오는 이날의 촬영을 매우 못마땅해 했다고 한다. 당시 세인트 레지스 호텔에 묵고 있던 먼로와 디마지오가 촬영 직후 호텔이 떠나가라 싸웠다는 일화가 유명하다. 두 사람의 결혼 생활은 그 다음 달인 10월에 이혼으로 끝나고 말았다. 먼로는 이듬해부터 유태인 극작가 아더 밀러와 염문을 뿌리더니 유태교로 개종하고 결국 그와 결혼까지 했다. 유태주의를 싫어하던 이집트 정부가 먼로의 개종 직후 그녀가 출연하는 모든 영화의 자국 내 상영을 금지하는 해프닝도 벌어졌었다.

〈대부〉(1972)에서 마이클(알 파치노 분)은 아버지 비토 콜레오네가 심장마비로 사망하자, 아버지가 선언한 5개 뉴욕 마피아 패밀리 간의 휴전 서약을 깨고 형과 아버지의 복수를 단행한다. 마이클이 조카의 유아세례식에 대부로 참석하면서 차가운 눈빛으로 신앙을 고백하는 장면과, 그가 명령한 암살이 실행되는 장면이 코폴라 감독의 빼어난 솜씨로 교차 편집되어 흘러간다. 그중에서 마이클의 부하 클레멘자가 엘리베이터에서 내리려는 돈 스트라치를 엽총으로 사살한 장면, 다른 부하 치치가 돈 쿠네오를 회전문에 가두고 살해한 장면도 세인트 레지스 호텔에서 촬영했다고 한다. (참고로, 엘리베이터 장면은 다른 곳이라는 주장도 있다.)

〈택시 드라이버〉(1976)에서는 베치(시빌 쉐퍼드 분)가 트래비스

(로버트 드니로 분)의 택시에 탄 곳이 이 호텔 정문 앞이었다. 〈We'll Take Manhattan〉(2012)은 1962년 영국에서 온 젊은 사진작가와 모델이 이 호텔에 투숙한 후에 맨해튼에서 촬영을 하는 이야기로 전개된다.

1996년 코미디 〈조강지처 클럽First Wives Club〉에서 중년 여배우 엘리즈(골디 혼Goldie Hawn 분)는 자기가 주인공이 아니라 주인공 엄마 역할을 제안받았다는 사실을 알게 된 뒤 이 호텔의 킹 콜 바The King Cole에서 술로 마음의 상처를 달랜다. 킹 콜 바는 1934년 바텐더가 블러디 메리Bloody Mary라는 칵테일을 처음 발명한 곳으로 유명하다. 2006년의 〈악마는 프라다를 입는다〉에서 주인공 앤디(앤 해서웨이 분)가 상사의 요구를 들어주기 위해 작가 크리스찬(시몬 베이커Simon Baker 분)을 만나 해리포터 제7권의 미출간 원고를 건네받던 장소도 여기였다.

조강지처 클럽
First Wives Club
1996

세인트 레지스 호텔

☛ 2 E 55th St, New
York, NY 10022

🗗 st-regis.marriott.
com

☎ +1 212-753-4500

★★★★★

Peninsula Hotel

중국풍의 독특한 실내장식이 인상적이고, 특히 옥상의 노천 바는 맑은 날 뉴욕의 밤하늘(별은 좀처럼 안 보인다.)을 보면서 맥주 한잔 걸치기 좋다. 1905년 완공된 이 호텔의 첫 이름은 가섬 호텔Gotham Hotel이었다.

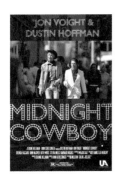

〈미드나잇 카우보이〉(1969)에 등장하던 무렵에는 '버클리 호텔Berkely Hotel'이었다. 주인공 조(존 보이트 분)는 돈 많은 뉴욕 여자들을 유혹하겠다는 허황된 야심을 품고 텍사스에서 맨주먹으로 올라온 청년이다. 카우보이 차림으로 버클리 호텔에 들어가 부인네들을 찝쩍대던 그는 문밖으로 쫓겨나고 만다.

참고로, 이 영화에서 조가 머물던 싸구려 호텔은 타임스스퀘어에 있던 클래리지 호텔Claridge Hotel이었다. 1911년부터 61년간 영업을 하던 클래리지 호텔 건물은 영화 개봉 직후인 1972년 철거되어 지금은 화면 속에만 남아 있다.

미드나잇 카우보이
Midnight Cowboy
1969

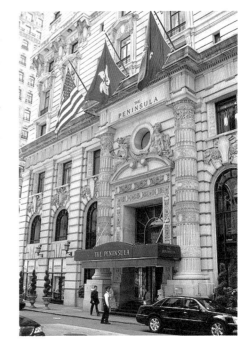

페닌슐라 호텔

☛ 700 5th Ave, New York, NY 10019

🖥 peninsula.com

☎ +1 212-956-2888

★★★★★

힐튼 미드타운 호텔

New York Hilton Midtown Hotel

2천여 개의 객실을 보유한, 뉴욕에서 가장 큰 호텔이다. 1963년에 개장한 47층짜리 호텔로, 관광보다는 비즈니스에 어울리는 분위기다. 엘비스 프레슬리가 1972년 매디슨 스퀘어 가든에서 공연을 할 때 여기 묵었고, 존 레넌이 이 호텔에 묵으면서 노래 〈Imagine〉을 썼다고 한다.

조지 클루니 주연 2007년 영화 〈마이클 클레이튼Michael Clayton〉의 주인공 마이클은 뉴욕 법률회사에 소속된 뒤처리 전문 해결사다. 그는 동료의 죽음을 파헤치다가 다국적기업 유노스사의 음모를 알게 된다. 이 영화의 클라이맥스는 유노스사의 이사회가 열리고 있는 힐튼 호텔 2층 로비로 마이클이 찾아와 법무 담당 이사 카렌(틸다 스윈튼Tilda Swinton 분)에게 자신의 입막음 조로 1천만 달러를 요구하는 대목이다. 결말이 궁금하다면 영화를 보시길.

마이클 클레이튼
Michael Clayton
2007

힐튼 미드타운 호텔

☛ 1335 6th Ave, New York, NY 10019

🖥 hilton.com

☎ +1 212-586-7000

★★★★☆

Wellington Hotel

보랏
Borat
2006

이 호텔은 2006년작 코미디 〈보랏Borat〉에 등장했다. 카자흐스탄 기자를 사칭하면서 미국에 도착한 코미디언 사샤 바론 코헨은 이 호텔에서 숙박비를 깎자며 흥정하고, 승강기에서 짐을 푸는가 하면, 화장실 변기에서 세수를 하는 등 기행을 펼친다.

이 호텔에 가더라도 영화 〈보랏〉 얘기는 안 꺼내는 편이 낫겠다. 당시 촬영 팀은 몰래 촬영한 화면으로 초상권을 침해하고, 객실 가구를 무단 반출하는 등 호텔 측의 속을 꽤나 썩였던 모양이다.

웰링턴 호텔

☛ 871 7th Ave & 55th Street, New York, NY 10019
🖥 wellingtonhotel.com
☎ +1 212-247-3900
★★★☆☆

에섹스 하우스 호텔

JW Marriott Essex House New York

이 43층짜리 호텔은 대공황 직후인 1931년에 개장했다. 옥상에 에섹스 하우스라는 빨간색 네온 간판을 세워두어 멀리서도 눈에 잘 띈다.

코미디 프로그램 〈Saturday Night Live〉는 초창기에 이 호텔에서 촬영했다. 1976년 영화 〈All the President's Men〉에서는 기자 칼 번스타인(더스틴 호프먼 분)이 이 호텔에 있는 검찰총장에게 밤늦게 전화를 걸어 워터게이트 관련 사실을 취재한다.

All the President's Men
1976

러브 어페어
Love Affair
1994

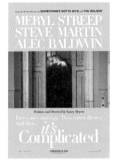

사랑은 너무 복잡해
It's Complicated
2009

1939년의 흑백영화 〈Love Affair〉는 1957년 캐리 그랜트와 데보라 카 주연의 〈An Affair to Remember〉라는 영화로 리메이크 되었다. 선상에서 만난 연인이 엠파이어스테이트빌딩 전망대에서 재회하기로 약속하지만 만남이 어긋나면서 관객들의 눈물샘을 자극하는 로맨스 영화다. 이 영화는 1994년 워렌 비티와 아네트 베닝 주연의 〈러브 어페어Love Affair〉라는 새 영화로 한 번 더 리메이크 되었다. 마이크(워렌 비티 분)는 엠파이어스테이트빌딩에서의 약속이 어긋나던 날 에섹스 하우스에 투숙하고 자포자기의 심정으로 자신이 그린 그림의 처분을 호텔 측에 맡겨버린다. 그리고 테리(아네트 베닝 분)가 이 그림을 구입한 것이 훗날 두 사람이 재결합하는 결정적인 계기가 된다.

메릴 스트립, 알렉 볼드윈 주연 2009년 코미디 〈사랑은 너무 복잡해It's Complicated〉에서는 이미 이혼한 사이인 중년 남녀 제인과 제이크가 아들의 졸업식을 계기로 뉴욕에 왔다가 공교롭게도 같은 호텔인 에섹스 하우스에서 만나 저녁을 먹고 동침을 한다. 익숙한 관계에 대한 그리움이랄까, 어른들의 처량한 불장난이랄까.

에섹스 하우스 호텔

☛ 160 Central Park S,
New York, NY 10019
⊟ marriott.com
☎ +1 212-247-0300
★★★★★

플라자 호텔
The Plaza

20층 건물인 호텔 플라자의 외관은 근세 유럽의 성채를 연상시킨다. 1907년에 완공되었는데, 도널드 트럼프가 1988년 매입했다가 1995년 사우디에 매각했고, 지금은 인도계 회사 소유다. 뉴욕의 사치재를 대표하는 이 호텔은 〈북북서로 진로를 돌려라〉(1959), 〈Big Business〉(1988), 〈킹 뉴욕King of New York〉(1990), 〈시애틀의 잠 못 이루는 밤〉(1993), 〈당신에게 일어날 수 있는 일〉(1994) 등등 수많은 영화에 등장한다.

　F. 스콧 피츠제럴드F. Scott Fitzgerald의 1925년 소설 〈위대한 개츠비The Great Gatsby〉에서는 개츠비, 그가 흠모하는 데이지, 데이지의 남편 톰이 플라자 호텔에 피서를 간다. 줄거리가 파국을 향해 치닫게 되는 중요한 지점이다. 당연히 이 플라자 호텔 장면은 로버트 레드포드가 주연한 1974년 영화에도, 레오나르도 디카프리오가 주연한 2013년 영화에도 등장한다. 〈위대한 개츠비〉에서 플라자 호텔은 뉴욕 상류사회의 가식을 가려주는 허울 좋은 화려함을 상징한다.

　1986년 코미디 〈크로커다일 던디〉에서 신문사의 초대로 난생 처음 뉴욕에 온 호주 사나이 던디는 플라자 호텔의 스위트룸에 투숙한다. 그가 욕조에 들어앉아 목욕을 하면서 양말 빨래를 하던 플라자 호텔의 객실은 현대인이 필요 이상으로 누리는 문명을 상징했다.

　1992년 〈나 홀로 집에 2: 뉴욕을 헤매다〉에서 식구들과 떨어져 혼자 뉴욕에 도착한 케빈(매컬리 컬킨 분)은 배짱 좋게 아버지의 크레디트카드로 플라자 호텔 스위트룸에 투숙했다. 호텔에 들어선 케빈이 프론트 데스크가 어디냐고 묻자 허리를 수그리며 "저쪽이다."라고 알려주는 금발의 아저씨는 당시 호텔의 소유주이던

크로커다일 던디
Crocodile Dundee
1986

신부들의 전쟁
Bride Wars
2009

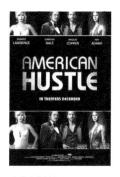

아메리칸 허슬
American Hustle
2013

플라자 호텔

☎ 768 5th Ave, New
York, NY 10019
🖥 fairmont.com
☎ +1 212-759-3000
★★★★★

도널드 트럼프였다. 케빈은 자신을 의심하는 호텔 직원(팀 커리Tim Curry 분)과 한판 승부를 벌인다.

케이트 허드슨, 앤 해서웨이Anne Hathaway 주연 2009년 코미디 〈신부들의 전쟁Bride Wars〉에서 단짝 친구 올리비아와 엠마는 어린 시절부터 플라자 호텔에서 6월의 신부가 되는 게 소원이었다. 공교롭게도 같은 시기에 청혼을 받은 두 사람은 함께 호텔을 찾아가 예식장을 예약한다. 그런데 사무 착오로 6월에 가능한 날이 단 하루만 남게 되고, 떨어져서는 못살 것처럼 굴던 두 친구는 서로 그 날을 차지하려고 극악스럽고 치열한 전쟁을 시작한다.

2013년 범죄 영화 〈아메리칸 허슬American Hustle〉에서 의욕 과잉인 FBI 수사관 리치(브래들리 쿠퍼 분)가 사기범들(크리스찬 베일, 에이미 아담스 분)의 도움을 얻어 뉴저지 캠든시의 강직한 시장(제레미 레너Jeremy Renner 분)을 뇌물 수수 혐의로 체포하려고 함정수사를 벌이던 장소도 플라자 호텔이었다.

포 시즌스 호텔

Four Seasons Hotel New York

포 시즌스 호텔은 영화 장면보다는 대사 속에 더 자주 등장한다. "제가 시간이 없습니다. 포 시즌스 호텔에서 약속이 있어서."(《아메리칸 싸이코American Psycho》), "포 시즌스 호텔에 묵었다면 이렇게 어처구니없는 일은 없었을 텐데."(《러브 인 맨하탄》) 등등. 그보다 더 자주 접할 수 있는 상황은 주인공을 곤경해서 구해준 친구가 허름한 쉼터에 데려다주면서 "비록 포 시즌스 호텔은 아니라도 뭐, 있을 건 다 있으니까." 어쩌고 하는 경우다. 뉴욕의 포 시즌스는 세계에서 숙박비가 제일 비싼 15개 호텔들 중 하나라고 한다.

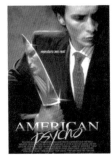

아메리칸 싸이코
American Psycho
2000

센트럴파크의 남동쪽 구석에서 멀지 않은 곳에 자리 잡고 있는 이 고급 호텔은 1993년에 개업했다. 1박에 5만 달러나 한다는 이 호텔의 펜트하우스와 1920년대 풍의 로비 인테리어를 설계한 사람은 중국계 거장 건축가 I. M. 페이I. M. Pei다. 중국 광저우에서 1917년 출생한 페이 씨는 2018년 4월 101번째 생일을 맞았다. 프랑스 루브르박물관에 있는 유리 피라미드가 그의 작품이다. 뉴욕에도 그가 설계한 작품들이 있는데, 이스트 45가 335번지에 있는 주유엔 대한민국 대표부 건물도 그중 하나다.

포 시즌스 호텔

☛ 57 E 57th St, New York, NY 10022

🖥 fourseasons.com

☎ +1 212-758-5700

★★★★★

The Pierre, A Taj Hotel

Joe Versus the Volcano
1990

조: 이제 쇼핑은 다했어요.

기사: 잘했네요. 이제 어디로 모실까요? 스태튼아일랜드로 돌아가시나요?

조: 그럴까요? 아니, 그러지 말고 아주 좋은 호텔로 갑시다. 플라자가 좋을까요?

기사: 플라자도 괜찮죠.

조: 당신이라면 어디로 가겠어요?

기사: 역시 피에르죠.

　톰 행크스 주연 1990년 코미디 〈Joe Versus the Volcano〉의 주인공 조는 의사로부터 시한부 생명을 선고받고, 수상쩍은 기업가로부터 남태평양 어느 화산섬에 가서 미신을 믿는 원주민들의 인신 공양 제물이 되어줌으로써 반도체 제조에 필요한 희토류 채취 허가를 얻게끔 도와주면 원하는 모든 일을 할 수 있도록 비용을 제공하겠다는 제안을 받는다. 조는 이 제안을 수락하지만 정작 사치스러운 생활을 해본 적이 없다 보니, 자신이 고용한 리무진 기사 마셜(오시 데이비스Ossie Davis 분)의 조언에 전적으로 의지한다. 마셜이 주저 없이 플라자보다 나은 호텔이라고 추천한 곳이 피에르 호텔이었다.

　시한부 삶을 사는 다른 인물이 한 명 있다. 1992년 알 파치노는 〈여인의 향기〉에서 부하가 실수로 터뜨린 수류탄 때문에 시력을 잃고 실의에 빠져 살던 퇴역 군인 슬레이드 중령을 연기한다. 그의 삶이 시한부인 까닭은 최상의 사치를 누린 후에 권총으로 자살하리라고 결심했기 때문이다. 그는 아르바이트 학생 찰리(크리스 오도넬Chris O'Donnell 분)를 고용해 맨해튼으로 온다. 이 영화에서 가장 인상적인 장면은 슬레이드 중령이 찰리와 호텔 라운지에 앉아

여인의 향기
Scent of a Woman
1992

있다가 묘령의 미인(가브리엘 안와Gabrielle Anwar 분)과 탱고를 추는 장면이다. 플로어의 크기를 전후좌우 말로만 설명 들은 슬레이드는 절묘한 춤 실력을 발휘한다. 이 장소는 피에르 호텔의 코틸리언 볼룸Cotillion Ballroom이었다. 플라자 호텔에서 식사를 하고, 피에르 호텔에서 춤을 추고, 월도프 아스토리아에 투숙해 생을 마감하려 드는 슬레이드의 장소 선정에서 죽기 전에 '최고'의 사치를 누리겠다는 그의 강렬한 의지를 엿볼 수 있다.

1993년 코미디 〈사랑 게임For Love or Money〉에서 마이클 J. 폭스는 브래드베리 호텔이라는 가상의 최고급 호텔에 근무하는 컨시어지Concierge 더그 역할을 맡았다. 열성적이고 수완이 좋고 발이 넓어 전화 한 통이면 해결 못하는 일이 없는 그가 맹활약을 펼치던 브래드베리 호텔 로비도 피에르 호텔에서 촬영한 것이었다.

어퍼 이스트사이드 스카이라인에 연필 같은 뾰족한 지붕으로 악센트를 주는 피에르 호텔은 1930년에 완공되었다. 호텔이라는 명칭도 쓰지 않고 정관사를 붙여 '더 피에르The Pierre'라고 쓰는 이름이 최고급을 향한 자부심을 드러낸다. 하지만 이 호텔은 오랜 전통

을 가진 뉴욕의 다른 고급 호텔들처럼 대부호가 설립한 것은 아니다. 코르시카 식당 주인의 아들 찰스 피에르 카살라스코Charles Pierre Casalasco는 몬테카를로 호텔 직원으로 시작해 파리에서 요리를 배우고 25세에 뉴욕에 건너와 식당 주인으로 자수성가했다. 식당이 궤도에 오른 뒤 그가 월가의 금융인들과 합작 투자로 설립한 것이 피에르 호텔이다. 하지만 호텔은 개업한 지 2년 만에 대공황의 여파로 파산했고, 여러 주인을 거쳐 지금의 소유자는 인도계 타지 호텔Taj Hotels Resorts and Palaces이다.

이 호텔 최상층의 펜트하우스는 세계에서 가장 비싼 주거용 부동산으로 거래되고 있다. 1998년 〈조 블랙의 사랑Meet Joe Black〉에서는 사람의 몸을 입고 온 저승사자(브래드 피트Brad Pitt 분)를 맞이하는 부호 윌리엄(앤소니 홉킨스Anthony Hopkins 분)의 자택으로, 2011년의 〈아서〉에는 말썽꾸러기 재벌 2세 아서 바흐의 아파트로 등장한 적이 있었다.

조 블랙의 사랑
Meet Joe Black
1998

피에르 타지 호텔

☛ 2 East 61st Street &,
5th Ave, New York, NY
10065
🖥 thepierreny.com
☎ +1 212-838-8000
★★★★★

칼라일 로즈우드 호텔

The Carlyle, A Rosewood Hotel

1929년에 개업한 35층짜리 호텔이다. 케네디 대통령이 여기 묵었기 때문에 '뉴욕의 백악관'이라고 불린 적도 있었다. 호텔 뒷문으로 은밀하게 들어온 마릴린 먼로가 케네디 대통령과 밀회를 나눈 것으로 알려져 있다. 이 호텔 정문을 드나들던 재클린 여사를 찍은 사진은 요즘 아이돌 연예인의 공항 패션 사진처럼 신문과 잡지에 실리며 화제가 되었다.

우디 앨런의 1986년작 〈Hannah and Her Sisters〉에서는 방송작가 미키(우디 앨런 분)가 데이트 상대인 홀리(다이앤 위스트Dianne Wiest 분)를 이 호텔의 카페 칼라일Cafe Carlyle로 데려와 재즈 공연을 보여주었다. 실제로 재즈 클라리넷 연주자이기도 한 우디 앨런은 1996부터 몇 년간 여기서 매주 공연을 했다.

베멜만스 바Bemelman's Bar에서는 2002년 코미디 〈헐리우드 엔딩

Hannah and Her Sisters
1986

Hollywood Ending〉에 등장하는 영화감독 왁스만이 전처 엘리(테아 레오니Téa Leoni 분)를 만났다. 엘리는 영화제작자인 자신의 약혼자를 설득해 전남편 왁스만이 뉴욕을 배경으로 하는 영화의 감독을 맡도록 배려해주었다. 왁스만 역을 맡은 우디 앨런은 베멜만스 바에서 감사와 불평을 마구 오가며 특유의 신경증적 연기를 보여준다.

소피아 코폴라Sofia Coppola 감독의 2015년 영화 〈A Very Murray Christmas〉는 빌 머레이가 폭설로 교통이 두절된 성탄 전야에 베멜만스 바에서 특별 공연을 준비하다가 실패하는 쓸쓸한 줄거리를 통해 제법 흥겨운 노래와 공연을 보여준다.

최고급 프랑스 식당인 칼라일 레스토랑The Carlyle Restaurant은 존 터투로John Turturro가 감독과 주연을 겸한 2013년 코미디 〈지골로 인 뉴욕Fading Gigolo〉에 등장한다. 샤론 스톤Sharon Stone과 소피아 베르가라Sofía Vergara가 식사를 나누며 성생활에 관한 노골적인 대화를 나누던 장면이다. 두 사람이 먹고 있던 샐러드가 맛있어 보이던.

A Very Murray
Charismas
2015

칼라일 로즈우드 호텔

☏ 35 E 76th St, New York, NY 10021
🖥 rosewoodhotels.com/en/the-carlyle-new-york
☎ +1 212-744-1600
★★★★★

Chapter 4. 식당

뉴욕의 하늘은 더 파랗고, 잔디는 더 푸르고,
소녀들은 더 예쁘고, 스테이크는 더 두껍고,
건물은 더 높고, 거리는 더 넓고, 공기는 더 섬세하다.
세상의 다른 어떤 도시에서보다.

— 작가 에드나 퍼버Edna Ferber

뉴욕으로 여행할 독자들의 편의를 위해 평점을 부여하였다. 식당 평점은 5점 만점의 자가트Zagat 평점 중 음식 점수다.
자가트 목록에 누락된 식당은 구글 평점((G) 표시)을 적었다. 다만 구글 평점은 자가트와는 비할 수 없을 만치 너그럽다.
게다가 자가트 목록에서 누락되었다는 사실 자체가 그만큼 낮은 평가를 받았다는 의미이기도 하므로, 자가트 평점과
구글 평점을 단순 비교하는 것은 곤란하다는 점을 참고하시기 바란다. 식당의 분위기나 서비스는 영화를 보면
대략 짐작할 수 있으므로 생략했다. 음식의 가격은 $(쌈), $$(보통), $$$(비쌈), $$$$(매우 비쌈)으로 표기했다.

델모니코스
Delmonico's

1837년에 개업한 스테이크 식당이다. 지금의 건물에서 영업을 시
작한 것은 1927년이었다. 마크 트웨인Mark Twain, 찰스 디킨스, 오스
카 와일드Oscar Wilde 등이 단골이었다고 한다. 미국 고급 식당들 중
최초로 알라카르트à la carte로 주문을 받은 곳이고, 와인 메뉴를 별
도로 준비한 것도 이 식당이 처음이었다고 한다. 20세기 후반부터
는 월가의 사내들이 이 식당을 애용했다.

　　1969년 〈The April Fools〉의 주인공 하워드(잭 레먼Jack Lemmon
분)는 이 식당의 바에 앉아 친구에게 여자 문제를 털어놓았고,
1996년 〈The Associate〉의 주인공 로렐(우피 골드버그Whoopi Goldberg
분)은 이 식당에서 식사하는 사내들 모임에 끼지 못해 속상해 했다.

The April Fools
1969

델모니코스

☛ 56 Beaver St, New
York, NY 10004
🖫 delmonicosny.com
☎ +1 212-509-1144
🕐 11:30~22:00
(토 17:00~22:00 /
일 휴무)
🍴 $$$ 4.4

악마는 프라다를 입는다
The Devil Wears Prada
2006

1990년 개업한 소박한 식당이다. 〈악마는 프라다를 입는다〉(2006)에서 안드레아(앤 해서웨이 분)의 남자 친구 네이트(에이드리언 그레니어Adrian Grenier 분)가 요리사로 일하던 곳이다. 안드레아가 패션 잡지사에 취직한 날, 네 명의 친구들이 여기 모여 노닥거린다. 아직 밥벌이의 위대함을 모르는 애송이들은 한없이 눈만 높고, 서로의 직장을 함부로 헐뜯는다. 릴리(트레이시 톰스Tracie Thoms 분)는 셰프가 되겠다던 네이트도 고작 이런 '종이 냅킨이나 내는 식당'에 있지 않느냐고 한다. 애네들 철들려면 고생 좀 하겠구나 싶다.

버비스

☎ 120 Hudson St,
New York, NY 10013
🖥 bubbys.com
☎ +1 212-219-0666
🕐 08:00~22:00
(금, 토 08:00~23:00)
👍 $$ 4.0

워커스

Walker's

1987년 개업해 샐러드와 오믈렛, 각종 버거 등을 파는 식당이다. 10명의 감독이 만든 10편의 이야기를 모은 2008년의 옴니버스 영화 〈뉴욕, 아이 러브 유New York, I love you〉의 첫 에피소드는 중국의 6세대 감독으로 분류되는 장원҉文이 감독했다. 소매치기 벤(헤이든 크리스텐슨Hayden Christensen 분)은 훔친 지갑 속에서 몰리(레이첼 빌슨 Rachel Bilson 분)의 사진을 발견한다. 길에서 그녀와 마주친 벤은 그녀의 뒤를 밟아 워커스 식당으로 들어가고 거기서 그녀의 연인인 개리(앤디 가르시아Andy García 분)와 만나 팽팽한 신경전을 벌인다.

2011년 영화 〈Newlyweds〉에서는 주인공 케이티(캐슬린 피츠제럴드Caitlin Fitzgerald 분)의 전남편과 시누이가 여기서 서로에게 치근덕거리는 장면을 연출했다.

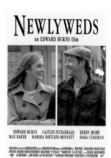

Newlyweds
2011

워커스

☛ 16 N Moore St,
New York, NY 10013
🖶 walkerstribeca.com
☎ +1 212-941-0142
🕐 11:00~15:45
👍 $$ 3.9

Katz's Delicatessen

1888년 개업해 무려 130년 가까운 전통을 자랑하는 유태식 코셔 kosher 식당이다. 학교 구내식당 같은 분위기인데다 현금만 받지만, 파스트라미 샌드위치는 전설적인 유명세를 누린다. 파스트라미는 햄의 일종이라고 할 수 있는 낱장의 고기인데, 이걸 매주 7톤 가까이 사용한다. 들어갈 때 나눠주는 분홍색 표딱지를 나갈 때 계산대에 내야 한다. (분실하면 벌금이 50달러다. 제발 분실하지 말라는 뜻이란다.) 간판에 'Katz's That's all!(카츠 그게 전부!)'이라고 쓰여 있는데, 옛날 간판 상인이 주인에게 뭐라고 쓸지 물어봐서 카츠라고만 쓰라 했더니 '카츠라고만'이라고 쓰는 식으로 저렇게 써놨다고 한다.

　〈해리가 샐리를 만났을 때〉(1989)에서 샐리(맥 라이언 분)가 샌드위치를 먹다 말고 여자가 오르가즘을 연기할 수 있다는 걸 해리(빌리 크리스털 분)에게 몸소 증명해 보이던 그 식당이다. 참고로, 샐

해리가 샐리를 만났을 때
When Harry Met Sally
1989

리가 영화에서 주문해 먹은 샌드위치, 옆 자리 아주머니가 "나도 저 여자분이 드신 걸로 주세요."라고 했던 메뉴는 파스트라미가 아니라 칠면조 샌드위치였다. 이들이 앉았던 테이블 위에는 '해리와 샐리가 앉았던 자리'라는 표지판이 매달려 있다. 물론 이 식당은 그 외의 수많은 영화에도 스쳐가는 배경으로 등장한다.

카츠 델리

☞ 205 E Houston St,
New York, NY 10002

🖥 katzsdelicatessen.
com

☎ +1 212-254-2246

🕐 08:00~14:45
(목 08:00~14:45 /
금 08:00~12:00 / 토
24시간 영업 /
일 24:00~22:45)

👍 $$ 4.5

Yonah Schimmel's Knish Bakery

크니시는 주먹 크기로 다진 감자나 고기 따위를 얇은 페이스트리 반죽으로 감싸 굽거나 튀겨 먹는 동유럽 음식이다. 감자 대신 고구마, 버섯, 시금치, 브로콜리, 통메밀 등 다양한 재료도 사용한다. 뉴욕에서 가장 제대로 된 크니시 맛을 볼 수 있는 장소로 여러 사람이 추천하는 곳이 요나 시멜스 크니시 베이커리다. 이 가게는 루마니아 출신의 요나 시멜이 1890년 개업을 했고, 그의 조카가 이어받아 1910년부터 지금의 자리에서 장사를 하고 있다니 무려 100년이 넘는 전통을 자랑한다. 최초의 유성영화 〈The Jazz Singer〉에서 보듯이 로워 이스트사이드가 동유럽 출신 유태인들로 붐비던 시절부터 영업을 한 셈인데, 유태인들이 이 구역을 거의 다 빠져나간 지금 이 가게는 사라져가는 뉴욕의 옛 모습을 상징하는 장소가 되었다.

우디 앨런 감독의 2009년 코미디 〈Whatever Works〉에서 래

리 데이비드Larry David는 냉소적이고 비관주의적인 노령의 유태계 지식인 보리스 옐니코프를 연기한다. 어느 날 그의 지루한 인생에 미시시피에서 가출한 미모의 처녀 멜로디(에반 레이첼 우드Evan Rachel Wood 분)가 뛰어든다. 제발 자기를 좀 데리고 있어 달라는 멜로디를 차마 내쫓지 못하고, 보리스는 그녀와 함께 지낸다. 보리스가 멜로디를 가장 먼저 데려간 곳이 요나 시멜스 크니시 베이커리였다.

Whatever Works
2009

멜로디: 이게 뭐예요?

보리스: 크니시라는 거야.

멜로디: 뭘로 만든 거죠?

보리스: 나는 이놈의 것을 여러 해 먹었지만, 안에 뭐가 들었는지는 몰라. 맛있으니 그냥 먹어. 뭘로 만들었는지 알고 싶지도 않아. 그러니 묻지도 말라고.

요나 시멜스 크니시 베이커리

☛ 137 E Houston St,
New York, NY 10002
🖳 knishery.com
☎ +1 212-477-2858
🕐 09:30~19:00
👍 $ 4.3

Mulberry Street Bar

대부 3
The Godfather 3
1990

1908년부터 같은 자리에서 영업을 해 오고 있는 오래된 술집이다. 여기서 〈The Pope of Greenwich Village〉(1984)의 에릭 로버츠 Eric Roberts가 술을 마셨고, 〈나인 하프 위크〉(1986)의 킴 베이싱어와 미키 루크는 옆자리 손님의 시선도 개의치 않고 서로를 더듬었으며, 〈State of Grace〉(1990)의 숀 펜과 에드 해리스, 〈도니 브래스코 Donnie Brasco〉(1997)의 조니 뎁Johnny Depp과 알 파치노는 대화를 나눴다. 〈대부 3The Godfather Part III〉(1990)에서는 돈 콜레오네의 딸 메리(소피아 코폴라 분)가 사촌 오빠 빈센트(앤디 가르시아 분)와 함께 할아버지가 가업을 일으킨 리틀 이탈리를 방문해 이 술집에서 동네 할머니들의 환대를 받았다.

멀버리 스트리트 바

☛ 176 Mulberry St,
New York, NY 10013
☎ +1 212-226-9345
🕐 11:00~24:00
(금, 토 11:00~다음 날
02:00)
🥄 $$ 3.8(G)

카페 아바나
Café Habana

놀리타NoLIta, North of Little Italy에 자리 잡은 쿠바 식당이다. 카리브계 아티스트 장 미쉘 바스키아Jean-Michel Basquiat의 일대기를 그린 1996년 전기 영화 〈바스키아Basquiat〉에서 클레어 포를라니Claire Forlani가 연기한 바스키아의 연인 지나가 이 식당의 웨이트리스였다. 2001년 로맨틱 코미디 〈썸원 라이크 유Someone Like You〉에서는 애슐리 저드Ashley Judd와 마리사 토메이Marisa Tomei가 이곳에서 식사를 했다.

　2011년의 〈프렌즈 위드 베네핏〉에서는 밀라 쿠니스와 저스틴 팀벌레이크가 여기서 식사를 하면서 '연애를 할 감정적 여유가 없는 상태'라는 공감대를 확인하는 두 주인공을 연기한다. 결국 두 주인공은 동침은 할지언정 친구 사이로만 남기로 합의한다. 젊은 사람들, 특히 고생을 모르고 자란 젊은이들은 자신의 감정적 상처를 과대평가하는 경향이 있다. 사랑의 감정이 메말랐노라고 단언하던 두 사람 사이에서도 사랑은 기어이 싹을 틔운다.

프렌즈 위드 베네핏
Friends with Benefits
2011

카페 아바나

🏷 17 Prince St, New York, NY 10012
🖥 cafehabana.com
☎ +1 212-625-2001
🕑 09:00~24:00
(월, 화 10:00~23:00 /
일 09:00~22:00)
👍 $$ 4.1

카페 지탄

Café Gitane

아보카도 토스트나 쿠스쿠스 같은 이채로운 음식을 하는 프랑스-모로코식 식당이다. 2004년 우디 앨런의 코미디 〈Melinda and Melinda〉에서는 저예산 영화제작 스태프로 일하는 등장인물 수잔(아만다 피트Amanda Peet 분)이 리틀 이탈리 현장 촬영 중 막간을 이용해 이 카페에서 친구를 만나 담소를 나누었다. 카페 지탄을 배경으로 삼은 영화들이 하나같이 등장인물들이 식당 바깥쪽 야외 탁자에 앉은 장면을 찍은 점이 이채롭다.

2007년 로맨틱 코미디 〈나의 특별한 사랑 이야기Definitely, Maybe〉에서 라이언 레이놀즈는 수년에 걸쳐 세 명의 여자 친구를 사귀지만 우유부단함으로 관계를 지속하지 못하는 주인공 윌 역을 맡았다. 어느 날 윌은 큰맘 먹고 예전에 사귀던 여자 친구 에이프릴에게 선물을 주러 갔지만, 그녀의 집에 다른 남자 친구가 있는 모

나의 특별한 사랑 이야기
Definitely Maybe
2007

습을 보고 실의에 빠져 이 식당의 노천 테이블에 멍하니 앉아 있다. "Do you know what you want now(원하는 게 뭔지 결정했느냐)?"는 웨이트리스의 물음에 그는 아니라고 답한다. 때마침 그 앞을 지나던 또 다른 예전의 여자 친구 서머가 그를 알아보고 반가워하며 맞은편에 앉는다. 임신을 했다는 서머를, 윌은 축하해준다.

2013년 〈비긴 어게인Begin Again〉에서는 가수 그레타(키이라 나이틀리Keira Knightley 분)와 프로듀서 댄(마크 러팔로Mark Ruffalo 분)이 함께 음반을 녹음하기로 의기투합한 곳이 여기였다.

모든 노래를 각기 다른 장소에서 녹음하는 거야. 뉴욕의 사방에서. 여름 동안 그렇게 음반을 만들어 이 뉴욕이라는 아름답고 미친 도시의 분절되고 혼잡한 모습에 찬사를 바치는 거지.

비긴 어게인
Begin Again
2013

카페 지탄

☛ 242 Mott St, New York, NY 10012
🖥 cafegitanenyc.com
☎ +1 212-334-9552
🕐 08:30~24:00
👍 $$ 4.0

애딕티드 러브
Addicted to Love
1997

알자스 지방 출신 두 형제가 1975년 개업해서 착실히 명성을 쌓은 프랑스 식당이다. 1997년의 로맨틱 코미디 〈애딕티드 러브Addicted to Love〉에서 천문학자 샘(매튜 브로더릭Matthew Broderick 분)은 변심한 애인 린다(켈리 프레스톤Kelly Preston 분)를 찾아 뉴욕으로 무작정 올라온다. 샘은 린다가 프랑스 요리사 안톤(체키 카리오Tchéky Karyo 분)과 사랑에 빠진 것을 알게 되고 안톤의 식당에 접시닦이로 취직한다. 그는 《뉴욕타임스》음식 칼럼니스트가 방문하던 날 식당에 바퀴벌레를 풀어놓아 식당을 폐업시키는 데 성공한다. 이 식당이 라울스였다. 〈퍼펙트 머더A Perfect Murder〉(1998), 〈잘나가는 그녀에게 왜 애인이 없을까Gray Matters〉(2006)에서도 촬영 장소로 활용되었다.

〈내니 다이어리〉(2007)에서는 수모를 당하면서도 아이 때문에 보모 일을 그만두지 못하는 애니(스칼렛 요한슨 분)가 부잣집 청년

헤이든(크리스 에반스 분)과 이 식당에서 식사를 하면서 고민을 털어
놓는다. 헤이든은 그깟 보모 일 그만두고 자신과 함께 사우스햄튼
의 아버지 별장으로 가서 함께 지내자고 제안하는데, 애니는 책임
감 때문에 차마 이 제안을 수락하지 못한다.

〈섹스 앤 더 시티〉(2008)에서는 결혼식이 취소되고 의기소침
한 캐리(사라 제시카 파커 분)가 밸런타인데이에 친구 미란다(신시아
닉슨Cynthia Nixon 분)와 이 식당에서 식사를 나누며 외로움을 달랬다.
온통 풍선으로 장식된 식당에서 웨이트리스가 밸런타인 특선 메뉴
를 소개하는 대목은 캐리의 처량한 처지를 더욱 도드라지게 만들
었다.

라울스

☏ 180 Prince St
#2924, New York, NY
10012
🖥 raouls.com
☎ +1 212-966-3518
🕐 17:00~23:45
(금 17:00~다음 날 00:45
/ 토 11:30~15:30,
17:00~다음 날 00:45
/ 일 11:30~15:30,
17:00~23:45)
👍 $$$ 4.5

Famous Ben's Pizza

맨 인 블랙 2
Man in Black 2
2002

조각으로 사면 종이 접시에 내주는 구식 피자 가게다. 〈맨 인 블랙 2〉(2002)에서 '자르타의 빛'이라는 물건을 찾던 악당 설리나(라라 플린 보일Lara Flynn Boyle 분)의 손에 외계인 사장 벤이 처참하게 살해당했던 식당이다. 사건을 조사하기 위해 이 피자 가게에 왔던 요원 제이는 간신히 살아남은 종업원 로라(로자리오 도슨Rosario Dawson 분)에게 연정을 느낀다. 이들이 몰랐던 사건 해결의 단서가 이 식당 벽에 남아 있었다.

페이머스 벤즈 피자

🖚 177 Spring St, New York, NY 10012
🗗 famousbenspizza nyc.com
☎ +1 212-966-4494
🕐 11:00~23:30
(목~토 11:00~다음 날 00:30 /
일 12:00~22:30)
👍 $ 4.0(G)

펠릭스
Félix

소호의 길거리를 향해 난 커다란 유리창의 분위기가 좋은 프랑스 식당인데, 아멕스AMEX 카드와 현금만 받는다. 아담 샌들러 주연 1999년 코미디 〈빅 대디Big Daddy〉에서 꼬마 줄리언이 소변이 마렵다고 하자 소니(아담 샌들러 분)가 식당 화장실을 쓸 수 있겠냐고 물어보지만 매정하게 거절당한다. 소니는 식당 뒷문 앞에 소변을 보라고 하는데 줄리언이 무서워서 혼자는 못하겠다고 하자, 두 사람은 나란히 서서 유유히 볼일을 본다. 지금 이 쪽문 앞은 쓰레기통이 철벽 수비를 하고 있다.

빅 대디
big daddy
1999

　　사랑이 없는 부유한 가정에서 성장하는 불우한 소년의 이야기를 그린 2002년의 〈Igby Goes Down〉이라는 영화가 있었다. 매컬리 컬킨의 동생 키에란Kieran Culkin이 주인공 이그비 역을 맡았다. 제프 골드블럼Jeff Goldblum이 이그비의 대부 D. H.역을 맡았는데, 그

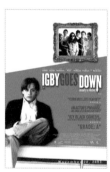

Igby Goes Down
2002

는 레이첼(아만다 피트 분)이라는 무용수와 바람을 피우고 있다. D. H.와 레이첼이 밀회를 가지던 식당이 펠릭스였다. 막 도착한 레이첼의 얼굴에서 마약 사용의 흔적을 발견한 D. H.는 말없이 일어나 식당을 떠났다.

펠릭스

☞ 340 W Broadway,
New York, NY 10013
🖥 felixnyc.com
☎ +1 212-431-0021
🕐 11:30~23:00
(금 11:30~23:30 /
토 09:30~23:30 /
일 09:00~23:00)
👍 $$$ 3.8(G)

발타자르

Balthazar

1997년 개업한 프랑스식 제과점 겸 식당이다. 스타 셰프인 키스 맥낼리Keith McNally가 (트라이베카의 오데온과 아울러) 운영하고 있나. 〈헐리우드 엔딩〉(2002)에서 영화감독 왁스만(우디 앨런 분)이 전처(테아 레오니 분)와 그녀의 약혼남인 영화제작자(트릿 윌리엄즈Treat Williams 분)를 우연히 만나 어쩔 줄 몰라 하던 식당이다. 그는 전처가 어렵사리 주선해준 새 영화를 감독하면서 자기와 동거하고 있는 신출내기 여배우(데브라 메싱Debra Messing 분)를 캐스팅했는데, 그녀와 함께 식사를 하는 모습을 들켜버렸기 때문이다.

헐리우드 엔딩
Hollywood Ending
2002

〈Mr. 히치〉(2005)에서는 월가의 금융업자 밴스(제프리 도노반 분Jeffrey Donovan 분)가 연애 전문가 히치(윌 스미스 분)를 이 식당에 초대해 하룻밤 놀이 상대 공략법을 알려달라고 부탁한다. 그는 히치가 거절하자 무례하게 굴다가 손님들이 지켜보는 앞에서 망신을 당했다.

발타자르

📍 80 Spring St, New York, NY 10012
🖥 balthazarny.com
☎ +1 212-965-1414
🕐 7:30~11:30, 12:00~24:00
(금 7:30~11:30, 12:00~다음 날 01:00 / 토 08:00~09:00, 16:00~다음 날 01:00 / 일 08:00~09:00, 12:00~24:00)
🍴 $$$ 4.4

Joe's Pizza

1975년부터 주민들의 사랑을 받고 있는 소박한 피자리아. 창업주인 나폴리 태생 피노 조 포주올리Pino 'Joe' Pozzuoli 사장의 이름을 내걸고 운영하는 가게다.

〈스파이더맨 2Spider-Man 2〉(2004)에서 피터 파커는 정체를 숨기고 피자집 배달부로 일하며 틈틈이 프리랜서 사진가로도 활동한다. 가면을 쓰고 악당들과 싸우느라 피자 배달이 늦기 일쑤인데, 가난한 슈퍼 히어로로 피터 파커가 연신 구박을 받는 모습이 안쓰럽다.

영화에서는 블리커가Bleeker St 모퉁이 가게가 등장하는데, 지금은 이곳은 닫고 바로 옆 카마인가Carmine St 매장만 영업 중이다.

스파이더맨 2
Spider-Man 2
2004

조스 피자

☞ 7 Carmine St, New York, NY 10014
🖥 joespizzanyc.com
☎ +1 212-366-1182
🕐 10:00~다음 날 04:00 (금, 토 10:00~다음 날 05:00)
👍 $ 4.5

존스 피자

John's of Bleecker Street

원래 설리번가Sullivan St에서 1929년 개업을 했다가 지금 장소로 이
전했다. 미국 전체에서 열 손가락에 꼽히는 피자 가게다. 언제나 줄
을 길게 서 있는데, 타임스스퀘어 근처의 분점도 마찬가지다.

우디 앨런의 1979년작 〈Manhattan〉의 주인공 데이비스(우디
앨런 분)는 여고생 트레이시(마리엘 헤밍웨이 분)를 사귄다. (마리엘 헤
밍웨이Mariel Hemingway는 트레이시 역할로 아카데미 여우조연상 후보에 올
랐다.) 데이비스가 트레이시와의 데이트 장소로 피자 가게를 고른
건 미성년자를 데리고 갈만한 곳이 마땅치 않아서가 아니라 딴 여
자를 만난 후 그녀에게 심드렁해졌기 때문인 것처럼 보인다.

Manhattan
1979

존스 피자

☛ 278 Bleecker St,
New York, NY 10014
🖥 johnsbrickoven
pizza.com
☎ +1 212-243-1680
🕐 11:30~23:00
(금, 토 11:30~24:00)
👍 $$ 4.3

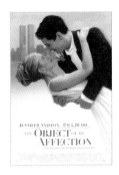

The Object of My
Affection
1998

1998년의 특이한 로맨틱 코미디 〈The Object of My Affection〉의
주인공은 커뮤니티센터에 근무하는 니나와 초등학교 교사 조지
다. 최근 〈앤트맨〉으로 인기를 얻은 폴 러드가 동성애자 조지 역을,
제니퍼 애니스톤이 니나 역을 맡았다. 설득력 있는 게이 연기 덕분
이었는지, 폴 러드의 열성팬 중에는 동성애자들도 많다고 한다. 니
나는 게이 친구 조지에게 자기 아파트에 함께 살 것을 제안하는데,
남자 친구 빈스와 연애 끝에 아이를 갖게 되자 자신이 빈스보다는
조지와 함께 지낼 때 더 행복하다는 사실을 깨닫는다. 니나는 빈스
의 청혼을 거절하고 조지에게 함께 아이를 키우자고 제안한다. 조
지는 제안을 수락하지만 그가 니나에게 느끼는 것은 사랑이라기
보다는 우정이다. 두 사람이 서로를 바라보는 시각은 어긋나기 시
작한다. 조지와 니나는 조지의 형 내외와 식사를 하는데, 이 식사

는 두 커플의 처지가 확연히 다르다는 점을 확인하는 자리가 되고
만다.

　이 장면은 블리커가의 A.O.C.라는 프랑스 식당에서 촬영했
다. 그다지 비싸지 않은 가격에 파리 식당의 맛을 느낄 수 있는 곳
으로 알려져 있다. A.O.C.라는 이름은 "L'Aile ou la Cuisse"라는 프
랑스어의 약자다. '날개 또는 다리'라는 뜻의 이 상호명은 루이 느
휘네Louis De Funes 주연의 1976년 프랑스 영화 제목이기도 했다. 요리
사와 요리 비평가가 등장하는 코미디 영화였다.

에이.오.시

☛ 314 Bleecker St,
New York, NY 10014
🗗 aocnyc.com
☎ +1 212-675-9463
🕐 08:00~24:00
(금, 토 08:00~다음 날
02:00)
👍 $$, 4.0

Cafe Cluny

Annie
2014

밝고 화사한 프랑스-미국식 식당이다. 1987년 영화 〈문스트럭〉의 무대는 브루클린 하이츠지만 조니(대니 아옐로 분)가 로레타(셰어 분)에게 무릎을 꿇고 청혼하던 식당 장면은 여기서 촬영한 것이다. 〈스위치The Switch〉(2010)에도, 〈Annie〉(2014)에도 카페 클루니가 등장한다.

카페 클루니

☞ 284 W 12th St,
New York, NY 10014
🖥 cafecluny.com
☎ +1 212-255-6900
🕐 08:00~22:00
(목, 금 08:00~23:00 /
토 09:00~23:00 /
일 09:00~22:00)
👍 $$$ 4.1

매그놀리아 베이커리

Magnolia Bakery

1996년 개업해 디저트 케이크로 유명세를 얻은 제과점이다. 드라마 〈섹스 앤 더 시티〉에 자주 등장하면서 관광객들이 몰려가는 가게가 되었다. 뉴욕에만도 여섯 개 매장이 있고, 우리나라를 포함한 세계 각국에 신규 매장을 공격적으로 개업하고 있다. 손님들이 가게 밖까지 길게 줄을 서는 날이 많다.

2005년의 로맨틱 코미디 〈프라임 러브Prime〉에서 주인공 데이비드(브라이언 그린버그Bryan Greenberg 분)도 친구 모리스(존 아브라함즈 Jon Abrahams 분)와 함께 이 줄에 서서 대화를 나눈다. 모리스가 이 가게에서 크림 파이를 사는 건 자기를 받아주지 않는 여자의 얼굴에 던지기 위해서다. 이 영화는 정신과 의사 리자(메릴 스트립 분)가 병원 고객인 37세 여성 라피(우마 서먼Uma Thurman 분)가 자신의 23살짜리 아들을 사귀는 걸 알게 되면서 벌어지는 해프닝을 담고 있다. 모리스의 '마그놀리아 파이 던지기' 기행은 그의 동년배 친구인 주인공 데이비드가 의젓하고 노숙해 보이긴 해도 실은 얼마나 어린 아이인지를 관객이 깨닫도록 도와주는 복선이다.

프라임 러브
Prime
2005

매그놀리아 베이커리
☛ West 11th Street,
401 Bleecker St, New
York, NY 10014
🖥 magnoliabakery.
com
☎ +1 212-462-2572
🕙 10:00~22:30
(금, 토 10:00~23:30)
👍 $ 4.0

Little Owl

사랑의 레시피
No Reservations
2007

캐서린 제타존스가 요리사 케이트로 등장하는 〈사랑의 레시피No Reservations〉라는 2007년 로맨틱 코미디가 있다. 어린 딸 조(애비게일 브레슬린 분)를 데리고 사는 그녀는 '22 블리커 스트리트'라는 고급 식당의 주방장이다. 이 식당에 보조 주방장 닉(애론 에커트Aaron Eckhart 분)이 들어오면서 티격태격하며 정이 드는 이야기다.

22 블리커 스트리트라는 식당은 실제로 없고, 촬영도 블리커가에서 하지 않았다. 하지만 영화의 결말 부분에 케이트가 개업하는 식당은 실재하는 식당이다. 베드퍼드가 모퉁이 건물에 그림책에서 나올 것처럼 빨간 창틀로 꾸며진 이 식당은 조이 캄파나로Joey Campanaro라는 셰프가 솜씨를 자랑하는 지중해풍 식당 리틀 아울이다. 한 달쯤 전에 예약하지 않으면 자리 잡기도 어렵다고 한다.

리틀 아울

☛ 90 Bedford St, New York, NY 10014
🖥 thelittleowlnyc.com
☎ +1 212-741-4695
🕐 11:45~14:30,
17:00~23:00
(토, 일 09:00~14:30,
17:00~23:00)
👍 $$$ 4.5

디 엘크

The Elk

캐서린 제타존스 이야기가 나온 김에 하나 더. 2009년 영화 〈사랑은 언제나 진행중The Rebound〉은 아이가 둘 딸린 이혼녀 샌디(캐서린 제타존스 분)가 무려 15년 연하의 청년 아람(저스틴 바타Justin Bartha 분)과 사랑에 빠지는 이야기를 그린 로맨틱 코미디다. 두 사람은 아람이 일하고 있던 카페에서 처음 만난다. 이곳은 모조 커피 숍Mojo Coffee Shop이라는 카페였다. 'Mojo'란 마법적인 매력을 말한다.

　이 카페는 2014년에 밴쿠버 태생의 새 주인을 만나 디 엘크라는 이름의, 좀 더 깔끔한 현대식 카페로 변신했다. 개업을 하던 무렵,《빌리지 보이스》라는 온라인 잡지는 '엘크가 웨스트 빌리지에 모조를 되찾아주었다'라는 제목으로 이 카페를 소개했다.

사랑은 언제나 진행중
The Rebound
2009

디 엘크

☛ 128 Charles St,
New York, NY 10014
⌂ theelknyc.com
☎ +1 212-933-4780
🕐 07:00~19:00 (토,
일 08:00~19:00)
🥄 $ 4.5(G)

Barbuto

셰프 조나단 왁스먼Jonathan Waxman의 로스트 치킨이 유명한 고급 이탈리아 식당이다. 날씨 좋은 날은 외벽을 걷어 올려 탁 트인 분위기를 연출한다.

제니퍼 애니스톤 주연의 2010년 로맨틱 코미디 〈스위치〉에서 주인공 캐시가 친구인 월리(제이슨 베이트먼Jason Bateman 분)더러 아이를 갖고 싶으니 정자 기증자를 알아봐 달라고 부탁하던 장소가 이 식당이었다.

〈아더 우먼The Other Woman〉(2014), 〈나를 미치게 하는 여자 Trainwreck〉(2015)의 등장인물들도 여기서 식사를 했다.

스위치
The Switch
2010

바부토
☛ 775 Washington St,
New York, NY 10014
🖥 barbutonyc.com
☎ +1 212-924-9700
🕐 12:00~15:30,
17:30~23:00
(금, 토 12:00~15:30,
17:30~24:00 /
일 12:00~15:30,
17:30~22:00)
👍 $$$ 4.5

빌리지 뱅가드
Village Vanguard

영화에 출연한 재즈 뮤지션들의 명단은 길지만 그들 중 아카데미 남우주연상 후보가 되었던 연주자는 내가 아는 한, 한 명뿐이다. 1986년의 영화 〈Round Midnight〉에 출연했던 테너 색소폰 연주자 덱스터 고든Dexter Gordon. 이 영화에서 주인공 데일 터너 역할을 맡았던 덱스터 고든은 뭐랄까, 삶에 지쳐 꿈꾸기를 포기했으면서도 포기한 것들을 달관한 인간만이 낼 수 있는 그런 목소리로, 그리고 자신의 목소리를 닮은 색소폰으로 범상치 않은 존재감을 뿜어냈다. 유럽에서 활동하던 고든이 1976년에 미국에 돌아와 실황 앨범 〈Homecoming〉을 녹음하면서 건재함을 알린 장소가 맨해튼의 재즈 클럽 빌리지 뱅가드였다.

Round Midnight
1986

　　1935년에 개업하여 1957년 재즈 전용 클럽으로 변신한 이래 60년이 넘도록 모던 재즈의 산실과도 같은 역할을 하고 있는 곳이다. 문외한에게는 퀴퀴한 지하에 자리 잡은 비좁은 생음악 클럽에 불과할지 몰라도, 재즈 팬들에게 빌리지 뱅가드를 방문하는 것은 일종의 성지 순례와도 같다. 재즈 평론가 애슐리 칸Ashley Kahn의 표현에 따르면 '내막을 아는 사람들에게 이곳은 옛 재즈의 거장들이 혼령으로 찾아와 연주를 계속하는 곳, 지금도 최고의 재능을 가진 연주자들이 자신의 앨범을 녹음하고 싶어 하는 곳, 소리의 파장이 다른 어떤 클럽과도 다르게 진동하는 장소'다.

　　1999년 영화 〈The Tic Code〉의 주인공 소년 마일즈(크리스 마켓Chris Marquette 분)는 흔히 틱 장애라고 알려진 투렛증후군Tourette's syndrome을 앓고 있다. 재즈를 사랑하는 그에게는 방과 후 이 클럽에 와서 피아노를 연습하는 것이 가장 큰 즐거움이다. 홀어머니 로라(폴리 드레이퍼Polly Draper 분) 슬하에서 지내는 마일즈는 아버지가 떠

The Tic Code
1999

마일스
Miles Ahead
2015

나버린 이유가 자신의 장애 때문일 거라고 생각한다. 마일즈는 빌리지 뱅가드에서 색소폰 연주자 타이론(그레고리 하인즈Gregory Hines 분)과 만나 음악적으로 교감을 하고, 이 만남은 마일즈, 로라, 타이론 세 사람 모두의 삶을 변화시킨다. 재즈와 관련된 영화들 중 최고의 수작은 아니더라도, 가장 따뜻한 영화임에는 틀림없다.

돈 치들이 감독, 극본, 주연을 맡은 2015년 영화 〈마일스Miles Ahead〉에서는 전설적 트럼펫 연주자 마일즈 데이비스가 자신의 녹음테이프를 훔쳐간 연주자를 뒤쫓아 권총을 들고 빌리지 뱅가드를 방문했다.

빌리지 뱅가드

☞ 178 7th Ave S,
New York, NY 10014
🖳 villagevanguard.
com
☎ +1 212-255-4037
🕐 19:30~24:00
👍 $$ 4.6(G)

화이트호스 태번

White Horse Tavern

웨스트 빌리지에서 샐러드, 버거, 샌드위치 등을 서빙하는 이 주점
이 개업한 건 1880년이라고 한다. 1950~1960년대에는 문인들의
집합 장소로 유명했다. 뉴욕 체류 중에 세상을 떠난 웨일스 출신의
시인 딜런 토마스Dylan Thomas도 이 집의 단골이었다. 영화 〈인터스텔
라Interstellar〉에서 반복적으로 소개되어 젊은 관객들에게도 널리 알
려진 명시 〈Do not go gentle into that good night〉의 저자다. 39세
의 토마스가 1953년에 알콜성 뇌병변으로 죽기 직전 마지막으로
폭음을 하면서 "위스키 18잔을 마신 건 기록일 거야."라며 좋아했
다는 곳이 바로 이곳 화이트호스 태번이었다. 웨일스 출신 배우 매
튜 리즈Matthew Rhys가 자기 고향이 낳은 위대한 시인 딜런 토마스를
연기하던 2008년 영화 〈The Edge of Love〉가 있었다. 키이라 나이
틀리와 시에나 밀러가 연적으로 함께 출연한다.

The Edge of Love
2008

　　노벨상을 수상한 가수 밥 딜런도 이 주점의 단골이었다. 그의
본명은 로버트 앨런 짐머맨Robert Allen Zimmerman이었는데, 젊은 시절
에는 딜런 토마스의 영향을 받은 게 아니라고 우기다가 나중에야
인정을 했다. 밥 딜런에 관한 영화로는 2007년의 〈아임 낫 데어I'm
Not There〉가 있다. 크리스찬 베일, 케이트 블란체트Cate Blanchett, 마커
스 프랭클린Marcus Franklin, 리처드 기어, 히스 레저, 벤 위쇼Ben Whishaw
등 여섯 배우가 밥 딜런의 다양한 면모를 상징하는 여섯 가지 인생
을 연기했다.

　　위의 두 영화에 화이트호스 태번이 배경으로 등장하는 건 아
니다. 참고로 로워 맨해튼에도 같은 이름의 퍼브가 있으니 혼동하
지 마시기 바란다.

화이트호스 태번

🕿 567 Hudson St,
New York, NY 10014
🖥 whitehorsetavern
1880.com
☎ +1 212-989-3956
🕐 11:00~다음 날
02:00
(금, 토 11:00~다음 날
04:00)
👍 $$ 4.0(G)

인 굿 컴퍼니
In Good Company
2004

그리니치빌리지에서 1927년부터 영업을 해온 커피 가게다. 카푸치노를 제일 처음 미국에 소개한 카페로 알려져 있다. 카페 뒤편에 놓인 에스프레소 머신은 1902년에 제작된 것으로, 개업할 때부터 쓰던 것이라고 한다. 〈샤프트Shaft〉(1971), 〈Serpico〉(1973), 〈대부 2〉(1974), 〈The Next Man〉(1976), 〈졸업The Pallbearer〉(1996) 등 등 많은 영화에 배경으로 등장했다. 〈사랑도 통역이 되나요?Lost in Translation〉라는 영화로 주목을 받기 시작하던 스무 살 무렵의 스칼렛 요한슨이 출연한 〈인 굿 컴퍼니In Good Company〉라는 2004년 코미디 영화가 있었다. 여기서 스칼렛은 아버지의 젊은 상사 카터(토퍼 그레이스Topher Grace 분)와 사귀는 대학생 알렉스 역을 맡았다. 이 두 사람이 우연히 만나 데이트를 시작하는 장소가 카페 레지오의 노천 테이블이었다. 코엔 형제Joel & Ethan Coen의 2013년 영화 〈인사이드 르윈〉에서는 주인공 르윈(오스카 아이작 분)이 친구의 부인 진(캐리 멀리건Carey Mulligan 분)을 이 카페에서 만났다. 둘은 아버지가 르윈일지도 모르는 진의 임신을 두고 여기서 말다툼을 벌였다.

카페 레지오

☛ 119 Macdougal St, New York, NY 10012
🖥 caffereggio.com
☎ +1 212-475-9557
🕘 09:00~다음 날 03:00
 (금, 토 09:00~다음 날 04:00)
👍 $$ 4.4(G)

미네타 태번

Minetta Tavern

프랑스식을 표방하지만 스테이크와 버거가 유명한 식당이다. 1937년 개업 당시 주변을 흐르던 샛강의 이름을 따서 가게 이름을 삼았다고 한다. 어네스트 헤밍웨이, 에즈라 파운드, 유진 오닐, E. E. 커밍스 등 문인들이 단골로 드나들었다.

〈레인 맨Rain Man〉으로 유명한 베리 레빈슨Barry Levinson 감독이 로버트 드니로, 더스틴 호프먼, 케빈 베이컨Kevin Bacon, 브래드 피트 등 호화 캐스팅으로 만든 1996년 영화 〈슬리퍼스Sleepers〉에 이 식당이 나온다. 'Sleepers'란 소년원에 다녀온 문제아들을 일컫는 1960년대의 은어라고 한다. 영화는 범죄와 폭력과 부패가 난무하는 헬스 키친에서 어린 시절을 보낸 네 명의 친구들이 경험하는 불행한 성장기를 그렸다. 스포일러가 되겠기에 더 자세한 설명은 삼가겠지만, 영화의 마지막에 등장하는 식당이 바로 여기다.

1999년 코미디 〈미키 블루 아이즈Mickey Blue Eyes〉에서는 영국 태생의 미술 감정사 미키가 구애를 거절당하자 여자 친구의 아버지를 설득하기 위해 아버지가 경영하는 식당을 찾아간다. 미키 역은 휴 그랜트가, 애인 아버지 비탈리 씨는 제임스 칸이 맡았다. 미키가 찾아간 식당이 바로 미네타 태번인데, 이 영화에서 이곳은 마피아들이 우글대는 범죄 모의 장소였다. 장인 될 사람이 폭력 조직의 일원이었고, 여자 친구가 미키의 구애를 거절한 이유도 사랑하는 사람을 그런 삶으로 차마 끌어들일 수 없어서였던 것이다.

슬리퍼스
Sleepers
1996

미네타 태번

☞ 113 Macdougal St, New York, NY 10012
🖥 minettatavernny.com
☎ +1 212-475-3850
🕐 17:30~24:00
(수 12:00~15:00, 17:30~24:00 /
목, 금 12:00~15:00, 17:30~다음 날 01:00
/ 토 11:00~15:00, 17:30~다음 날 01:00
/ 일 11:00~15:00, 17:30~24:00)
👍 $$$ 4.4

Knickerbocker Bar & Grill

'니커보커'란 20세기 초 유행하던, 무릎 아래를 죄어 매는 펑퍼짐한 바지를 말하는데, 뉴욕에 처음 이민을 왔던 네덜란드인들이 유행시킨 이후 뉴욕 사람을 가리키는 말처럼 쓰인 적도 있었다. 니커보커 바 & 그릴은 1977년 개업 이래 라이브 재즈 음악과 함께 스테이크를 포함한 미국식 요리를 제공하고 있다.

　앞에 설명한 〈미키 블루 아이즈〉의 휴 그랜트가 주인공 미키 역을 맡아 이 식당에서 펼친 연기는 그가 지금껏 보여준 가장 코믹한 것이었다. 미키가 장인어른과 그의 마피아 친구들과 함께 점심 식사를 하면서 자기 신분과 억양을 숨기는 어설픈 연기를 하는 대목이다. 2014년의 코미디 〈They Came Together〉는 영화의 시작부터 끝까지 두 커플이 이 식당에 앉아서 서로가 어떻게 만나 사랑에 빠졌는지를 설명하는 구조로 이루어져 있다. 이야기를 듣는 한 쌍이 중간에 일어나고 싶어 할 만큼 긴 저녁 식사였음은 두말하면 잔소리다.

미키 블루 아이즈
Mickey Blue Eyes
1999

니커보커 바 & 그릴

☞ 33 University Pl,
New York, NY 10003
🖳 knickerbockerbar
andgrill.com
☎ +1 212-228-8490
🕐 11:45~24:00 (금
11:45~다음 날 01:00
/ 토 11:00~다음 날
01:00 / 일 11:00~
24:00)
👍 $$$ 4.0

베셸카

Veselka

제2차 세계대전 당시 난민 신분으로 뉴욕에 온 우크라이나인 가족이 1954년 개업한 우크라이나 식당이다. 베셸카는 우크라이나어로 무지개를 뜻한다. 한때 이스트 빌리지 지역은 동유럽 출신 이민자들의 타운이었지만, 지금은 베셸카 이외의 다른 동유럽계 식당들은 자취를 감추었다. 근대beet를 주재료로 하는 보르쉬Borscht(또는 보르시치)라는 수프, 피로기Pierogi(또는 피로시키)라는 동유럽식 만두 등을 파는 식당이다.

2005년 로맨틱 코미디 〈Trust the Man〉에서는 친구이자 처남매부 사이인 톰(데이비드 듀브코니David Duchovny 분)과 토비(빌리 크러덥 Billy Crudup 분)가 대낮에 이 식당에서 만나 크레페와 비슷한 블린츠 Blintze를 주문하고 사랑하는 여인들에게 상처를 준 자신들의 아둔함을 반성한다.

Trust the Man
2005

고교생들의 연애를 그린 2008년 〈Nick and Norah's Infinite Playlist〉에서는 새벽에 맨해튼을 헤매던 닉(마이클 세라Michael Cera 분)과 노라(캣 데닝즈Kat Dennings 분)가 이 식당에서 한밤중의 소동을 마무리 짓는 달콤한 화해를 한다. 베셀카는 24시간 영업을 하기 때문에 느지막한 시간에 유명 인사들도 즐겨 찾는다고 한다.

노아 바움백 감독의 2015년작 〈미스트리스 아메리카〉에서 부모가 계획대로 재혼했더라면 자매 사이가 될 뻔했던 브룩(그레타 거윅 분)과 트레이시(롤라 커크 분)가 만남-오해-실망-다툼을 거쳐 추수감사절 식사를 함께 나누며 화해하던 마지막 장면의 식당도 이곳이었다.

2018년 〈오션스 8〉에서는 주인공 데비(산드라 불록 분)와 루(케이트 블란쳇 분)가 식사를 하면서 범죄를 모의한다. 데비가 음식을 입에 넣고 우물거리며 설명할 때 루가 면박을 주면서 하필 "미안하지만 난 우크라이나 말은 못 알아들어."라고 말한 것은 그 식당이 베셀카였기 때문이다.

베셀카

🐖 144 2nd Ave, New York, NY 10003
🗗 veselka.com
☎ +1 212-228-9682
🕐 연중무휴
👍 $$ 4.0

호스슈 바

Horseshoe Bar

바 카운터가 U 자형 말발굽 모양으로 생긴 유서 깊은 술집이다. 7가7th St와 B가Ave B 모퉁이에 있어서 '7B'라고도 부르고, '바작스 Vazacs 바'라고도 부른다.

〈대부 2〉에서 로사토 형제가 프랭크 팬탄젤리를 목 졸라 죽이려다 실패한 장소가 여기다. 로사토의 부하들은 교활하게도 "돈 콜레오네가 안부를 전한다."며 암살을 시도하는데, 이 때문에 팬탄젤리는 FBI에 돈 콜레오네에게 불리한 증언을 한다.

〈크로커다일 던디〉(1986)의 주인공 던디(폴 호건Paul Hogan 분)는 택시 기사가 데려다준 이 바에서 술을 마시며 뉴욕에서의 외로움을 달랬고, 〈엔젤 하트〉(1987)의 사립 탐정 해리(미키 루크 분)는 여기서 여성 기자 코니(엘리자벳 윗크래프트Elizabeth Whitcraft 분)를 만나 사건 관련 자료를 건네받았다.

렌트
Rent
2005

2005년의 뮤지컬 영화 〈렌트Rent〉에서는 등장인물 모두가 이 바에 모여 보헤미아적인 삶을 찬미하는 〈La Vie Bohème〉을 부른다. (이들이 노래하는 식당의 내부는 세트장이다.) 2013년의 음악 영화 〈비긴 어게인〉에서는 실패한 음반 프로듀서 댄(마크 러팔로 분)이 딸을 데리고 이 바에 와서 맥주 몇 잔 마시고 술값이 없어 도망가다가 주인에게 잡혀 얻어맞았다.

호스슈 바

☞ 108 Avenue B, New York, NY 10009
🖥 facebook. com/7bHorseshoeBar AkaVazacs
☎ +1 212-677-6742
🕐 12:00~다음 날 04:00
👍 $ 4.4(G)

코요테 어글리

Coyote Ugly

2000년 영화 〈코요테 어글리Coyote Ugly〉에 등장하는 코요테 어글리 바는 미트패킹 디스트릭트(리틀 웨스트 12가Little West 12th St와 워싱턴가 교차로)에 세트를 지어서 찍었다.

　　1993년부터 영업을 해오던 실제 코요테 어글리 살롱은 이스트 빌리지에 있다. 바텐더 역할을 하는 젊은 처자들이 탁자 위에 올라가 춤도 추고 노래도 부르며 흥을 돋우는 곳이다. 흥에 겨운 여자 손님들이 벗어 던진 가슴가리개 속옷들을 벽면에 주렁주렁 걸어둔 곳이니, 그런 흥을 감당할 자신이 있으면 가봐도 좋다. 나는 못 가봤다.

코요테 어글리
Coyote Ugly
2000

코요테 어글리

☛ 153 1st Avenue,
New York, NY 10003
🖥 coyoteuglysaloon.
com
☎ +1 212-477-4431
🕐 14:00~다음 날
04:00 (금, 토, 일
12:30~다음 날 04:00)
👍 $$ 4.0(G)

Peter McManus Cafe

하이랜더
Highlander
1986

평점만 봐서는 그저 그런 아이리시 퍼브처럼 보이지만, 이래뵈도 1936년에 개업해 뉴욕에 현존하는 가장 오래된 몇몇 식당들 중 하나다. 1986년 판타지 액션 영화 〈하이랜더Highlander〉에서 뉴욕을 찾아온 불멸의 전사 맥클라우드(크리스토퍼 램버트Christopher Lambert 분)는 자신의 사건을 조사하는 법의학자 브렌다(록산 하트Roxanne Hart 분)의 뒤를 밟아 이 식당으로 들어와 바텐더에게 하이랜드산 위스키 글렌모란지Glenmorangie를 주문했었다. 〈키핑 더 페이스〉(2000)는 사랑도 순결 서약도 잃어버린 젊은 신부 브라이언(에드워드 노튼 분)이 이 식당에서 폭음을 하면서 바텐더에게 신세를 한탄하는 장면으로 시작한다. 2010년 코미디 〈The Other Guys〉에서 샌님 스타일의 형사 앨런(윌 패럴 분)이 과격한 파트너 테리(마크 월버그Mark Wahlberg 분)를 데려와 이야기를 나누다 말고 느닷없이 다른 손님들과 아일랜드 노래를 합창하던 식당도 여기였다.

피터 맥마누스 카페

☛ 152 7th Ave, New York, NY 10011
🖥 petermcmanuscafe. com
☎ +1 212-929-6196
🕐 11:00~다음 날 04:00 (일 12:00~ 다음 날 04:00)
👍 $$ 4.4(G)

언타이틀드
Untitled

거트루드 밴더빌트 휘트니가 1931년에 설립한 휘트니 미술관 Whitney Museum of American Art도 뉴욕의 자랑거리다. 미국 현대 화가의 작품들을 주로 전시하는 이 미술관은 원래 그리니치빌리지에 있었는데 1966년에 어퍼 이스트사이드로 옮겼다가 2015년에는 미트패킹 디스트릭트의 새 건물로 다시 이전했다.

2016년 영화 〈Collateral Beauty〉의 주인공 하워드(윌 스미스 분)는 광고회사의 대표인데, 어린 딸을 여읜 슬픔을 잊지 못하고 2년 넘도록 회사를 방치한다. 그 때문에 회사가 위기에 처하자 그의 동업자들은 그의 정신 상태가 정상이 아니라는 점을 증명하기 위해 사립 탐정을 고용해 그의 뒤를 밟게 한다. 그들이 하워드 몰래 사립 탐정을 만나는 장소는 뒷조사라는 떳떳치 못한 행동과는 어울리지 않게 밝고 화사한 휘트니 미술관 구내식당이었다. 벽이 높다란 통유리로 장식된 이 멋진 식당은 미술관 구내식당답게 'Untitled(무제)'라는 멋들어진 이름을 가졌다. 현대식으로 변형된 미국식 음식을 내는 곳이다.

Collateral Beauty
2016

언타이틀드
☞ 99 Gansevoort St,
New York, NY 10014
⊟ untitledatthewhitney.
com
☎ +1 212-570-3670
⏱ 12:00~21:00
(금 12:00~22:00 /
토 11:00~22:00 /
일 11:00~21:00)
👍 $$$ 4.4

Buddakan

미국 각지에 고급 레스토랑을 운영하고 있는 스티븐 스타Stephen Starr가 첼시 마켓 부근에 2006년 개업한 이 아시아 요리 식당은 금세 뉴욕에서 가장 인기 있는 식당들 중 하나로 등극했다. 부다칸이라는 국적 불명의 이름은, 식당 내의 부처상으로 미루어 부처의 영문 표기에 장소를 의미하는 관館의 일본식 발음을 갖다 붙인 걸로 추정된다.

넓고 비싸고 트렌디한 이 식당에 어울리는 2008년 영화 〈섹스 앤 더 시티〉가 여기서 촬영을 했다. 캐리(사라 제시카 파커 분)와 미스터 빅(크리스 노스Chris Noth 분)이 결혼을 앞두고 화려한, 그러나 불안한 축하 파티를 열었던 장소가 부다칸이었다. 미국에서는 이렇게 결혼식 전날 사전 준비를 마치고 여는 만찬 축하연을 리허설 디너 Rehearsal Dinner라고 부른다.

섹스 앤 더 시티
Sex and the City
2008

부다칸

☛ 75 9th Ave, New York, NY 10011
🖥 buddakannyc.com
☎ +1 212-989-6699
🕐 17:30~23:00
(수, 목 17:30~24:00 /
금, 토 17:00~
다음 날 01:00 /
일 17:00~ 23:00)
👍 $$$$ 4.4

엠파이어 다이너

Empire Diner

1946년 첼시 지역 길모퉁이에서 영업을 시작한 간이식당이다. 몇 차례 폐업했다가 다시 문을 열었던 적이 있는데, 최근에는 2015년에 문을 닫았었다. 〈Manhattan〉(1979), 〈커튼 클럽Cotton Club〉(1984), 〈See You in the Morning〉(1989), 〈나 홀로 집에 2: 뉴욕을 헤매다〉(1992), 〈Igby Goes Down〉(2002), 〈City Island〉(2009) 등등 여러 영화에서 복고풍 물씬한 분위기를 선사해주었던 엠파이어 다이너를 기억하는 영화 팬들에게는 몹시 서운한 소식이었는데, 다행히 2017년에 다시 영업을 시작했다.

〈맨 인 블랙 2〉(2002)의 주인공 제이는 파트너 케이와 함께 간식으로 파이를 먹곤 했다. 케이가 은퇴하자 제이는 새로운 파트너를 데리고 엠파이어 다이너에 오지만 파이를 앞에 두고도 말이 통하지 않는다. 제이는 징징대는 신참의 기억을 그 자리에서 지워버린다. 다소 아쉽지만, 현재 엠파이어 다이너의 메뉴에는 파이가 없다.

〈We'll Take Manhattan〉(2012)의 주인공인 영국인 패션 사진가와 모델은 맨해튼에 머물며 촬영을 하는 기간 내내 엠파이어 다이너를 애용한다. 첫날, 사진가 데이빗(어나이린 버나드Aneurin Barnard 분)은 '칩스chips'를 달라는 자신의 요구를 요리사가 못 알아듣자 짜증을 부린다. 모델 진(카렌 길런 분)이 설명한다. "죄송해요. 저희가 영국인이라서 그래요. 감자튀김fries 달라는 뜻이에요."

We'll Take Manhattan
2012

엠파이어 다이너

☛ 210 10th Ave, New York, NY 10011
🖥 empire-diner.com
☎ +1 212-335-2277
🕗 08:00~23:00
(금, 토 08:00~24:00)
👍 $$ 4.0(G)

Old Town Bar

데블스 오운
The Devils Own
1997

1892년에 개업한 빈티지 살롱이다. 그 이름처럼 고색창연한 분위기 덕분에 〈State of Grace〉(1990), 〈사랑과 슬픔의 맨하탄Q & A〉(1990), 〈브로드웨이를 쏴라Bullets Over Broadway〉(1994), 〈데블스 오운The Devil's Own〉(1997), 〈The Last Days of Disco〉(1998), 〈보일러 룸Boiler Room〉(2000), 〈맨 온 렛지〉(2012)등 많은 영화와 〈섹스 앤 더 시티〉, 〈결혼 이야기Mad About You〉 등 TV 드라마에서 배경으로 사용되었다.

　　자가트Zagat에 등록은 되어 있는데 음식 평점이 누락된 것으로 보아 음식은 별 볼 일 없는 모양이다.

올드 타운 바

☛ 45 E 18th St, New York, NY 10003
☎ +1 212-529-6732
🕐 11:30~다음 날 01:00 (토 12:00~ 다음 날 01:00 / 일 13:00~24:00)
👍 $$ 4.2(G)

버드랜드 재즈 클럽

Birdland Jazz Club

위대한 재즈 트럼펫 연주자 찰리 '버드' 파커Charlie 'Bird' Parker의 별명
을 따서 그를 기리는 재즈 클럽이다. 이 클럽은 그가 한창 활동 중
이던 1949년 미드타운에 개장해서 그가 죽은 지 10년 후인 1965년
에 폐업을 했다. 파커는 살아서 기념비가 된 인물이었던 셈이다. 파
커의 자기 파괴적인 생애를 좀 더 알고 싶다면 주인공 포레스트 휘
태커Forest Whitaker에게 칸영화제 남우주연상을 안겨준 클린트 이스
트우드의 1988년 영화 〈Bird〉를 찾아보면 된다. 이 영화에서 연주
자 베니 테이트(제이슨 버나드Jason Bernard 분)는 파리를 방문한 찰리
파커에게 뉴욕으로 돌아가지 말고 유럽에 정착하라고 권한다.

뉴욕엔 뭐 하러 돌아가? 오, 오, 그렇지. 자네 이름을 딴 클럽이 있다지. 그런
데 그 클럽의 얼마만큼이 자네 건가? 연주가 끝나면 자네는 그저 다음 연주를

버드
Bird
1988

찾아 헤맬 뿐이지. 다음 연주가 있기나 하다면 말이야. 미국에서는 재즈만 연주해서 먹고살 수가 없어. (생략) 무대 위에서야 다들 자네를 찬양하겠지. 일을 그르치기 전까지 말이야. 거기선 자네가 실수를 하고 일을 그르치면 자네 이름을 딴 그 장소에서도 연주를 할 수가 없게 될 걸세. 내 말이 틀렸나?

본 투 비 블루
Born to be Blue
2015

재즈 트럼펫 연주자 쳇 베이커Chet Baker의 생애를 재료 삼아 만든 2015년 영화 〈본 투 비 블루Born To Be Blue〉는 베이커 역을 맡은 에단 호크가 버드랜드에서 공연을 하는 장면으로 시작한다. 참고로, 이 영화의 줄거리는 실제 쳇 베이커의 생애와는 딴판이니까 영화를 보고 나서 베이커를 이해하게 되었다고 생각하면 곤란하다. 실제 쳇 베이커는 1960년대 후반부터 수년간 슬럼프에 빠져 연주를 중단했다. 이 영화는 베이커가 중서부를 떠돌다가 뉴욕의 버드랜드에서 다시 재기하는 장면으로 끝난다. 1965년에 폐업한 버드랜드가 다시 개장을 한 것은 1986년이었으니까, 연도상으로도 맞지 않는 설정이다. (버드랜드가 현재의 위치로 다시 옮긴 것은 1996년이었다.) 1973년 실제로 쳇 베이커가 뉴욕에서 디지 길레스피Dizzy Gillespie와 함께 컴백 공연을 펼친 클럽은 그 이듬해에 문을 닫은 해프노트Half Note 클럽이었다.

버드랜드 재즈 클럽

☛ 315 W 44th St
#5402, New York, NY
10036
🗗 birdlandjazz.com
☎ +1 212-581-3080
⏱ 17:00~다음 날
01:00 (화 17:30~
다음 날 01:00 /
금 16:30~다음 날
01:00)
👌 $$$ 4.6(G)

버바 검프 슈림프

Bubba Gump Shrimp Co.

'영화에 나오는' 식당이라기보다 '영화에서 나온' 식당이다. 1994
년 영화 〈포레스트 검프Forrest Gump〉에서 톰 행크스가 연기한 주인
공 검프가 새우잡이로 대박을 터트려 설립한 회사 이름을 그대로
가져왔다. 미국에 30개 가까운 매장이 있고, 다른 나라에도 체인점
을 내고 있다. 영화 팬들이 포레스트 검프의 흐뭇한 성공을 되새기
며 판타지를 소비할 수 있도록 꾸며놓았는데, 타임스스퀘어를 찾
는 관광객들로 몹시 붐빈다.

2009년 코미디 〈Old Dogs〉에서 두 친구 댄(로빈 윌리엄스 분)
과 척(존 트라볼타 분)은 여기서 음료를 마시며 티격태격했다. 존재
를 몰랐던 댄의 아이가 어느 날 갑자기 나타났기 때문이다.

포레스트 검프
Forrest Gump
1994

Old Dogs
2009

버바 검프 슈림프

☞ 1501 Broadway,
New York, NY 10036
🏠 bubbagump.com
☎ +1 212-391-7100
🕐 11:00~24:00
(금, 토 11:00~다음 날
01:00)
🍴 $$ 4.3(G)

1927년 개업 당시 사장이던 사르디^{Melchiorre Pio Vencenzo Sardi Sr.}의 이름을 딴 유럽식 레스토랑이다. 1300점 이상의 유명 인사들 캐리커처로 장식된 벽이 유명한데, 요즘은 유명 인사들보다는 관광객으로 붐빈다.

The King of Comedy
1983

　　이 식당이 뉴욕에서 차지해온 위상은 이곳을 배경으로 촬영한 영화들의 목록을 보는 것만으로도 짐작할 수 있다. 〈Love Is a Racket〉(1932), 〈The Velvet Touch〉(1948), 〈Forever Female〉(1953), 〈The Country Girl〉(1954), 〈But Not for Me〉(1959), 〈Please Don't Eat the Daisies〉(1960), 〈Critic's Choice〉(1963), 〈No Way to Treat a Lady〉(1968), 〈Made for Each Other〉(1971), 〈Hero at Large〉(1980), 〈The Fan〉(1981), 〈Author! Author!〉(1982), 〈The King of Comedy〉(1983), 〈The Muppets Take Manhattan〉(1984),

⟨Radio Days⟩(1987), ⟨스위치Switch⟩(1991), ⟨Naked in New York⟩(1993), ⟨Trust the Man⟩(2005), ⟨프로듀서스⟩(2005), ⟨달콤한 악마의 유혹⟩(2004), ⟨프로스트 VS 닉슨Frost/Nixon⟩(2008), ⟨She's Funny That Way⟩(2014) 등등.

사르디스

☛ 234 W 44th St #3, New York, NY 10036
🖥 sardis.com
☎ +1 212-221-8440
🕐 11:30~23:00
(월 휴무/ 일 12:00~ 19:00)
👍 $$$ 3.7

21 Club

1929년에 오픈한 고급 식당이다. 금주법 당시 공공연히 불법 영업을 하던 클럽들을 '스픽이지speakeasy'라고 불렀는데, 여기가 대표적인 장소였다. 지금은 '클래식 미국 음식'(만약 그런 게 있다면)을 제공하는 고급 식당으로, 가격만 비싼 게 아니라 복장 규제도 있다. 남자는 재킷을 입어야 하고 청바지는 금지. 2009년까지는 넥타이도 매야 입장이 가능했다. 1930년대부터 부유한 고객들이 자기 마구간의 경주마 상징 색을 도색한 주철 기수상을 기증했는데, 33개의 기수상이 바깥쪽 발코니에 전시되어 있다. 프랭클린 루스벨트 이후 모든 미국 대통령이 현직으로서 이곳에서 식사를 했다. 조지 W 부시 대통령만 예외인데, 그도 대통령에 당선되기 전에는 이곳 고객이었다고 한다.

All About Eve
1950

1950년의 명화 〈All About Eve〉에서 배우 마고 채닝(베티 데이비스Bette Davis 분)의 친구 캐런(셀레스트 홈Celeste Holm 분)이 이 식당에서 마고와 식사를 하려고 왔다가 그녀의 연기에 대한 혹평이 실린 기사를 보고 놀라 뛰쳐나갔다. 1987년의 〈월 스트리트〉에서는 증권가의 큰손 게코(마이클 더글러스 분)가 신참 버드(찰리 쉰Charlie Sheen 분)를 여기로 데려와 스테이크 타르타르를 권하며 ("메뉴에 없지만 부탁하면 루이스가 만들어 주지.") 상류사회에 입문시켜주었다.

우디 앨런의 1993년작 〈Manhattan Murder Mystery〉에서 래리와 캐럴(우디 앨런 및 다이안 키튼 분) 내외는 아들 닉을 이 식당에 데려와 생일 저녁을 사 주었다. 직업이 설계사였던 〈어느 멋진 날〉(1996)의 주인공 멜라니(미셸 파이퍼 분)가 어린 아들을 밖에 세워 두고 고객과 상담을 하다가 아들의 축구 시합 시간 때문에 상담을 더는 계속할 수 없다고 선언하고 뛰쳐나간 식당이 21 클럽이었다.

멜라니가 고객을 만나고 있는 창밖에서 안쪽을 향해, 그녀의 아들을 돌봐주고 있던 잭(조지 클루니 분)은 아이들과 함께 우스꽝스러운 장난을 쳤었다.

2010년 영화 〈굿모닝 에브리원〉에서 신참 뉴스 피디인 베키(레이첼 맥아담스 분)가 고참 진행자인 포머로이(해리슨 포드Harrison Ford 분)를 저녁 내내 찾아 헤매다가 결국 친구들과 술을 마시고 있는 그를 찾아낸 곳도 여기였다.

그밖에도 많은 영화에 등장한다. 극중 인물의 대사 중에 '21'을 언급함으로써 상류사회를 암시하는 영화까지 꼽자면 〈Spellbound〉(1945), 〈이창Rear Window〉(1954), 〈북북서로 진로를 돌려라〉(1959)에서부터 〈퀴즈 쇼〉(1994)에 이르기까지 일일이 헤아리기 어려울 정도다.

21 클럽
☞ 21 W 52nd St, New York, NY 10019
🖥 21club.com
☎ +1 212-582-7200
🕐 12:00~14:30, 17:30~22:00
(토 17:00~23:00 / 일 휴무)
👍 $$$$ 4.3

Russian Tea Room

투씨
Tootsie
1982

전직 러시아제국 발레단 출신 무용수가 1927년 개업한 러시아-유럽식 식당이다. 원래는 러시아계 이민자들의 사랑방 역할을 했는데, 그 뒤로 주인도 여러 번 바뀌었다. 유명해지기 전의 마돈나가 1980년대 초 여기서 직원으로 근무했고, '미스터 빈'으로 유명한 영국 코미디언 로완 앳킨슨Rowan Atkinson은 1990년 여기서 결혼식을 올렸다. 더스틴 호프먼이 여장을 하고 나왔던 1982년 코미디 〈투씨〉에서 주인공 마이클(더스틴 호프먼 분)이 오랜 친구인 자신의 에이전트 조지(시드니 폴락 분)와 이 식당에서 만나기로 하고 여자로 변장한 채 나타나 그를 놀래킨다. 마이클은 천연덕스레 그와 동석한다. 우연히 만난 지인들 앞에서 조지가 당황해하는 모습은 시드니 폴락 감독이 유능한 연기자이기도 하다는 사실을 보여주었다. 〈Manhattan〉(1979), 〈빅〉(1988), 〈New York Stories〉(1989), 〈개구쟁이 스머프The Smurfs〉(2011)에도 이 식당이 잠깐씩 등장한다.

러시안 티 룸

☞ 150 W 57th St, New York, NY 10019
🖥 russiantearoomnyc. com
☎ +1 212-581-7100
🕐 11:30~23:30
(토 11:00~23:30 / 일 11:00~22:00)
👍 $$$ 3.7

퍼싱 스퀘어

Pershing Square

이스트 42가와 파크가가 교차하는 지점을 퍼싱 스퀘어Pershing Square
라고 부른다. 당초 제1차 세계대전 영웅인 존 퍼싱John J. Pershing 장군
을 기념하는 광장을 조성하려고 했는데 건물과 고가도로가 들어
서는 바람에 광장이라는 명칭이 쑥스럽게 됐다. 고가도로 아래 자
리 잡은 퍼싱 스퀘어 카페는 바로 앞 그랜드 센트럴 터미널을 오가
는 손님들로 늘 붐빈다. 원래는 시 당국이 관광객 안내소를 설치하
려고 지어놓았던 공간이라고 한다. 〈프렌즈 위드 베네핏〉(2011)은
서로 티격태격하던 두 주인공(밀라 쿠니스 및 저스틴 팀벌레이크 분)이
이 식당에서 오순도순 식사를 함께하는 장면으로 끝난다. 〈어벤져
스〉(2012)에서 퍼싱 스퀘어는 외계의 악당들이 쑥대밭으로 만든 동
네였다. 이 식당 웨이트리스는 뉴스 인터뷰에서 캡틴 아메리카가
자신을 구해줬다며 감격을 토로했다.

퍼싱 스퀘어

📍 90, 5409, E 42nd
St, New York, NY
10017

🖥 pershingsquare.com

☎ +1 212-286-9600

🕐 07:00~22:30
(토, 일 08:00~22:00)

👍 $$ 4.1(G)

Smith & Wollensky

보스턴, 라스베이거스, 시카고 등지에서도 영업을 하고 있는 고급 스테이크 식당으로 1977년 개업했다. 1897년부터 식당으로 영업을 해왔던 이 건물은 목조식 외관에 녹색과 흰색으로 장식을 해서 눈에 금방 띈다. 2000년 범죄 영화 〈아메리칸 싸이코〉의 주인공 패트릭 베이트먼(크리스찬 베일 분)은 원작 소설에서처럼 이 식당에서 사립 탐정 킴벌(윌렘 대포 분)과 긴장감 넘치는 식사를 했다.

　〈악마는 프라다를 입는다〉(2006)에서는 비서 안드레아(앤 해서웨이 분)에게 치부를 들킨 잡지사 편집장 미란다 프리슬리(메릴 스트립 분)가 안드레아에게 괜한 심술을 부리기 시작한다. 15분 내로 스테이크로 식사를 하겠다는 미란다의 한마디에 안드레아가 부리나케 달려간 곳이 스미스 & 울렌스키 주방이다. 간신히 시간 내에 스테이크 접시를 책상에 차렸지만 미란다는 약속이 생겼다며 나가 버린다. 아까운 스테이크가 개수대에 버려진다.

스미스 & 울렌스키

🏠 797 3rd Ave, New York, NY 10022
🖥 smithandwollensky nyc.com
☎ +1 212-753-1530
🕐 11:45~23:00
(토, 일 17:00~23:00)
👍 $$$ 4.4

스파크스 스테이크 하우스

Sparks Steak House

미드타운의 스테이크 식당이라면 스미스 & 울렌스키 말고도 볼프강Wolfgang's Steakhouse, 팜 투Palm Too 등 추천할 곳이 많지만 유명세로 치면 스파크스가 최고일 것 같다. 1966년에 개업을 해서 1977년부터 지금의 46가 자리에서 영업을 해온 식당이다. 1985년 12월 16일 저녁 이 식당의 입구에서는 영화의 한 장면 같은 총격전이 벌어졌다. 뉴욕 마피아 감비노 패밀리의 두목 폴 카스텔라노Paul Castellano가 부하 존 고티John Gotti가 보낸 자객들의 총격으로 사살당한 것이다. 이날 생긴 스파크스 문턱의 핏자국은 아직도 지워지지 않고 남아 있다는 이야기도 있다.

존 고티의 이야기는 두 번 영화로 만들어졌다. 로버트 하먼Robert Harmon 감독의 1996년 HBO 영화 〈Gotti〉에서는 아만드 아산테Armand Assante가 고티 역을 맡았고, 그에게 아버지와도 같던 중

Gotti
1996

Gotti
2018

간 보스 역할로 안소니 퀸Anthony Quinn도 출연했다. 케빈 코널리Kevin Connolly 감독의 2018년 영화 〈Gotti〉에서 고티 역은 존 트라볼타가 맡았고 트라볼타의 실제 아내 켈리 프레스톤이 고티의 아내 빅토리아 역을 맡았다.

스파크스 스테이크 하우스

☛ 210 E 46th St, New York, NY 10017
🖵 sparkssteakhouse. com
☎ +1 212-687-4855
🕐 11:30~23:00
(금 11:30~23:30 /
토 17:00~23:30 /
일 휴무)
👍 $$$$ 4.5

미스터 차우

Mr. Chow

1979년에 개업한 고급 중국 식당. 마이클 더글러스, 글렌 클로즈
Glenn Close 주연의 1987년 스릴러 〈위험한 정사Fatal Attraction〉에서 유
부남 변호사 댄 갤러거가 출판사 편집자인 알렉스를 만나 치명적
매력을 느낀 장소다.

위험한 정사
Fatal Attraction
1987

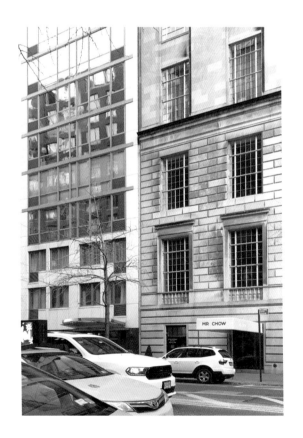

미스터 차우

📍 324 E 57th St, New
York, NY 10022

🖥 mrchow.com

☎ +1 212-751-9030

🕐 18:00~23:30

👍 $$$ 4.3

Serendipity 3

'Serendipity'란 영어 단어는 '우연한 행운' 또는 '즐겁고 놀라운 우연'을 의미한다. 18세기 영국의 문인이자 정치가였던 호레이스 월폴Horace Walpole이 1754년 친구에게 보내는 편지에 자신이 알게 된 페르시아 동화를 설명한 데서 유래된 표현이다. 자신들이 의도하지 않았던 운 좋은 발견을 계속하는 세렌디프Serendip의 세 왕자에 관한 이야기다. 과학에서도 우연한 행운이 작용한다고 알려져 있다. 그러나 우연한 행운처럼 보이는 많은 중요한 발견들은 실은 그저 우연이 아니라 연구를 방해하는 잡음noise처럼 보이는 현상에서 의미를 찾아내는 탁월한 통찰력과 집요한 추적의 결과물이다. 요제프 폰 프라운호퍼Joseph Von Fraunhofer의 흡수선, 이반 파블로프Ivan Petrovich Pavlov의 조건반사, 알렉산더 플레밍Alexander Fleming의 페니실린, 에드워드 로렌즈Edward Lorenz의 나비효과 등이 그런 통찰력과 집

요함 덕분에 발견되었다. 소설가 복거일의 지적처럼, 이렇게 우연한 발견의 참뜻을 알아채기 위해서는 주어진 물음에 대한 답을 찾는 대신 '좋은 물음을 스스로 찾아서 자신에게 던지는 능력'을 길러야 한다.

백화점에서 물건을 사다가 만난 2001년 영화 〈세렌디피티〉의 두 주인공 조나단(존 쿠삭 분)과 사라(케이트 베킨세일 분)가 기약 없이 헤어졌다가 영화의 결말에서 재회하여 사랑을 확인하는 데도 모종의 의식적 집요함이 작용을 한다. 처음 만나던 날 두 사람은 어퍼 이스트사이드의 식당 세렌디피티 3에 와서 이 집의 유명 메뉴 '프로즌 핫 초콜릿Frrrozen hot chocolate'을 나누어 먹으며 운명적 사랑에 관해 이야기를 나누고 헤어진다.

세렌디피티
Serendipity
2001

1954년에 개업한 이 식당은 세상에서 제일 비싼 1천 달러짜리 아이스크림과 세상에서 제일 비싼 295달러짜리 햄버거로 기네스북에 오르기도 했다. 〈어느 멋진 날〉(1996)의 주인공 멜라니(미셸 파이퍼 분)는 아이들을 데리고 여기서 아이스크림을 먹으며 잭(조지 클루니 분)과는 무엇을 하며 시간을 보냈는지 아이들에게 캐물었다. 〈Trust the Man〉(2005)의 주인공 톰(데이비드 듀브코니 분)은 아들의 유치원 학부형인 매력적인 여성과 함께 이곳에서 아이들에게 아이스크림을 사주며 외도의 첫걸음을 내딛었다.

때로, 우연한 행운처럼 보이는 일의 참뜻을 발견하기 위한 질문은 자기 자신에게 던져야 하는 것들일지도 모른다.

세렌디피티 3

☞ 225 E 60th St, New York, NY 10022
🖥 serendipity3.com
☎ +1 212-838-3531
🕐 11:30~24:00
(금, 토 11:30~다음 날 01:00)
👍 $$ 4.0

Baker Street Pub

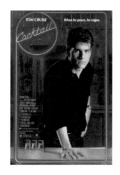

칵테일
Cocktail
1988

톰 크루즈 주연의 1988년 영화 〈칵테일Cocktail〉의 배경으로 사용된 아이리시 퍼브다. 군에서 제대 후 뉴욕으로 온 브라이언(톰 크루즈 분)은 이력서를 들고 월가의 금융회사들을 찾아다니지만 모두 거절당하자 하는 수 없이 바텐더로 취직한다. 그가 스승이자 고용주인 더그(브라이언 브라운Bryan Brown 분)로부터 온갖 현란한 칵테일 제조 기술과 돈 많은 여자 꼬드기는 비법을 배우던 곳이 바로 베이커 스트리트 퍼브였다. 브라이언이야말로 빌리 조엘의 노래 〈Uptown Girl〉의 가사 내용이 잘 어울리는 사내였으므로, 그가 출사표를 던진 곳이 어퍼 이스트사이드의 주점이었다는 사실은 더없이 적절해 보였다.

베이커 스트리트 퍼브

🚩 1152 1st Avenue, New York, NY 10065
🖥 bakerstreetnyc.com
☎ +1 212-688-9663
🕐 11:00~다음 날 04:00 (토 10:00~ 다음 날 04:00)
👍 $$ 4.3(G)

제이지 멜론

JG Melon

1972년에 개업한 식당이다. 마이클 블룸버그^{Michael Bloomberg} 전 뉴욕 시장은 이 집 햄버거가 세계 최고라고 극찬했다.

1979년 영화 〈크레이머 대 크레이머〉에서 말없이 집을 나가버린 아이 엄마 조안나(메릴 스트립 분)는 15개월 만에 남편 테드(더스틴 호프먼 분)에게 연락을 해온다. 오랜만에 만난 두 사람이 백포도주를 한 잔씩 시켜 어색한 대화를 시작하던 식당이 이곳이었다. 이제 와서 아이를 넘겨달라는 조안나에게 테드는 말도 안 되는 소리 하지 말라며 자리를 박차고 떠난다. 떠나면서 테드가 앞에 놓인 술잔을 손으로 후려치는 바람에 술잔은 벽에 부딪혀 박살나는데, 대본에 없는 즉흥연기라서 메릴 스트립은 진짜로 놀랐다고 한다. 그런 연기를 하는 호프먼이나, 놀라고도 연기에 집중하는 스트립이나 대배우들이긴 하다.

이 영화로 메릴 스트립은 첫 아카데미상을 받았다. 아카데미 시상식은 1977년 메릴 스트립이 영화에 데뷔한 뒤로는 그녀가 후보에 오른 해와 그렇지 않은 해로 나눌 수 있는데, 양쪽의 수가 거의 비슷하다. 연기파 대배우들끼리 부대끼는 게 쉽지는 않은 일이었던지, 〈크레이머 대 크레이머〉는 지금까지 더스틴 호프먼과 메릴 스트립이 함께 주인공으로 출연한 유일한 영화로 남아 있다.

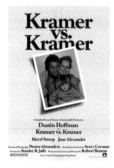

크레이머 대 크레이머
Kramer vs. Kramer
1979

제이지 멜론

☛ 1291 3rd Ave, New York, NY 10021
🔗 jgmelon-nyc.com
☎ +1 212-744-0585
🕐 11:30~다음 날 03:00 (목, 금, 토 11:30 ~다음 날 04:00 / 일 11:30~다음 날 01:00)
👍 $$ 4.0

Lexington Candy Shop

콘돌
Three Days of the Condor
1975

길모퉁이에 있는 가게로 샌드위치, 햄버거 같은 간단한 음식을 판다. 이런 가게 겸 간이식당을 소다 카운터^{soda counter}라고도 부른다. 로버트 레드포드 주연 1975년 스릴러 〈콘돌〉에서 주인공 조셉은 '미국문학사협회'로 위장한 77가 55번지 CIA 분실에서 근무하는 분석관이다. 사무실 직원 전원이 암살자에게 살해당하는데, 직원들의 점심 심부름을 하러 뒷문으로 나갔던 그는 요행히 살아남는다. 그가 직원들의 샌드위치를 주문하던 식당이 이 가게였다.

스칼렛 요한슨 주연 2007년 영화 〈내니 다이어리〉에서는 주인공 애니가 휴일임에도 보모 일을 하게 되자 꼬마 그레이어(니컬라스 아트^{Nicholas Art} 분)를 데리고 여기 와서 에그 스크램블과 시리얼로 점심을 해결했다.

렉싱턴 캔디 숍

☎ 1226 Lexington Ave, New York, NY 10028
🖳 lexingtoncandyshop.net
☎ +1 212-288-0057
🕐 07:00~19:00
(토 08:00~19:00 / 일 08:00~18:00)
👍 $$ 4.1(G)

라이팅 룸

Writing Room

부잣집 서가 분위기의 식당. 1963년에 이곳에 개업했던 일레인즈 Elaine's라는 식당은 2011년 문을 닫을 때까지 뉴욕 명사들의 집합소였다. 〈Manhattan〉(1979) 도입부의 식사 장면을 이곳에서 촬영했고, 〈Celebrity〉(1998)와 〈굿모닝 에브리원〉(2010)에도 이 식당이 나온다. 지금은 라이팅 룸이라는 식당으로 바뀌었다. 중년층 고객이 많다고 한다.

굿모닝 에브리원
Morning Glory
2010

라이팅 룸

☛ 1703 2nd Ave, New York, NY 10128
🖥 thewritingroomnyc.com
☎ +1 212-335-0075
🕐 12:00~14:30, 16:00~22:30
(월 16:00~22:00
/ 금 12:00~14:30, 16:00~23:00 /
토 11:00~15:00, 16:00~23:00 /
일 11:00~15:00, 16:00~22:00)
👍 $$$ 3.9

Tavern on the Green

파퍼씨네 펭귄들
Mr. Poppers Penguins
2011

센트럴파크의 가운데쯤 있던 양＊ 축사를 1934년에 식당으로 개조한 미국식 음식점이다. 여러 소유주를 거치면서 보수공사도 여러 번 있었고, 파산과 폐업도 겪었다. 2010~2012년에는 방문객 안내소 겸 매점으로 사용되기도 했던, 사연 많은 식당이다. 음식 맛은 가격을 따라오지 못한다는 게 중평이지만 분위기는 좋다. 〈Beaches〉(1988), 〈Crimes and Misdemeanors〉(1989), 〈New York Stories〉(1989), 〈The Out of Towners〉(1999), 〈나를 책임져, 알피 Alfie〉(2004), 〈뉴욕, 아이 러브 유〉(2008) 등 여러 영화에 등장했다.

〈고스트버스터즈〉(1984)에서 데이나(시고니 위버 분)의 옆집에 살던 회계사 루이스(릭 모라니스Rick Moranis 분)는 네발짐승 모양의 악마에게 쫓겨 이 식당으로 달려가지만 유리창 밖에서 식당 손님들을 향해 도와달라며 버둥거리다가 악령에 씌고 만다.

〈월 스트리트〉(1987)에서 고든 게코(마이클 더글러스 분)로부터 배은망덕하다는 악다구니를 들으며 두들겨 맞은 버드(찰리 쉰 분)는 코피를 닦으며 이 식당으로 들어와 게코의 음성을 녹음한 테이프를 수사 당국에 건넸다.

짐 캐리 주연 2011년 코미디 〈파퍼씨네 펭귄들〉에서 부동산 중개업자 포퍼는 재개발을 노리는 상사들의 지시로 이 식당을 인수받는 데 성공하지만 마음을 바꾸어 식당을 유지하기로 결심한다. 이 영화가 만들어질 당시는 태번 온 더 그린이 다시 식당으로 거듭날 수 있을지에 대해서 뉴욕 주민들이 걱정과 아쉬움을 품고 있던 무렵이었다.

태번 온 더 그린

☛ Central Park West & 67th Street, New York, NY 10023
🖥 tavernonthegreen. com
☎ +1 212-877-8684
🕐 12:00~21:00
(목, 금 12:00~23:00 /
토 09:00~23:00 /
일 09:00~21:00)
👍 $$$ 3.5

로브 보트하우스

Loeb Boathouse

센트럴파크 한가운데 베데스다 테라스Bethesda Terrace 뒤편으로 커다란 갈지자 모양의 호수가 펼쳐져 있다. 이 호수의 보트 창고였던 건물을 1954년 식당으로 개조했다. 평점으로 짐작할 수 있듯이, 맛보다는 운치를 위한 장소다. 호수 위를 노니는 보트를 바라보며 센트럴파크를 정원 삼아 식사를 하는 식당이다.

여러 영화의 주인공들이 여기서 만나 사랑에 관해 이야기를 나누었다. 그 사랑의 색깔은 다 다르다. 남자 친구를 소개해주겠다는 수다(《해리가 샐리를 만났을 때》)일 수도 있고, 아기의 성장에 관한 걱정(《세 남자와 아기 23 Men and a Little Lady》)일 수도 있고, 열 살 소년의 사랑 고백(《리틀 맨하탄Little Manhattan》)이거나, 심지어 짝사랑하는 상대의 결혼 상담(《27번의 결혼 리허설》)일 수도 있다.

리틀 맨하탄
Little Manhattan
2005

로브 보트하우스

☛ Park Drive North, E
72nd St, New York, NY
10021
🖥 thecentralparkboat
house.com
☎ +1 212-517-2233
🕐 12:00~15:45,
17:30~21:00
(토, 일 09:30~15:45,
18:00~21:00)
👍 $$$ 3.9

Shun Lee West

미드타운 이스트에서 1971년부터 영업을 해온 순리 팰리스의 지점으로, 1981년 문을 연 고급 중국 식당이다.

23년 만에 만들어진 속편 영화였던 2010년의 〈월 스트리트: 머니 네버 슬립스Wall Street: Money Never Sleeps〉에서 고든 게코(마이클 더글러스 분)는 감옥에서 출소한 뒤 딸 위니(캐리 멀리건 분)를 다시 만나 화해하고 싶어 한다. 게코는 위니의 애인 제이크(샤이어 라보프 Shia LaBeouf 분)에게 부탁해 이 식당에서 함께 식사를 나눌 기회를 만든다. 이 식당은 위니의 어린 시절 게코 가족이 주말마다 외식을 하던 식당이고, 위니는 매번 바닷가재 요리를 주문했었다고 한다. 하지만 위니는 보기 싫은 아버지를 견디지 못하고 식당을 뛰쳐나간다.

월 스트리트: 머니 네버
슬립스
Wall Street: Money Never
Sleeps
2010

순리 웨스트

☎ 43 W 65th St, New
York, NY 10023
🖥 shunleerestaurants.
com
☎ +1 212-595-8895
🕐 12:00~14:30,
16:30~22:30
(토, 일12:00~22:30)
👍 $$$ 4.0

그레이스 파파야

Gray's Papaya

〈사랑은 다 괜찮아Fools Rush In〉라는 1997년 로맨틱 코미디가 있다. 원제인 'Fools rush in'은 '무식하면 용감하다'는 정도의 의미를 가진 격언이다. 18세기 영국 시인 알렉산더 포프Alexander Pope가 〈An essay on criticism〉라는 시에 'Fools rush in where angels fear to tread(천사가 가기 두려워하는 곳에 바보는 돌진한다).'라고 쓴 것이 속 담처럼 자주 인용되고 있다. 뉴욕 본사에서 라스베이거스로 전근을 간 설계사 알렉스(매튜 페리Matthew Perry 분)는 거기서 멕시코계 미인 이사벨(셀마 하이에크Salma Hayek 분)과 사귄다. 이 골수 뉴요커가 그리워하는 뉴욕 음식은 다름 아닌 핫도그다.

사랑은 다 괜찮아
Fools Rush In
1997

알렉스: 여기가 뉴욕이고 음식이 그레이스 파파야 핫도그이기만 했다면 완벽했을 텐데.
이사벨: 그레이스 파파야가 뭐죠?
알렉스: 브로드웨이와 72가 교차로에 있는 식당이에요. 내 아파트에서 네 블록만 가면 되는데, 세계 최고의 핫도그를 팔죠.

　　알렉스의 생일이 다가오자 이사벨은 그레이스 파파야 핫도그를 네바다까지 배송받아 선물로 준다. 알렉스는 좋아서 어쩔 줄 몰라 한다. 〈사랑 게임〉(1993)의 마이클 J. 폭스와 가브리엘 안와, 〈유브 갓 메일〉(1998)의 톰 행크스와 멕 라이언, 〈다운 투 어쓰Down to Earth〉(2001)의 크리스 록과 레지나 킹Regina King, 〈플랜 BThe Back-up Plan〉(2010)의 제니퍼 로페즈와 알렉스 올로플린Alex O'Loughlin 등 많은 주연배우들이 24시간 영업을 하는 이 허름한 브로드웨이 매장에서 핫도그를 함께 먹는 뉴욕식 데이트 장면을 연기했다.

그레이스 파파야

☞ 2090 Broadway,
New York, NY 10023
🏠 grayspapaya.nyc
☎ +1 212-799-0243
🕐 연중무휴
👍 $ 4.0

유브 갓 매일
You've Got Mail
1998

멕 라이언과 톰 행크스 주연의 1998년 로맨틱 코미디 〈유브 갓 메일You've Got Mail〉은 어퍼 웨스트사이드가 주 무대다. 상대가 누군지 모르는 상태에서 이메일 친구가 된 캐슬린과 조는 현실에서는 앙숙 사이다. 이메일을 통해 점점 더 친해진 두 사람이 오프라인에서 만나기로 약속한 장소가 카페 랄로였다. 카페에 도착한 조가 먼저 와 있던 캐슬린을 알아보고 놀란다. 꿈에 그리던 이메일 친구가 저 원수 같은 여자였다니. 조는 자리를 피할까 망설이지만 결국 캐슬린에게 다가가 말을 건다. 조가 '그 사람'일 거라고는 상상도 못하는 캐슬린은 당황하면서 짜증을 낸다.

이 카페는 주민들보다 관광객들이 많이 찾는 장소가 되었고, 서비스 평점은 낮은 편이다.

카페 랄로

☎ 201 W 83rd St,
New York, NY 10024
🖥 cafelalo.com
☎ +1 212-496-6031
🕐 09:00~다음 날
01:00 (금, 토 09:00~
다음 날 03:00)
👍 $$ 4.0

브로드웨이 레스토랑

Broadway Restaurant

이름은 레스토랑이지만 간이식당에 가깝다. 1998년 영화 〈조 블랙의 사랑〉에서 수잔(클레어 포를라니 분)은 이 식당에서 잘 생긴 청년(브래드 피트 분)을 만나 호감을 느낀다. 커피를 한잔 사겠다며 카운터에 비스듬히 기대어 환한 미소를 짓던 이 청년은 서른다섯 살 브래드 피트가 발산할 수 있던 가장 밝은 매력을 내뿜었다. 스물일곱 한창 때의 클레어 포를라니도 다른 어느 영화에서보다 아름답다. 두 사람은 기약 없이 헤어지는데, 이 청년은 가게 밖 횡단보도 한 가운데에서 수잔의 뒷모습을 멍하니 바라보다가 교통사고를 당한다. 교통사고 장면은 이 식당 앞이 아니라 미드타운에서 촬영했다.

조 블랙의 사랑
Meet Joe Black
1998

브로드웨이 레스토랑

☛ 2664 Broadway,
New York, NY 10025
⌂ broadwayrestaurant
newyork.com
☎ +1 212-865-7074
⏱ 06:30~21:15
☝ $ 4.5(G)

Pinkberry

핑크베리는 2005년 한국계 미국인들이 설립한 프로즌 요거트 체인점이다. 로스앤젤레스에서 친환경 건강식품이라는 이미지를 잘 살려 자리를 잡은 핑크베리는 이제 20개국에 260여 개 매장을 가진 기업으로 성장했다. 핑크베리보다 앞서 성공을 거두었던 프로즌 요거트 브랜드 레드망고Red Mango 역시 한국계가 창업했다.

맨해튼에만도 10개의 핑크베리 매장이 영업 중인데, 그중에서도 가장 북쪽에 있는 브로드웨이 매장은 2014년 영화 〈스틸 앨리스Still Alice〉에 등장한다. 줄리안 무어Julianne Moore는 이 영화에서 유전성 알츠하이머병으로 기억을 잃어가는 컬럼비아대학 언어학 교수 앨리스 역을 맡아 이듬해 아카데미 여우주연상을 거머쥐었다. 영화 속에 등장하는 핑크베리 매장은 실제로 컬럼비아대학교에서 매우 가깝다. 앨리스는 학교 캠퍼스 주변에서 조깅을 하다가 이 가게에 들르곤 하는데, 알츠하이머 증상이 심해진 후에는 남편(알렉 볼드윈 분)이 그녀를 데려와 "당신은 언제나 오리지널에 블루베리와 코코넛 추가를 주문했었다."고 알려줘야만 했다.

스틸 앨리스
Still Alice
2014

핑크베리

☛ 2873 Broadway,
New York, NY 10025
🖥 pinkberry.com
☎ +1 212-222-0191
🕐 12:00~21:00
(금, 토 12:00~22:00)
👍 $ 4.3(G)

리버 카페

River Café

작품상을 포함한 5개 부문 아카데미상을 수상한 1983년 영화 〈애
정의 조건Terms of Endearment〉은 래리 맥머트리Larry McMurtry의 소설을
각색한 작품이다. 데브라 윙거Debra Winger가 세 아이를 둔 텍사스 출
신 전업주부 엠마를 연기했다. 병에 걸린 엠마는 친구 팻시의 초대
로 뉴욕을 방문한다. 하지만 엠마는 팻시의 뉴욕 친구들 눈에 비친
자기 자신의 모습이 동정과 몰이해의 대상이라는 점을 확인하고
화를 낸다. 이들이 모여 앉아 중절수술과 이혼 이야기를 나누던 식
당은 브루클린 브리지 턱 밑의 강변에서 로워 맨해튼을 바라보는
리버 카페였다. (식당 내부 장면은 스튜디오처럼 보인다.) 맨해튼의 야
경을 감상하기 가장 좋은 곳이라고 알려진 지점이다.

마이클 오키피Michael O'Keefe라는 개발업자가 1977년에 리버 카
페를 만들기 전까지, 이곳은 어둡고 위험한 강변에 불과했다. 오키

애정의 조건
Terms of Endearment
1983

피는 이 식당을 만들기 위해 엄청난 집념을 발휘했다. 허가를 얻는 데만 12년이 걸렸다. 그는 이 식당을 만들기 위해 맨해튼에 식당 7개와 나이트클럽 1개를 운영했는데, 리버 카페 개업을 앞두고 이 업소들을 모두 처분했다고 한다. 40주년을 넘긴 이 식당의 종업원들 중 여럿은 개업 초기부터 근무하던 직원들이다. 피아니스트 살바도르 씨는 40년 전 첫 손님을 맞을 때도 연주를 했었단다.

리버 카페
....

☛ 1 Water St,
Brooklyn, NY 11201
⊟ rivercafe.com
☎ +1 718-522-5200
⏱ 08:30~11:30,
17:30~23:00
(토, 일 11:30~14:30,
17:30~23:00)
👍 $$$$ 4.5

테디스 바 & 그릴

Teddy's Bar & Grill

1887년부터 지금의 장소에서 영업을 해온 아이리시 태번. 브루클린을 통틀어 중간에 문을 닫지 않고 계속 영업을 해온 기록으로는 가장 오래된 술집이고, 현재의 주인이 가게를 인수한 것은 2015년이라고 한다. 1990년 영화 〈킹 뉴욕〉을 비롯해 몇몇 TV 드라마에 배경으로 등장했다.

　내 아내조차 '손발이 오그라든다'고 평했던 2007년의 로맨틱 코미디 〈P.S 아이 러브 유P.S I Love You〉에서 테디스는 힐러리 스웽크가 연기하는 주인공 홀리의 어머니(캐시 베이츠Kathy Bates 분)가 운영하는 술집으로 등장한다. 여기서 이들의 가족과 친구들은 뇌종양으로 사망한 홀리의 남편 제리(제라드 버틀러Gerard Butler 분)의 추도식을 가졌다. 실의에 빠져 있는 홀리 앞으로, 생전의 제리가 준비해두었던 편지가 한 통씩 도착한다.

　2015년에는 〈인턴The Intern〉의 젊은 여사장 쥴스(앤 해서웨이 분)가 노인 인턴 벤(로버트 드니로 분)을 포함한 남자 직원들을 데리고 호기롭게 연거푸 술잔을 비우다가 취해서 골목길 쓰레기통을 부여잡고 꽥꽥 토했던 바로 그 술집이다.

P.S 아이 러브 유
P.S. I Love You
2007

인턴
The Intern
2015

테디스 바 & 그릴

☛ 96 Berry St,
Brooklyn, NY 11249
🖸 teddys.nyc
☎ +1 718-384-9787
🕔 11:30~24:00
(금, 토 11:00~다음 날
02:00 / 일 11:00~
24:00)
👍 $$ 4.4(G)

Ferdinando's Focacceria

포카치아가 이탈리아식 빵이니까 포카체리아는 빵집이라는 뜻인데, 1904년경부터 영업을 하고 있는 이 식당은 각종 시칠리아식 음식을 판매한다.

마틴 스코세지 감독이 홍콩 영화 〈무간도無間道〉를 2006년판으로 번안한 〈디파티드The Departed〉는 보스턴이 무대다. 하지만 범죄조직에 잠입한 경찰관 빌리(레오나르도 디카프리오 분)가 정신분석가 매든 박사(베라 파미가Vera Farmiga 분)와 저녁 식사를 하는 장면은 여기서 촬영했다고 한다.

디파티드
The Departed
2006

> **페르디난도스**
> **포카체리아**
>
> ☛ 151 Union St,
> Brooklyn, NY 11231
> 🖸 ferdinandos-
> focacceria-brooklyn-2.
> sites.tablehero.com
> ☎ +1 718-855-1545
> ⏱ 11:00~20:00
> (금, 토 11:00~22:00 /
> 일 휴무)
> 👍 $$ 4.6(G)

레니스 피자

Lenny's Pizza

브루클린 고가 철교 밑에서 1953년부터 영업을 계속해온 피자 가게다.

    존 바담John Badham 감독의 1977년 영화 〈토요일 밤의 열기〉 도입부. 비지스Bee Gees의 명곡 〈Staying Alive〉가 흘러나오면서 아래위로 쫙 빼입은 존 트라볼타가 도저히 흉내 내기 어려운 특유의 걸음으로 86가를 활보한다. 그는 레니스에서 피자 두 쪽을 주문해 한 손에 겹쳐 들고 걸어가며 먹는다. 영락없이 놀러 가는 한량의 모습이지만 그가 손에 든 것은 페인트 통이다. 그는 페인트 가게 점원이고, 주인의 심부름을 다녀오는 길이다.

토요일 밤의 열기
saturday night fever
1977

레니스 피자
....
☏ 1969 86th St,
Brooklyn, NY 11214
🖥 lennyspizzatogo.
com
☎ +1 718-946-1292
🕐 11:00~22:30
👍 $ 4.2(G)

Peter Luger Steak House

Steak (R)evolution
2014

미안하지만 차마 빠뜨릴 수 없는 식당이 있으니 잠시 다큐멘터리까지 영화의 범주를 넓혀보자. 프랑크 리비에르Franck Ribiere가 2014년에 감독한 기록영화 〈Steak (R)evolution〉은 수많은 전문가들과의 인터뷰를 통해 스테이크라는 음식의 진화 과정에 작용한 혁명적 요소들을 집어낸다. 이 영화는 직접 방문해 촬영한 세계 각지의 유명 스테이크 식당에 순위도 매겼다. 영화를 완성한 직후 유명을 달리했다는 브라질 식당 템플루 다 카르네Templo da Carne의 주인장이 영화 속에서 아련한 눈빛으로 과거를 추억하며 최고의 스테이크로 꼽은 것은 브루클린의 식당 피터 루거 스테이크 하우스에서 30년 전에 맛본 포터하우스 스테이크였다. 이 영화는 정작 피터 루거에 4위를 매겼지만 영화에 등장한 미국 식당은 이곳뿐이었다.

이 식당은 자가트 서베이에 지난 30년간 줄곧 뉴욕 최고의 스테이크 식당으로 소개되어왔다. 지금의 주인은 1950년에 경매를 통해 루거 집안으로부터 이 식당을 인수했다고 한다.

피터 루거 스테이크 하우스

☛ 178 Broadway, Brooklyn, NY 11211
🖥 peterluger.com
☎ +1 718-387-7400
🕐 11:45~21:45
(금, 토 11:45~22:45 / 일 12:45~21:45)
👍 $$$$ 4.8

사라진 식당들

Closed Restaurants

뉴욕의 식당이라고 해서 영원히 장사를 하는 건 아니기 때문에, 영
화 팬들의 기억에 아로새겨진 장소들 중에는 아쉽지만 영업을 그
만둔 식당들도 많다. 유난히 아쉬운 몇 곳을 소개한다.

카페 느와르Café Noir

소호 한복판에서 19년간 지중해-북아프리카 요리를 팔던 식당이
었는데 다른 곳으로 이전하면서 문을 닫았다.

에이드리언 라인 감독의 2002년작 〈언페이스풀〉에서 주인공
코니(다이안 레인 분)가 친구들과 여기서 식사를 하고 있을 때, 남몰
래 사귀던 프랑스 청년 마르텔(올리비에 마르티네즈Olivier Martinez 분)
이 찾아온다. 은밀한 눈짓을 교환한 두 사람은 화장실에서 만나
화끈한 정사를 벌인다. 유부녀가 벌이는 일탈의 대담함이 절정에
달하는 장면이다.

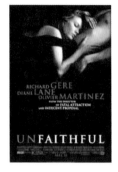

언페이스풀
Unfaithful
2002

> *지금은 Humble
> Fish라는 식당이 들어서
> 있다.
> ☞ 35 Lispenard St,
> New York, NY 10013

팔라신카Palacinka

왕가위王家衛 감독의 팬이라면 그가 2007년 뉴욕을 배경으로 만든
영화 〈마이 블루베리 나이츠My Blueberry Nights〉를 기억할 것이다. 반
도이자 섬으로 이루어진 대도시. 대륙을 대표하는 도시이면서도
대륙의 다른 어느 지역과도 다른 도시라는 점에서 홍콩과 뉴욕은
닮은 구석이 있다. 왕가위 감독이 대도시의 우수를 맨해튼 카페에
투영한 이 영화에서 주드 로Jude Law가 카페 주인 제레미를, 가수 겸
배우인 노라 존스Norah Jones가 블루베리 파이를 주문하고 카페에서

마이 블루베리 나이츠
My Blueberry Nights
2007

*지금은 Astro Makeup이라는 화장품 가게가 들어서 있다.
☛ 28 Grand St, New York, NY 10013

밤을 새는 처녀 엘리자베스 역을 맡았다. 이 카페는 소호의 팔라신카에서 촬영했다. 크레페와 파니니 같은 간단한 음식을 팔던 곳이었는데 지금은 폐점하고 없다.

가스라이트 카페Gaslight Cafe

인사이드 르윈
Inside LLewyn Davis
2013

오스카 아이삭이 웨일스 출신 포크 가수 역을 맡았던 2013년 영화 〈인사이드 르윈〉으로 코엔 형제는 칸영화제 그랑프리를 받았다. 1961년 뉴욕을 배경으로 하는 이 영화에서 주인공 르윈은 가스라이트라는 그리니치빌리지의 카페에서 노래를 부른다. 1958년 개업해서 1971년에 문을 닫을 때까지 맥두걸가 116번지에서 포크 가수들의 주 무대가 되어주었던 장소다. 무교동 쎄시봉의 원조 같은 곳이랄까. 뉴욕 사람들은 이곳을 '빌리지의 가스등'이라고 불렀다.

영화의 마지막 장면, 르윈이 카페 문을 나설 때 노래를 시작하는 신인 가수가 밥 딜런이다. 실제로 젊은 시절 밥 딜런은 이곳에서 연주를 자주 했고, 1962년 이곳에서의 실황 공연을 녹음한 그의 앨범도 있다.

*지금은 The Up &Up이라는 칵테일 바가 들어서 있다.
☛ 116 Macdougal St, New York, NY 10012

카네기 델리Carnegie Deli

Broadway Danny Rose
1984

1937년부터 '손님이 음식을 다 먹으면 우리가 뭔가 잘못한 것'이라는 정신으로 푸짐한 식사를 제공하던 미드타운의 유서 깊은 이 유태인 식당은 〈Broadway Danny Rose〉(1984)와 〈어느 멋진 날〉(1996)에 등장했다. 주인이 '너무 힘이 들다'면서 2016년 말을 끝으로 영업을 중단했다고 한다.

*지금은 Premier
Deli라는 식당이 들어서
있다.
☞ 856 7th Ave, New
York, NY 10019

오크 룸Oak Room

오크 룸은 1907년 플라자 호텔 내부에 남성 전용 바로 개장했다
가 1934년 식당으로 탈바꿈했다. 식당이 된 후로도 한동안은 남
성 전용으로 운영했다고 한다. 격조 높은 식당이었는데 결국 2011
년에는 문을 닫았다. 〈북북서로 진로를 돌려라〉(1959)의 도입부에
서 캐리 그랜트가 그를 비밀 요원으로 오해한 악당들에게 붙들려
끌려가던 장소가 이곳 오크 룸이었다. 패트리샤 하이스미스Patricia
Highsmith의 1952년 소설을 영화화한 2015년 영화 〈캐롤〉에서 백화
점 점원으로 근무하던 테레즈(루니 마라Rooney Mara 분)는 캐럴(케이트
블란체트 분)이라는 여성 고객을 만난다. 이 두 여성은 1950년대로서
는 파격적인 우여곡절을 겪는데, 캐럴이 영화의 마지막 장면에서 앉
아 있던 식당이 세트로 재현된 오크 룸이었다. 자의식이 다소 과한
이 영화의 분위기에 잘 어울리는 음식이 나오는 식당이었을 것 같다.
　현재 플라자 호텔은 오크 룸을 연회장으로 활용하고 있다는

캐롤
Carol
2015

*지금은 식당이 아닌
The Oak Room이라는
연회장으로 이용되고
있다.
☞ Fifth Avenue at, 10
Central Park S, New
York, NY 10019

데, 스티븐 스필버그 감독의 2017년 영화 〈더 포스트The Post〉에서
는 1971년 어느 날 《워싱턴포스트》 사장 캐더린 그래엄(메릴 스트립
분)이 《뉴욕타임스》 편집장 로젠탈 부부와 식사하는 장면을 이곳
에서 촬영했다고 한다. 정부의 기밀을 보도한 《뉴욕타임스》가 발
행 중지 명령을 받았다는 소식을 전해 듣는 장면이다.

레스피나스Lespinasse

미스 에이전트
Miss Congeniality
2000

2000년 코미디 〈미스 에이전트Miss Congeniality〉의 FBI 수사관 그레이
시(산드라 불록 분)는 미인대회와 관련된 사건을 수사하기 위해 마
지못해 자신이 대회에 참여하기로 한다. 그녀는 미인대회 컨설턴
트인 빅터(마이클 케인Michael Caine 분)와 식사를 하는데, 쩝쩝거리며
스테이크를 먹는 그녀를 보면서 빅터는 한숨을 지었다. 이 장면은
세인트 레지스 호텔에 있던 최고급 식당 레스피나스에서 촬영했
다. 많은 영화에 등장하진 않았지만 뉴욕 최고의 식당들 중 하나였
는데 2003년에 문을 닫았다.

*지금은 King Cole
Bar라는 호텔 바가 영업
중이다.
☞ 2 E 55th St, New
York, NY 10022

도니 & 멀론스 태번Dorney & Malone's Tavern

이 술집에서 자신만만한 검사 트로이(매튜 맥커너히 분)가 잠시 후
자기가 내게 될 교통사고로 인생이 송두리째 바뀔 거라는 사실
을 모르는 채 동료들과 술을 마시면서 행운에 관해 떠들었다. 〈13
Conversations About One Thing〉은 철학을 전공한 질 스프레처Jill
Sprecher라는 여성 감독이 2001년에 만든 영화다. 우리를 타인의 삶
과 연결했다가 또 어느 순간 그 연결을 거칠게 뚝 끊어버리기도 하
는 우연이라는 괴물의 실체를, 이 영화는 차분한 솜씨로 그려냈다.

13 Convesations About
One Thing
2001

　　이 영화에서 결정적인 우연은 자동차 사고다. 우연히도, 영어
에서는 사고도 'accident'고 우연도 'accident'다. 어쩌면 모든 우
연은 사고와 흡사한 건지도 모른다. 만일 우연이 정말로 불행한 사

*지금은 Gourmet
Market & BAGEL이라는
베이글 매장이 들어서
있다.
☞ 5993 Broadway,
Bronx, NY 10471

대부
The Godfather
1972

*위 가게는 현재 비어
있다.
☞ 3531 White Plains
Rd, Bronx, NY 10467

고 같기만 하다면 조심하며 지내는 사람에게 슬픈 우연은 덜 찾아
오는 건지도 모른다. 제발 그러기라도 했으면 좋겠다.

루나 레스토랑Luna Restaurant

〈대부〉(1972)에서 가장 인상적인 장면들 중 하나는 콜레오네 가의
막내 마이클(알 파치노 분)이 자기 아버지를 시해한 솔로쪼(앨 레티에
리Al Lettieri 분)와 그를 지원하는 경찰서장 맥클러스키(스털링 헤이든
Sterling Hayden 분)를 루이스Louis라는 식당에서 만나 식사를 하다가 화
장실에 숨겨둔 권총으로 사살하는 장면이다. 이 장면은 브롱크스
의 루나 레스토랑에서 촬영했다. 이 식당은 영화 촬영 직후에 문을
닫았거늘 그래도 꿋꿋이 이곳을 찾아오는 대부 극성팬들이 아직
있다고 한다.

Chapter 5. 쇼핑

백화점 카드는 반액 세일로 구입한
캐시미어 코트와도 같다.
처음 만났을 때 최고의 친구가 되어줄 것만 같지만
나중에 살펴보면 진품 캐시미어가 아닌 코트처럼
결국 바가지를 쓴다.

– 영화 <쇼퍼홀릭> 중에서

소호의 고급 식료품점
SOHO

악당을 잡아먹는 악당으로 유명한 식인 흉악범 한니발 렉터(앤소니 홉킨스 분)가 비행기에서 자기가 준비해온 도시락을 꺼낸다. 뚜껑에 딘 & 델루카DEAN & DELUCA라는 상표가 선명하다. 식사를 하려는데 옆 좌석의 꼬마가 그게 뭐냐고 묻는다. 푸아그라가 들어 있어야 할 통 속에 담긴 건 좀 아까 한니발이 살해한 인물의 신체 일부처럼 보인다. 꼬마가 자기도 한 입 달라고 한다. 한니발은 웃으며 새로운 음식도 먹어봐야 하는 법이라고 한다. 2001년 영화 〈한니발Hannibal〉의 마지막 장면이다.

한니발
Hannibal
2001

　　서울에도 지점을 두고 있는 딘 & 델루카는 1977년 단짝 친구들인 조엘 딘Joel Dean과 조르지오 델루카Giorgio DeLuca가 새로운 음식 문화를 창조하겠다는 포부를 가지고 설립한 고급 식료품 브랜드다. 이들은 세계 방방곡곡에서 찾아낸 식재료와 조리용품들을 고급스럽게 포장해 한자리에 모아놓고 독특한 개성을 부여하는 데 성공했다. 소호 한복판, 브로드웨이 560번지에 1호 매장이 있다. 1993년 로맨틱 코미디 〈그 남자의 방, 그 여자의 집The Night We Never Met〉에서 매튜 브로더릭이 연기하던 주인공 샘의 직업이 이 상점 치즈 매장의 판매원이었다.

그 남자의 방, 그 여자의 집
The Night We Never Met
1993

딘 & 델루카

☞ 560 Broadway,
New York, NY 10012
🏠 deandeluca.com
☎ +1 212-226-6800
🕐 07:00~21:00
(토, 일 08:00~21:00)

DEAN & DELUCA

Greenwich Village Bleecker Street

맨해튼에서 가장 특색 있는 물건들을 구경할 수 있는 장소는 아마도 그리니치빌리지일 것이다. 헌책 가게, 골동품 가게, 장신구 가게들이 있다. 일명 '클럽 스트리트'라고도 불리는 블리커가 주변에도 특색 있는 가게들이 많다. 그중 많은 가게들이 윌리엄스버그로 매장을 옮기는 추세라고는 하지만, 여전히 블리커가는 뉴욕에서 '가장 보헤미아적인 쇼핑 거리'로 통한다.

　블리커가의 동쪽 끝 브로드웨이 611번지에는 포터리 반Pottery Barn과 더불어 미국을 대표하는 생활용품 브랜드인 크레이트 & 배럴Crate & Barrel 매장이 있다. 시걸 부부Gordon Carole Segal가 유럽에서 신혼여행을 하면서 인테리어 제품 사업을 하기로 마음먹고 1962년에 시카고 외곽에서 창업을 하면서 궤짝crate과 나무통barrel을 이용해 제품을 전시해서 이런 브랜드 이름이 붙었다고 한다. 영화 〈프라임 러브〉(2005)의 정신과의사 리자(메릴 스트립 분)는 서른일곱 살 먹은 자신의 환자(우마 서먼 분)가 스물세 살짜리 자기 아들(브라이언 그린버그 분)과 사귀고 있다는 사실을 알게 되고, 직업상 윤리인 환자의 사생활 보호 의무와 어머니로서 느끼는 경계심 사이의 갈등을 갈무리하려고 애쓴다. 리자 부부는 이곳 크레이트 & 배럴로 쇼핑을 나왔다가 매장의 침대에 누워 연애질을 하는 아들을 목격하고 급히 가구 뒤로 숨는다. 남편도 끌어당겨 억지로 숨게 만들었다가 결국 점원으로부터 '여기서 이러시면 안 된다'는 지청구를 듣는다.

크레이트 & 배럴

☛ 611 Broadway,
New York, NY 10012
🖵 crateandbarrel.com
☎ +1 212-780-0004
⏱ 10:00~21:00
(일 11:00~19:00)

Crate & Barrel

Gramercy

브로드웨이 828번지의 스트랜드 서점Strand Bookstore은 1927년에 문을 연 이래 뉴욕에서 가장 사랑받는 유명한 서점이 되었다. 미로 같은 3개 층의 서가를 한 줄로 늘어놓으면 장장 18마일(29킬로미터)에 달한다. 운이 좋다면 중고서적 중에 희귀본을 만나볼 수도 있다. 1993년 영화 〈Six Degrees of Separation〉에서 '시드니 포에티어의 아들'로 행세하는 사기꾼 폴(윌 스미스 분)에게 골탕을 먹던 키트리지 부부(스토커드 채닝Stockard Channing 및 도널드 서덜랜드Donald Sutherland 분)는 이 서점에서 포에티어의 자서전을 찾아 그에게 아들이 없다는 사실을 확인했다. 2009년 영화 〈줄리 & 줄리아Julie & Julia〉에서 에이미 아담스가 연기하는 주인공 줄리는 이 책방에서 산 줄리아 차일드(메릴 스트립 분)의 요리책으로 요리를 시작하면서 유명 블로거가 된다. 로버트 패틴슨Robert Pattinson 주연의 2010년 〈리멤버 미Remember Me〉에서는 형의 자살 후 마음속 깊이 상처를 간직한 채 청춘을 보내고 있던 주인공 타일러가 이 서점에서 아르바이트를 하고 있었다.

줄리 & 줄리아
Julie & Julia
2009

유니언 광장Union Square의 북쪽면 17가 33번지에는 반스 & 노블Barnes & Noble 서점이 있다. 이 서점과 그 앞길은 1997년의 스릴러 〈컨스피러시〉에 등장했다. 멜 깁슨이 연기하는 택시 기사 제리는 온갖 종류의 음모론을 떠들어대는 정서 불안의 피해망상증 환자처럼 보인다. 그는 법무부 직원 앨리스(줄리아 로버츠Julia Roberts 분)를 따라다니는 스토커처럼 보이기도 한다. 그는 CIA가 비밀 프로그램으로 훈련시킨 인간 병기, 그러니까 제이슨 본의 대선배뻘 되는 사람인데, 읽지도 않는 샐린저J. D. Salinger의 소설 《호밀밭의 파수꾼 The Catcher in the Rye》를 수십 권이나 가지고 있다. 이 책을 주기적으로

컨스피러시
Conspiracy Theory
1997

Strand Bookstore | Barnes & Noble

구입해야만 정서적인 안정을 찾도록 훈련을 받았기 때문이다. 무슨 이유에서인지, 실제로 이 책은 암살자들이 애호하는 책이기도 하다. 감시의 눈길을 용케 피해 다니던 제리가 이 책을 구입하는 바람에 감시자들에게 꼬리가 밟히고 다시 쫓기기 시작하던 장소가 이 서점이었다.

좀 더 북쪽의 노매드NoMad, North of Madison Square Park에는 1964년에 설립된 리졸리 서점Rizzoli Bookstore이 있다. 뉴욕에서 가장 아름다운 서점으로 손꼽히는 곳이다. 로버트 드니로와 메릴 스트립 주연의 1984년 영화 〈폴링 인 러브〉에서 주인공 프랭크와 몰리는 이 서점에서 서로 부딪혀 책이 뒤바뀌는 바람에 다시 만나 처음으로 이야기를 나누게 되었다. 데이브 그루신Dave Grusin의 세련된 배경음악과 두 명배우의 호연이 아니었다면 관객이 감흥을 느끼기가 쉽지 않았을 정도로 잔잔한 이 불륜 로맨스에서, 우물쭈물 헤어진 두 사람이 1년 후 성탄절에 재회하던 장소도 리졸리 서점이었다. 원래 5가 712번지에 있던 리졸리 서점은 치솟는 임대료 때문에 57가를 거쳐 2015년에 지금의 위치인 브로드웨이 1133번지로 옮겨 왔다. 〈폴링 인 러브〉에 등장하는 건 그러니까 5가의 예전 자리에 있던 서점이다.

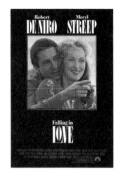

폴링 인 러브
Falling in Love
1984

스트랜드 서점

☛ 828 Broadway,
New York, NY 10003

🖥 strandbooks.com

☎ +1 212-473-1452

🕐 09:30~22:30

반스 & 노블

☛ 33 E 17th St, New
York, NY 10003

🖥 stores.
barnesandnoble.com

☎ +1 212-253-0810

🕐 09:00~22:00
(일 10:00~22:00)

리졸리 서점

☛ 1133 Broadway,
New York, NY 10010

🖥 rizzolibookstore.
com

☎ +1 212-759-2424

🕐 10:30~20:00
(토 12:00~20:00 /
일 12:00~19:00)

5가와 6가 사이의 47가 거리를 다이아몬드 디스트릭트Diamond District라고도 하고, 다이아몬드 앤드 주얼리 웨이Diamond and Jewelry Way라고도 부른다. 미국에서 유통되는 다이아몬드의 90퍼센트가 이곳을 거쳐 수입되는, 미국 내 최대의 다이아몬드 도소매시장이다. 이 좁은 골목통의 25개 남짓한 매장에서 2600명 이상의 개별 업자들이 활동하고 있다. 개인이 소장한 보석류를 수리하거나 팔 때도 이곳을 찾아간다.

악마가 너의 죽음을 알기 전에
Before the Devil Knows
You're Dead
2007

필립 세이모어 호프먼과 에단 호크 주연의 2007년 영화 〈악마가 너의 죽음을 알기 전에Before the Devil Knows You're Dead〉는 비평가들로부터 호평을 받은 범죄 드라마다. 하지만 거장 시드니 루멧 감독 최후의 유작이 하필이면 막장 드라마였다는 사실은 뭔가 좀 아쉽다. 호프먼이 연기하는 주인공 앤디는 부모님이 운영하는 교외의 보석상에서 강도질로 빼앗은 보석을 팔기 위해 이곳 47가 거리를 찾아왔다.

2008년의 옴니버스 영화 〈뉴욕, 아이 러브 유〉에서는 유태인 보석 소매상인 리프카(나탈리 포트먼 분)가 6가에 면한 47가의 상점에서 인도인 도매상 만슉바이(이르판 칸Irrfan Khan 분)와 다이아몬드 가격 흥정을 벌인다. 이들이 나누는 흥미로운 대화는 뒤에 더 자세히 소개하겠다.

Midtown

미드타운 및 주변의 백화점들

건조식품 상인이던 롤랜드 메이시Rowland Hussey Macy는 1858년 맨해튼 6가에 장차 세계 최대 백화점 체인(미국 내 789개 매장)의 본점이 될 점포를 창업했다. 그가 십대 시절 포경선 선원으로 일할 때 몸에 새겼던 별 문신을 따서 메이시즈 백화점 상호에는 지금도 별 기호가 붙어 있다. 흔히 헤럴드 스퀘어Herald Square라고 부르는 미드타운 34가와 35가 사이 블록 전체를 메이시즈 백화점이 차지하고 있다. 1902년에 지은 건물이다. 메이시즈 백화점은 빨간 옷을 입은 산타클로즈의 이미지를 가장 먼저 상업적인 아이콘으로 활용한 업체이기도 하다. 메이시즈는 1924년 이래 매년 추수감사절 퍼레이드를 주최하고 있는데, 이 퍼레이드에 썰매를 타고 나타나는 산타 할아버지는 크리스마스 때까지 백화점 매장의 한 코너를 차지한다.

　　1947년 영화 〈Miracle on 34th Street〉이 인기를 끌면서 메이시즈의 산타클로즈는 하나의 문화 현상이 되었다. 자기가 진짜 산타클로즈라고 주장하는 노인(에드먼그 그웬Edmund Gwenn 분)과 그를 믿는 꼬마 수잔(아홉 살의 나탈리 우드Natalie Wood 분)이 빚어내는 동화 같은 이야기다. 이 영화가 1994년 리메이크되었을 때는 메이시즈가 백화점 이름 사용을 불허해서 영화가 가진 지리적 특수성도 증발해버렸다. 2016년 판타지 영화 〈신비한 동물사전〉의 주인공들은 탈출한 마법 세계 동물들을 1926년의 메이시즈 백화점에서 포획했다.

　　조금 더 북쪽으로 49가와 50가 사이의 5가변에는 앤드류 삭스Andrew Saks가 1867년에 창업하고 사업을 이어받은 그의 조카가

Miracle on 34th Street
1947

Macy's

Bergdorf Goodman

1924년 맨해튼에 개업한 고급 백화점 삭스 피프스애비뉴Saks Fifth Avenue가 있다. 지금은 허드슨 베이Hudson's Bay Company라는 회사가 소유하고 있는 백화점으로, 전세계에 40개 이상의 매장을 운영하고 있다. 코미디언 크리스 락Chris Rock이 제작, 감독, 주연을 맡은 2007년 영화 〈I Think I Love My Wife〉에서 주인공 리처드(크리스 락 분)는 좋은 직장과 아내와 아이들을 가졌지만 열정이 식은 결혼생활에 지루함을 느낀다. 일부러 점심을 거르며 일하다가 오후 두 시에 한가해진 백화점을 거니는 것이 리처드의 취미다. 한적한 삭스 백화점 남성복 코너에서 그는 여성 점원들의 관심과 공세를 독차지하며 느긋하게 와이셔츠 따위를 구입한다.

2008년의 로맨틱 코미디 〈Made of Honor〉에서 주인공 톰(페트릭 뎀시 분)은 오랜 세월 친구로 지내던 여자 동창 하나(미셸 모나한Michelle Monaghan 분)가 다른 남자와 결혼을 하기로 했다며 들러리를 서 달라고 부탁하자, 자신이 그녀에게 품고 있던 감정이 사랑이었음을 뒤늦게 깨닫는다. 그런 톰을 데리고, 하나는 신혼 준비를 위한 쇼핑을 하자며 삭스 피프스애비뉴로 간다. 남의 속도 모르는 하나는 매장 탈의실에서 신부용 속옷을 입고 나와 그의 의견을 묻는다.

좀 더 북쪽으로 올라가보자. 1899년 허만 버그도프Herman Bergdorf가 창업하고 에드윈 굿맨Edwin Goodman이 운영을 맡았던 양복점은 1914년 미국 최초로 기성복을 소개한 것으로 유명하다. 이 상점은 1928년 지금의 위치인 5가 754번지에 고급 백화점 버그도프 굿맨으로 발전했다. 〈Love Potion No.9〉이라는 노래로 유명해진 넘버 나인 향수가 바로 버그도프 굿맨 제품이다. 1987년 스릴러 〈위험한 연인〉에서 살인 사건의 목격자 클레이(미미 로저스 분)는 자신을 경호하기 위해 파견된 꾀죄죄한 형사 마이크(톰 베린저 분)를 이 백화점에 데려와 넥타이를 사 주었다. 마이크의 아내(로레인 브라코Lorraine Bracco 분)가 알아보고 그 넥타이는 웬 거냐고 묻더니 일한답시고 돈 많은 여자 꽁무니나 따라다니는 거냐고 나무랐다.

Barney's New York, Medison Avenue

2016년 스릴러 〈너브〉의 여고생 비(엠마 로버츠Emma Roberts 분)는 온라인으로 지시하는 구경꾼들의 요구들을 수행하면 돈을 버는 위험한 게임에 참여한다. 그녀는 버그도프 굿맨 백화점에서 4천 달러짜리 초록색 드레스를 입어보라는 지시를 이행하는데, 누군가가 탈의실에 벗어둔 그녀의 옷을 훔쳐간다. 차마 드레스를 훔칠 수는 없었던 그녀는 속옷 바람으로 줄행랑을 친다. 2018년의 범죄 코미디 〈오션스 8〉에서 교도소를 막 출소한 주인공 데비(산드라 불록 분)는 버그도프 굿맨 매장에서 화장품을 슬쩍 집어 들고는 계산대에서 지난주에 산 물건이라며 환불해달라고 떼를 쓰다가 영수증 없이는 곤란하다니까 불만에 찬 표정으로 "그럼 도로 갖고 가겠다."며 봉투까지 얻어 당당히 훔쳐갔다.

버그도프 굿맨에서 두 블럭 더 북쪽으로 올라가면 1923년 바니 프레스먼Barney Pressman이 개업한 바니스 뉴욕Barneys New York 백화점이 있다. 의류 할인판매점으로 시작했던 바니스는 소매업체로는 최초로 라디오와 TV에 광고를 내면서 야심적인 성장을 거듭했고, 꾸준히 매장을 고급화했다. 1993년에 7가에서 5가로 이전해온 바니스는 오늘날 미국 내 15개 매장, 일본에 12개 매장을 운영하고 있다. 남편에게 버림받은 전처들의 통쾌한 복수극을 그린 1996년 코미디 〈The First Wives Club〉에서 베트 미들러Bette Midler가 연기하는 주인공 브렌다는 바니스 쇼윈도에 전시된 짧고 타이트한 드레스를 보며 "거식증 걸린 십대 아니면 저따위 것을 누가 입을 수 있겠냐?"고 흥분하는데, 매장에서 전 남편 모티(덴 헤다야Dan Hedaya 분)가 젊은 애인(사라 제시카 파커 분)에게 바로 그 드레스를 사 입히고 있는 장면을 목격했다.

코미디언 루이스 C.K.Louis C.K.는 자신이 제작, 극본, 감독, 주연을 맡은 2017년 흑백영화 〈I Love You, Daddy〉에서 드라마 감독 글렌 역으로 출연했다. 글렌은 십대 딸 차이나(클로에 모레츠Chloë Grace Moretz 분)와 함께 사는 이혼남인데, 그는 영화감독 레슬리 굿윈

Bloomingdales's

메이시즈

☞ 151 W 34th St,
New York, NY 10001

🖥 l.macys.com

☎ +1 212-695-4400

🕐 10:00~22:00
(일 10:00~21:00)

버그도프 굿맨

☞ 754 5th Ave, New
York, NY 10019

🖥 bergdorfgoodman.
com

☎ +1 212-753-7300

🕐 10:00~20:00
(일 11:00~19:00)

바니스

☞ 660 Madison Ave,
New York, NY 10065

🖥 barneys.com

☎ +1 212-826-8900

🕐 10:00~20:00
(목, 금 10:00~21:00 /
일 11:00~19:00)

블루밍데일즈

☞ 1000 Third Avenue
59th Street and,
Lexington Ave, New
York, NY 10022

🖥 locations.
bloomingdales.com

☎ +1 212-705-2000

🕐 10:00~20:30
(목~토 10:00~21:30 /
일 11:00~19:00)

(존 말코비치 분)을 몹시 존경한다. 문제는 굿윈이 미성년자인 차이나에게 관심을 보이며 지분댄다는 점이다. 차이나는 어느 날 바니스 여성복 코너에서 우연히 굿윈을 만나는데, 여기 웬일이냐는 물음에 굿윈은 자신이 젊은 여자들을 지켜보는 것을 좋아하며, 바니스 여성복 코너가 맨해튼에서 젊은 엘리트 여자들을 만나기 가장 좋은 장소라고 답한다. 말코비치 특유의 징글맞게 천연덕스러운 말투로.

3가 1000번지에 자리 잡은 블루밍데일즈Bloomingdale's는 여성용 의류 장사를 하던 조셉과 리먼 블루밍데일Joseph & Lyman G. Boomingdale 형제가 1861년 창업한 백화점인데, 지금은 메이시즈사가 소유하고 있는 매장이다. 1979년 〈Manhattan〉에서는 화장품 매장에서 폴락 교수(마이클 머피Michael Murphy 분)가 매리(다이안 키튼 분)와 쇼핑을 하면서 낯 뜨거운 농담을 주고받던 장소였다. 1984년 〈스플래쉬〉에서는 사람이 된 인어가 전자제품 매장에서 TV를 보며 신기해하는가 하면, 〈Moscow on the Hudson〉에서는 친선 공연을 위해 뉴욕을 방문한 소련 서커스단 연주자가 망명을 선언한 장소였다. 주인공 블라디미르 역을 맡은 로빈 윌리엄스와 그 밖의 모든 주요 등장인물들이 이 백화점에서 펼치는 대소동은 이 영화의 클라이맥스에 해당하는데, 영화의 전반부에 클라이맥스를 배치한 것이 이 영화의 특징이었다.

1986년 〈나인 하프 위크〉의 주인공 존은 블루밍데일즈 1층 액세서리 매장에서 애인인 엘리자베스에게 목걸이를 훔치도록 시키고, 침대 매장으로 올라와 못마땅한 표정으로 지켜보는 점원을 골려가며 엘리자베스더러 침대에 누워 포즈를 취해보라는 등 관능적인 분위기를 연출했다. 2001년 〈세렌디피티〉에서는 각자 애인에게 줄 선물을 고르던 두 남녀가 여기서 장갑 한 켤레를 두고 옥신각신하다가 눈이 맞았다. 2008년 〈클로버필드〉에서 블루밍데일즈는 군부대가 장악한 임시 대피 시설로 등장했다. 2009년 〈신부들의 전쟁)의 두 여성 주인공은 결혼 준비에 필요한 물품들을 사러 왔다가 다른 예비 신부와 다툼을 벌이는 바람에 매장에서 쫓겨났었다.

티파니 Tiffany & Co.

트루먼 카포티Truman Capote의 단편 소설을 블레이크 에드워즈Blake Edwards 감독이 1961년 영화화한 〈티파니에서 아침을〉은 어느 이른 아침, 밤새 어디선가 파티를 즐기다가 온 것 같은 차림새의 오드리 헵번이 택시에서 내려 5가 727번지의 보석상 티파니 쇼윈도 앞에 서서 빵을 먹는 장면으로 시작한다. 주인공 홀리에게 티파니는 심리적 안정감을 주는 멋진 장소다. 시골에서 무작정 올라와 뉴욕의 사교계를 떠도는 홀리의 꿈이 얼마나 속되고 정처 없는 것인지를 상징적으로 보여주던 장소가 티파니였다.

티파니에서 아침을
Breakfast at Tiffany's
1961

티파니는 그 후로도 여러 영화에 등장했다. 1993년의 〈시애틀의 잠 못 이루는 밤〉에서는 밸런타인데이를 맞아 약혼자(빌 풀먼Bill Pullman 분)와 함께 이곳을 찾은 애니(멕 라이언 분)가 반지를 선물 받으며, 그가 가장 적합한 결혼 상대라고 스스로를 설득한다. 둔한 약혼남은 알아채지 못하지만, 애니의 자기최면이 반복되면 될수록 관객은 그녀가 그를 진심으로 사랑하지 않는다는 사실을 확신하게 된다.

2002년 로맨틱 코미디 〈스위트 알라바마Sweet Home Alabama〉에서는 패션 디자이너 멜라니(리즈 위더스푼Reese Witherspoon 분)가 뉴욕 시장의 아들 앤드류(패트릭 뎀시 분)로부터 로맨틱한 청혼을 받는다. 그녀가 어느 건물의 뒷문을 통해 안내를 받아 도착한 장소는 영업시간이 지났는데도 그녀만을 위해 전 직원이 대기하고 있는 티파니 매장이었다. 우리나라에서 이런 짓을 했다가는 '갑질' 논란으로 혼쭐이 날 터여서 로맨스보다는 스릴이 느껴지는 장면이다.

스위트 알라바마
Sweet Home Alabama
2002

2011년의 〈New Year's Eve〉에서는 고달픈 직장에 사표를 던

Tiffany & Co.

진 잉그리드(미셸 파이퍼 분)가 오토바이 택배 기사 폴(잭 에프론Zac Efron 분)에게 자신의 새해 소원 목록을 다 이루도록 거들어주면 유명 인사들이 모이는 가면무도회 티켓을 주겠노라고 제안한다. 두 사람은 바삐 뉴욕의 구석구석을 다니는데, 그중에는 이 기묘한 커플이 티파니 쇼윈도 앞에서 커피와 도넛으로 아침 식사를 하며 즐거워하는 장면도 포함되어 있다.

티파니

📞 727 5th Ave, New York, NY 10022
🖥 tiffany.com
☎ +1 212-755-8000
🕐 10:00~19:00
(일 12:00~18:00)

5가의 명품 상점들

맨해튼의 5가는 가히 전 세계 명품 쇼핑의 중심가라고 할 수 있다. 5번가의 상점들을 전부 소개할 수도 없고, 등장인물들이 거기서 쇼핑하는 영화들을 전부 열거할 수도 없다. 몇 편만 꼽아보겠다. 〈러브 인 맨하탄〉(2002)의 주인공 마리사(제니퍼 로페즈 분)는 월도프 아스토리아 호텔 청소부다. 그녀는 객실 청소를 하다가 동료의 부추김을 못 이겨 손님이 환불 심부름을 부탁한 5천 달러짜리 돌체 가바나Dolce & Gabana 정장을 입어본다. 일이 잘못 꼬여 그녀는 이 옷을 입은 채 미남 정치가와 데이트를 하게 되는데, 곧바로 환불을 받으러 갔다면 5가 717번지나 매디슨가의 매장으로 달려갔어야 했을 거다.

겁나는 여친의 완벽한 비밀
My Super Ex-Girlfriend
2006

730번지의 불가리BVLGARI 매장은 2006년 액션 코미디 〈겁나는 여친의 완벽한 비밀My Super Ex-Girlfriend〉에서 강도들에게 털리는데, 슈퍼 파워를 가진 지-걸(우마 서먼 분)이 강도들의 차를 들어다 경찰서 앞에 메다꽂았다. 2010년의 〈월 스트리트: 머니 네버 슬립스〉에서 두둑이 보너스를 받은 증권 브로커 제이크(샤이어 라보프 분)는 이 매장에서 약혼반지를 고르면서 비싼 보석들만 따로 모아놓은 방을 보여달라고 한다.

불가리보다 다섯 블록 아래 653번지에는 또 다른 시계 및 보석상점 카르티에Cartier 매장이 있다. (우리나라의 예식업계에서는 무슨

블루 재스민
Blue Jasmine
2013

Dolce & Gabana | BVLGARI

이유에서인지 카르티에를 '칼체'라고들 부르는 모양이다.) 52가 모퉁이 건물이 이른바 '카르티에 맨션'이다. 〈오션스 8〉의 주인공인 도둑들은 이곳 카르티에 맨션의 지하 금고에 보관된 1억 5천만 달러 상당의 다이아몬드 목걸이를 노린다. 업체의 협조를 얻어 이틀 동안 매장 문을 닫고 촬영을 했다고 한다.

아일라 피셔 주연의 2009년 로맨틱 코미디 〈쇼퍼홀릭〉에서 쇼핑 중독 증상이 심한 주인공 레베카는 취업 면접을 보러 가다가 712번지의 부티크 상점 헨리 벤델Henri Bendel에서 초록색 스카프를 보고 사려고 지갑을 열지만 돈이 조금 모자란다. 길거리 가게에서 수표를 현찰로 바꾸어달라고 조르던 그녀에게 어떤 미남 신사가 20달러를 준다. 알고 보니 그는 그녀를 면접할 잡지사의 편집장이었다. 우여곡절 끝에 레베카는 '초록 스카프를 두른 여자The Girl in the Green Scarf'라는 필명으로 이 잡지에 칼럼을 써서 능력을 인정받는다.

케이트 블란체트에게 아카데미 여우주연상을 안겨준 우디 앨런 감독의 2013년 블랙코미디 〈블루 재스민Blue Jasmine〉에서 뉴욕의 부잣집 사모님인 언니 재스민(케이트 블란체트 분)은 샌프란시스코에서 놀러 온 못사는 동생 진저(샐리 호킨스Sally Hawkins 분) 내외를 그다지 반기지 않는다. 얼마 후 자기가 도리어 동생의 신세를 져야 할 운명인지도 모른 채, 재스민은 선심 쓰듯 진저를 데리고 5번가에 쇼핑을 나가 퉁명스럽게 명품 가방을 하나 사 준다. 진저가 노란색 펜디 가방을 선물 받고 뛸 듯이 좋아하던 상점은 5가와 53가 모퉁이의 부티크 매장이었는데 촬영 직후에 폐업을 했다. 엄청난 임대료 때문에, 맨해튼 5가에 점포를 계속 유지하기란 어느 상점주에게도 쉬운 일은 아닐 것이다.

미드타운의 매디슨가

톰 행크스 주연 1990년 코미디 〈Joe Versus the Volcano〉에서 자기

돌체 가바나

☎ 717 5th Ave, New York, NY 10022

🖩 dolcegabbana.com

☎ +1 212-897-9653

🕐 10:00~20:00 (일 12:00~19:00)

불가리

☎ 730 5th Ave, New York, NY 10019

🖩 bulgari.com

☎ +1 212-315-9000

🕐 10:00~19:00 (일 12:00~18:00)

카르티에

☎ 653 5th Ave, New York, NY 10022

🖩 cartier.com

☎ +1 212-446-3400

🕐 10:00~19:00 (일 12:00~18:00)

헨리 벤델

☎ 712 5th Ave, New York, NY 10019

🖩 henribendel.com

☎ +1 212-247-1100

🕐 10:00~20:00 (일 12:00~18:00)

Cartier | Henri Bendel

가 죽을병에 걸렸다고 착각한 주인공 조는 죽기 전에 즐길 돈을 얼마든지 줄 테니 자기 사업을 위한 희생 제물이 되어달라는 악덕 기업인의 미끼를 덥석 문다. 그는 맨해튼에서 사치를 부리기로 작정하고 리무진을 대절해 시내로 나간다. 하지만 돈도 써본 사람이 쓰는 법이다.

기사: 어디로 모실까요?

조: 쇼핑을 좀 할까 해요.

기사: 좋습니다. 어디서 쇼핑을 하시겠습니까?

조: 모르겠는데요……. 아저씨라면 어디로 쇼핑을 갈 거 같아요?

기사: 뭐가 필요한데요?

조: 옷이요.

기사: 어떤 종류의 옷이 필요합니까? 어떤 취향이신지요?

조: 잘 모르겠어요……. 왜 차를 세우시죠?

기사: 이봐요. 나는 운전하러 고용된 사람이지 당신이 누군지 알려주려고 온 게 아니에요.

조: 제가 누군지를 물어본 게 아닌데요…….

기사: 옷을 살 거라면서요? 저한테 옷은 굉장히 중요한 물건이에요. 어떤 옷을 입는지가 어떤 사람인지를 결정하죠. 난 그렇게 믿어요. 쇼핑을 하겠다고 하고, 옷을 사겠다고 하면서 뭘 살지는 모르시겠다니, 그건 마치 당신이 누군지를 나한테 묻는 거나 마찬가지예요. 당신이 누군지 나는 모르고, 알고 싶지도 않아요. 난 내가 누군지 알아내려고 평생 애를 썼고, 그것만으로도 이미 충분히 피곤하답니다.

이런 면박을 들은 조가 정장이 필요하다고 하자, 기사 마셜(오시 데이비스 분)이 데려다준 상점은 매디슨가 815번지의 양복점이었다. 영화에서는 조르지오 아르마니 매장이었는데, 지금은 마리나 리날디Marina Rinaldi 매장이다. 나도 내가 누군지 잘 모르는 모양인

Marina Rinaldi New York

지, 옷을 사는 일이 귀찮고 싫기만 하다. 마셜의 설명이 부분적으로만 옳으면 좋겠다. 만약 그렇지 않다면 내가 고르는 옷마다 센스가 없다고 나무라는 내 아내는, 실은 나의 정체를 싫어하는 건지도 모른다.

미드타운의 매디슨가도 쇼핑 애호가들의 천국이다. 맨해튼의 건물 임대료는 5가에서 동서로 한 블록씩 멀어질 때마다 가격이 현저히 떨어진다고 하는데, 그게 사실이라면 매디슨가는 두 번째로 비싼 도로변이다. 웬만큼 구매자를 확보할 수 없는 매장은 유지되기 어렵다는 뜻이다. 〈쇼퍼홀릭〉(2009)의 주인공 레베카가 매디슨가 853번지 아스프리Asprey 매장 앞을 거닐 때, 쇼윈도 안의 마네킹들은 그녀를 유혹하며 춤을 추었다. 그녀는 언제나 후줄근한 옷을 입고 다니는 편집장 루크(휴 댄시 분)를 앞서 소개한 660번지의 백화점 바니스에 데려간다. 그녀가 점원에게 분홍 셔츠에 흰색 정장을 찾아봐 달라고 부탁하자 루크는 거침없이 3 버튼 턱시도 48 사이즈와 흰 셔츠, 사이즈 10짜리 베르니체 구두를 달라고 한다. 눈이 휘둥그레진 레베카가 루크에게 묻는다. "Do you speak Prada(명품의 세계를 아시네요)?" 평소에 안 입는 옷을 입혀놓고 좋아하는 여자를 만나게 되면, 남자들이여, 리무진 기사 마셜의 조언을 떠올려보시길. 그녀가 찾는 건 그 옷에 맞는 남자일 가능성도 있다. 단지 당신의 패션 센스가 나처럼 엉망일 뿐이라면 그나마 다행이지만.

쇼퍼홀릭
Confessions of a
Shopaholic
2009

마리나 리날디

☎ 815 Madison Ave,
New York, NY 10065
⊞ marinarinaldi.com
☎ +1 212-734-4333
🕐 10:00~18:00
(목 10:00~19:00 /
일 휴무)

아스프리

☎ 853 Madison Ave,
New York, NY 10021
⊞ asprey.com
☎ +1 212-688-1811
🕐 10:00~18:00
(토 10:00~17:00
/ 일 휴무)

해머커 슐레머 Hammacher Schlemmer

맨해튼 5가에서 멀어질수록 임대료가 큰 폭으로 떨어지기 때문에, 식당도 가격 등 다른 모든 조건이 똑같다면 5가에서 멀리 벗어난 쪽의 품질이 더 좋을 것으로 추정해도 무방하다. 맛이 비슷하다면 번화가의 식당이 더 비싸다는 뜻이다. 만약 당신이 명품 세일 매장을 찾는 데 혈안이 된 것이 아니라 뉴욕에서만 볼 수 있는 특이한 상점을 찾는 데 더 관심이 있다면 이스트 빌리지 9가의 골동품 상점이라든지 용도를 얼른 알 수 없는 온갖 물건들을 파는 그리니치 빌리지의 가게들, 34가의 악기상가 아니면 다리 건너 윌리엄스버그의 베드퍼드가에 있는 레코드 가게나 액세서리 좌판들을 기웃거리게 될 것이다.

만약 미드타운에서 조금은 개성이 있는 가게들을 만나보고 싶다면 8가보다 서쪽이나, 렉싱턴가보다 동쪽에서 찾아봐야 한다. 체인점 가운데 특이한 상점으로는 이스트 57가 147번지의 해머커 슐레머를 들 수 있다. 1853년 설립되어 현재 카탈로그 우편 주문과 인터넷 쇼핑몰을 운영하고 있는 이 유통업체는 전자제품, 의류, 가정용품, 야외용품, 스포츠 및 레저, 장난감, 여행용품 등 특이한 물건들을 판매한다. '매장에 전화를 최초로 설치한 업체', '쇼룸에 전기 조명을 최초로 설치한 업체'답게 각종 발명품을 최초로 판매한 기록을 보유하고 있다. 요즘도 운전대 보온 커버라든지 자전거용 후방 감시 카메라, 초소형 카메라 같은 신기한 물건들을 인기리에 판매하고 있다. 1967년 영화 〈어두워질 때까지Wait Until Dark〉에서는 지문을 지우려고 애쓰지 말고 "해머커 슐레머에서 묶음으로 파는 일회용 장갑을 쓰지 그러냐."는 대사가 나온다. 태평양의 작은 섬으로 여행을 떠나려는 〈Joe Versus the Volcano〉의 주인공은 이 상점에서 물에 뜨는 트렁크를 포함한 온갖 물건을 구입하는데, 그중 몇 가지는 배가 난파당했을 때 요긴하게 사용했다. 비록 미니 골프 연습기는 별 쓸모가 없었지만.

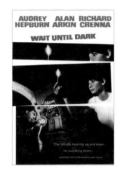

어두워질 때까지
Wait Until Dark
1967

해머커 슐레머
☞ 147 E 57th St, New York, NY 10022
🖫 hammacher.com
☎ +1 212-421-9001
🕙 10:00~19:00
(일 11:00~18:00)

FAO 슈와츠FAO Schwarz

최근 영화부터 거슬러 올라가보자. 〈개구쟁이 스머프〉(2011)에서 악당 가가멜에게 쫓기는 스머프들이 난장판으로 만들었던 장난감

매장이 있다. 센트럴파크를 대각선으로 마주보던 5가 767번지의
FOA 슈와츠였다. 독일계 이민자 프레데릭 슈와츠Frederick August Otto
Schwarz가 1862년 볼티모어에서 창업하고 1870년 뉴욕에 매장을 개
설한 이래 150년 가까운 전통을 자랑하는 상점이다.

개구쟁이 스머프
The Smurfs
2011

　　스탠리 큐브릭 감독의 유작 〈아이즈 와이드 셧Eyes Wide Shut〉(1999)
의 말미에는 아내에 대한 실망과 성적 호기심에 이끌려 하룻밤 사
이에 위험천만한 모험을 경험한 주인공 빌(톰 크루즈 분)이 가족을
이곳으로 데려온다. 어린 딸은 크리스마스 선물을 고르느라 정신
이 팔려 있고, 매장에는 캐럴이 흐른다. 빌은 아내 앨리스(니콜 키드
먼 분)에게 조심스럽게 묻는다.

빌: 우리 이제 어떻게 하지?

앨리스: 어떻게 하냐고요? 글쎄요. 잘 모르겠지만, 감사히 여겨야 하지 않을
까요? 그게 현실이었든, 꿈이었든 우리가 그 모든 모험을 겪고도 살아남았다
는 사실을.

빌: 진짜?

아이즈 와이드 셧
Eyes Wide Shut
1999

앨리스: 내가 진짜라고 생각하는 건 한평생의 현실 못지않게 하룻밤의 현실도
진실의 전모가 될 수 있다는 것이고, 어떤 꿈도 그냥 꿈에 불과하진 않다는 거
예요. 중요한 건 우리가 지금은 깨어 있다는 거고, 앞으로도 오래도록 깨어 있
으면 좋겠다는 거지요.

빌: 영원히.

앨리스: 영원이란 말은 쓰지 말아요. 무서우니까. 그리고 우리가 시급하게 해
야 할 일이 있어요.

빌: 뭐지?

앨리스: 섹스요.

　　아이들로 붐비는 장난감 가게에서 나누기 적절한 대화는 아
닌데, 그게 아마 큐브릭 감독이 노린 아이러니가 아닐까 싶다. 성인

마이티 아프로디테
Mighty Aphrodite
1995

들의 아이러니가 FAO 슈와츠에서 연출된 적은 전에도 있었다. 우디 앨런의 1995년 코미디 〈마이티 아프로디테Mighty Aphrodite〉에서 주인공 레니(우디 앨런 분)는 입양한 아들의 친모를 호기심에서 찾다가 아들의 친모가 린다라는 포르노 배우라는 사실을 발견한다. (미라 소르비노Mira Sorvino는 린다 역으로 그해 아카데미 여우조연상을 받았다.) 우여곡절 끝에 두 사람은 하룻밤 동침하고 헤어지는데, 레니의 아이를 가진 린다는 직후에 다른 남자를 만나 결혼한다. 몇 년 후 두 사람은 각자의 아이를 데리고 FAO 슈와츠에 왔다가 우연히 마주쳐 인사를 나눈다. 린다는 레니의 아이가 자신의 친자라는 걸 모르고, 레니는 린다의 아이가 자신의 친자라는 사실을 모르는 채.

　FAO 슈와츠에서 촬영한 장면 중 영화 팬들의 뇌리에 가장 깊이 아로새겨진 것은 페니 마셜Penny Marshall 감독의 1988년 영화 〈빅〉의 한 대목이었다. 놀이공원 마술사 기계 앞에서 소원을 빌었다가 하룻밤 사이에 어른이 되어버린 12살 소년 조쉬 역을 톰 행크스가 맡았다. 행크스는 몸만 커져버린 어린이 연기를 천연덕스럽게 해내서 이 말도 안 되는 영화에 터무니없을 정도의 핍진성을 덧입혀주었다. 그는 장난감 가게를 휘젓고 다니며 놀다가 사장의 눈에 띄어서 장난감 회사에 특채된다. 그 계기를 만들어준 장면이 바로 그가 바닥에 깔린 대형 피아노 건반 위에서 춤추듯 발로 젓가락 행진곡을 연주하던 장면이다.

　2015년 자금난으로 폐업한 FAO 슈와츠는 예전의 자리에서 자취를 감추었다. 뉴욕의 상징 중 한 가지가 또 사라졌나 보다 하며 서운한 마음이었는데, 록펠러센터에 2018년 11월 재개장을 했다는 소식이다. 매장의 소유권이 토이저러스Toys 'R' U로부터 쓰리식스티 그룹ThreeSixty Group이라는 회사로 넘어왔다고 한다.

FAO 슈와츠

☛ 30 Rockefeller Plaza, New York, NY 10111
🏠 faoschwarz.com
☎ +1 800-326-8638
🕐 09:00~21:00
(월 09:00~19:00 / 금, 토 09:00~22:00)

기프트 상점들

미드타운에는 관광객들을 상대로 하는 기프트 숍들도 많다. 카메라, 전자제품에서부터 각종 기념품까지 많은 제품들을 모아놓은 곳이라서 시간이 없는 관광객들이 선물을 고르기에는 편리한 면도 있다. 하지만 가게에 따라서는 정품이 아닌 제품을 팔기도 하고, 바가지를 쓸 수도 있고, 흥정의 기술이 필요할 수도 있다는 점은 참고할 필요가 있다.

사랑 게임
For Love or Money
1993

1993년 로맨틱 코미디 〈사랑 게임〉에서 마이클 J. 폭스가 연기하는 주인공 더그는 일류 호텔의 유능한 컨시어지다. 그는 손님들의 크고 작은 문제들을 도맡아 해결해주면서 적잖은 팁을 챙기는 수완도 발휘한다. 어수룩한 부자 웨그만 씨(마이클 터커Michael Tucker 분)는 호텔을 떠나면서 부인에게 선물하고 싶다면서 호텔 상점을 기웃거리다가 더그에게 피아제Piaget가 괜찮은 시계인지 묻는다. 더그는 1만 5000달러짜리 시계를 호텔에서 사는 사람이 어디 있냐며 웨그만 씨를 데리고 호텔 밖 기프트 숍으로 간다. 상점 주인은 피아제 타나그라 가격으로 9천 달러를 부르고 그것만으로도 '판타스틱'하다며 좋아하는 웨그만 씨 앞에서 흥정을 벌여 8300 달러로 깎고 부가가치세 면세 방법까지 알려준다. 나중에 더그는 혼자 상점으로 달려가 주인으로부터 뒷돈 몇 백 달러를 챙겨 받는다. 영화는 영화일 뿐이니까 물건 값을 깎으려고 너무 싸우실 필요는 없겠다. 모두가 행복하면 해피엔딩인 셈이니까.

Upper West Side

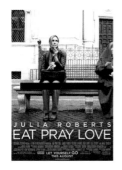

먹고 기도하고 사랑하라
Eat Pray Love
2010

인쇄 매체의 수난 시대다. 책을 사랑하는 사람들에게는 슬픈 이야기지만 세계 도처에서 출판사는 위기를 맞고 서점은 문을 닫는다. 이를테면 2010년 영화 〈먹고 기도하고 사랑하라Eat Pray Love〉에서 줄리아 로버츠가 이혼 관련 책들을 사러 왔다가 충동적으로 이탈리아어 회화 교재를 구입해 이탈리아 여행의 계기를 마련했던 서점은 브루클린 코트가Court St 163번지의 북코트Bookcourt라는 실제 서점에서 촬영했는데, 어느새 폐점을 했다.

영화 속에서도 서점들은 폐업을 한다. 1998년 〈유브 갓 메일〉에서 대형 서점의 공세에 밀려 눈물을 머금고 문을 닫은 어퍼 웨스트사이드의 서점 이름은 '숍 어라운드 더 코너Shop around the Corner'였다. 그건 이 영화가 1940년 영화 〈Shop Around the Corner〉의 번안물이었기 때문이다. 물론 마가렛 설리번Margaret Sullavan과 제임스 스튜어트James Stewart 주연의 옛 영화에서는 이메일 대신 펜팔 편지가 주인공들을 이어주었다. 〈유브 갓 메일〉에서 문을 닫던 멕 라이언의 서점은 78가와 암스테르담가Amsterdam St 교차로에 있는 것으로 설정되었는데, 실제 촬영은 치즈와 골동품을 판매하던 69가 106번지 상점을 개조한 곳에서 이루어졌다.

영화 속에서는 문을 닫지만 아직 영업을 하고 있는 서점이 어퍼 웨스트사이드에 한 곳 있다. 브로드웨이 2246번지에 있는 'Westsider Rare & Used Books'라는 중고 서점은 배우 존 터투로가 극본, 감독, 주연을 맡은 2013년의 블랙코미디 〈지골로 인 뉴욕〉에 등장한다. 영화는 주인공 피오라반테(존 터투로 분)의 친구인 머레이(우디 앨런 분)가 이 서점을 운영하다가 적자로 폐업하는 데서 시작한다. 머레이가 포주 노릇을 자임하면서 둘은 성매매 전선에 나서는

지골로 인 뉴욕
Fading Gigolo
2013

Westsider Rare & Used Books

데, 꽃집에서 일하는 중년 남성 피오라반테는 의외로 그 방면에 재능이 있어서 과거 〈미드나잇 카우보이〉가 처절하게 좌절했던 업종에서 제법 성공을 거둔다. 그 과정에서 참된 사랑도 발견한다. 사랑이 있는 곳에 아픔도 있기 마련이지만.

이 서점도 독자들이 찾아갔을 때는 사라지고 없을지도 모른다. 사라진 장소들을 몇 개만 더 짚어보자.

웨스트사이더
중고 서점

☞ 2246 Broadway,
New York, NY 10024
⊡ westsiderbooks.com
☎ +1 212-362-0706
⏰ 10:00~21:00
(토 10:00~22:00 /
일 11:00~20:00)

사라진 장소들

Lost Places

풀턴 어시장Fulton Fish Market

1822년 로워 맨해튼의 브루클린 브리지 옆에 개설된 풀턴 어시장은 오랜 세월 동안 뉴욕 주민들에게 신선한 생선을 공급해주었다. 이 어시장은 세탁소와 잡화점 못지않게 많은 초기 한인 이민자들의 일터이기도 했다.

　이곳은 〈나 홀로 집에 2: 뉴욕을 헤매다〉(1992)에서 두 강도가 생선 트럭 짐칸에 숨어 타고 비린내를 풀풀 풍기며 뉴욕으로 입성하던 곳, 〈고질라〉(1998)에서 번식을 앞둔 고질라가 상륙해 생선을 먹어치우던 곳, 〈Mr. 히치〉(2005)에서 주인공 히치가 생굴을 먹고 알레르기로 얼굴이 퉁퉁 부어 고생하던 곳, 〈사랑의 레시피〉(2007)의 셰프 케이트가 생선장수들에게 높은 인기를 누리며 식재료를 구하던 곳이었다.

　하지만 풀턴 어시장은 2005년을 전후해 브롱크스로 이전했다. 지금의 시장은 도쿄의 어시장(도쿄 어시장도 2018년 츠키지築地에서 도요스豊洲로 이전했다.) 다음으로 세계에서 두 번째로 큰 어시장인데, 브롱크스의 새 어시장을 배경으로 하는 영화는 아직 보지 못했다.

> **뉴 풀턴 어시장**
> ☛ 800 Food Center Dr, Bronx, NY 10474
> ⌂ newfultonfish market.com
> ☏ +1 718-378-2356
> ⏲ 01:00~07:00 (토, 일 휴무)

첼시 노천시장Chelsea

한때 미트패킹 디스트릭트의 간스부르트Gansevoort 농축산시장 전체를 가리키는 이름이기도 했던 이른바 '첼시 마켓'은 1980년대에는 25가와 26가 사이 6가의 주차장 공간에 들어선 노천시장으로 좁아들었다. 1986년 영화 〈나인 하프 위크〉의 주인공 엘리자베스

나인 하프 위크
9 1/2 Weeks
1986

첼시 마켓

☎ 75 9th Ave, New
York, NY 10011
🖥 chelseamarket.com
☎ +1 212-652-2110
🕐 07:00~다음 날
02:00
(일 08:00~22:00)

(킴 베이싱어 분)가 혼자 산책을 즐기던 노천시장이다. 레게 밴드가
생음악을 연주하고 저글러가 볼링 핀을 던지며 묘기를 부린다. 엘
리자베스는 벼룩시장에서 프랑스제 스카프를 들었다 났다 하지만
300달러라는 가격이 부담스러워 사지는 않는다. 이 모습을 먼발치
에서 지켜보던 존(미키 루크 분)이 그녀에게 접근해 두 사람은 자연
스레 데이트를 하게 된다. 점심 식사를 마친 후 엘리자베스가 탐내
던 스카프를 꺼내 어깨에 걸어주는 존. (이 자식, 선수다!) 이들의 애
정 행각을 흉내 내고 싶은 분들께는 실망스러운 소식일지 모르지
만, 이 노천시장에는 지금 아파트가 들어서 있으니 굳이 찾아가실
필요는 없겠다. 오늘날 첼시 마켓은 9가 75번지 건물 내부의 상점
들을 가리킨다.

　이렇게 예전 영화에 등장했던 뉴욕의 흥미로운 장소들은 하
나둘씩 사라져가고 있다. 소비자의 변덕 때문에, 시장의 상황 때문
에, 또는 세태의 변화 때문에, 또는 치솟는 임대료 때문에. 이 책에
소개한 장소들에도 아마 유효 기간이 정해져 있을 것이다. 그것이
다하기 전까지 이 책이 영화 팬들에게 추억의 길잡이가 되어드리면
좋겠다.

Chapter 6. 민족·언어·종교

뉴욕을 배경으로 추리소설을 쓰는 건 우스운 짓이다.
뉴욕시 자체가 추리소설이다.

– 영국 추리소설가 애거사 크리스티|Agatha Christie

문화와 언어의 가마솥

Melting pot

유럽 어느 구석에서 옛 헝가리, 옛 러시아, 옛 프랑스, 옛 이탈리아를 찾을 수 있는가? 유럽 사람들은 미국을 베끼기에 골몰해서, 모두가 미국인처럼 된다. 하지만 뉴욕에는 백 년 전 유럽으로부터 이민 간 유럽인들이 망가지지 않은 채 살고 있다. 오, 지오! 당신도 내가 왜 뉴욕을 사랑하는지 보면 알 거예요. 뉴욕에는 전 세계가 있으니까.

– 이탈리아 저널리스트 오리아나 팔라치Oriana Fallaci

세계 각지에서 탄압을 피해 온 망명자와 아메리칸드림을 쫓아 온 이주자들 덕분에 뉴욕은 민족의 전시장이 되었다. 언어학자 카우프만Daniel Kaufman 박사에 따르면 800여 개의 언어가 사용되고 있는 뉴욕은 '전 세계 언어 밀집도의 수도capital of language density'에 해당한다. 지하철 7호선을 타면 거의 매 정거장마다 다른 언어권을 연구할 수 있는 도시가 뉴욕이다.

2015년 미국 인구조사국Census Bureau 통계에 따르면 약 8백만 명의 뉴욕시 주민들 중 집에서 영어로 말하는 사람은 전체의 50.6퍼센트에 불과하다. 스페인어 및 스페인계 크레올어가 24.6퍼센트로 가장 많고, 그 다음은 6.1퍼센트를 차지하는 중국어다. 힌디, 우르두, 구자라트 등 인도계 언어를 합치면 3.0퍼센트로 그 다음이고, 러시아어가 2.5퍼센트다. 1퍼센트대를 차지하는 언어로는 이디시어, 아프리칸, 불어, 한국어 등이 있고 나머지는 소수점 이하, 그러니까 8만 명 미만이다. 하지만 사용자가 적은 언어야말로 뉴욕이라는 도시의 특수성을 드러낸다.

멸종되어가는 희귀 언어를 연구하는 학자들에게 뉴욕은 보물섬 같은 곳이다. 모국의 정치적 동란을 피해 이곳에 정착한 이주민들은 모국어를 잘 간직하고 있고, 그 언어를 구사하는 사람의 수가 본국보다 뉴욕에 더 많은 경우도 있기 때문이다. 마무주mamuju라는 희귀 언어를 연구하러 인도네시아 오지에 가서 표본 채집에 실패한 언어학자가 퀸스에서 열리는 결혼식 하객으로 갔다가 옆자리에 우연히 앉은 마무주어 구사자를 만나는 웃지 못할 일화도 그래서 생긴다.

이들 다양한 민족은 자발적으로 뉴욕으로 모여들었기 때문에 뉴욕에서는 '바벨탑의 역현상'도 벌어진다. 인종과 인종이, 민족과 민족이, 언어와 언어가 섞이고 융합되는 것이다.

다른 것은 우리를 매료한다. 그렇지 않다면 아무도 시간과 돈을 들여가며 일부러 여행 따위를 할 필요를 느끼지 않을 것이다. 우리는 다른 것을 보기 위해 기꺼이 떠나고, 가던 길을 멈춘다. 다른 것들을 서로 다르게 만드는 힘을 우리는 문화라고 부른다. 다른 곳에는 우리와 다르게 말하고 입고 먹으며 사는 사람들이 있다는 점에서, 문화는 기본적으로 지리의 산물이다. 공간이 발휘하는 힘인 것이다.

반면에 인류가 생겨난 이래 꾸준히 작용해온 다른 힘도 있다. 그것은 온갖 곳의 사람들을 비슷하게 만드는 힘이다. 한곳에서 생겨난 농업 기술은 멀리 떨어진 다른 곳의 삶을 바꾸었고, 나침반과 화약과 종이는 그것들이 없었을 때보다 전 세계 사람들이 좀 더 비슷한 행복과 비극을 경험하게 만들었다. 이제는 어느 나라를 가도 맥도널드와 켄터키프라이드치킨을 볼 수 있다. 세계화의 해일이 들이닥치기 시작한 이래 삶을 획일화하는 힘은 전에 볼 수 없을 정도로 커졌다. 이런 힘을 우리는 문명이라고 부른다. 문명의 지향점은 미래이므로, 그것은 시간적인 관념이라고 할 수 있다.

문화와 문명은 끊임없이 서로 다툰다. 문화는 보존하는 힘이고, 문명은 나아가는 힘이다. 사람은 가까운 사람들과 특별한 것을 나누고 싶어 하기 때문에 지역적 특이성은 우리에게 친숙하고 따뜻한 기억의 보금자리를 제공한다. 그래서 문화는 포근히 감싸는 힘을 가지고 있다. 반면에 문명의 힘은 무자비하다. 그것은 토착적이고 원형질적인 것을 말살한다. 그러나 역설적인 것은, 인류의 삶을 더 낫게 만든 것은 문명이라는 점이다. 과학기술의 발달만을 말하려는 게 아니다. 계급 없는 세상, 기본적 인권이 항상 보호받지는 못하더라도 최소한 누구도 부인할 수 없는 가치로 자리 잡게 된 세상은 문화가 아니라 문명이 성취한 것이다. 문화는 따뜻하고 친절한 얼굴을 하고 있지만, 인류의 삶을 문화에만 전적으로 의탁했다면 우리는 지금도 움집이나 동굴 속에서 동물 가죽으로 된 옷을 입고 수렵과 채집으로 살아가야 했을 터이다.

반면에 문명이 저만치 너무 앞서가면 우리는 본능적으로 불안함을 느낀다. 익숙한 관계로 복귀하려는 욕구가 강하게 고개를 든다. 어떤 면에서 우리 모두는 러다이트Luddite인 셈이다. 이 세상 누구와도 접속할 수 있는 IT 기술을 손에 쥐게 되었을 때 정작 우리가 한 일은 주변 사람들과의 관계를 복원하고 강화하는 SNS에 탐닉하는 것이었다. 세계화의 물결이 거세지면서 오히려 도처에서 민족주의의 열기가 뜨겁게 느껴지고, 소수민족이나 이주 노동자에 대한 배척과 탄압의 불길이 높아지고 있는 것은 어쩌면 우연이 아닌지도 모르는 것이다.

문화는 우리에게 편안함comfort을, 문명은 편리함convenience을 제공한다. 그런데 인간은 그 둘 중 어느 것도 버릴 수는 없다. 인간은 시간과 공간 속에서 살기 때문이다. 이것이야말로 인간 존재의 근원적인 양난dilemma이다.

– 박용민 저,《맛으로 본 일본》중에서

　　뉴욕은 문명과 문화의 길항작용拮抗作用이 가장 치열하게 벌어지는 장소이기도 하다. 물잔의 반이 찼다는 시각으로 보면 뉴욕은 서로 다른 인간들의 융합의 현장이고, 반이 비었다는 시각으로 보면 뉴욕은 희귀 언어가 사라지는 언어의 무덤이다. 언어학자들은

'다르고 소중한' 희귀 언어를 보존하려고 애쓰지만, 그 언어를 쓰는 사람들이 뉴욕에 온 것은 더 인간다운 삶을 누리기 위해서지 문화를 이식하고 보존하기 위해서였던 건 아니다. 언뜻 보면 뉴욕에 사는 소수민족들의 '다른' 문화를 지켜내는 일이 더 따뜻해 보이지만, 이들이 조속히 미국 사회에서 '같은' 것을 누리도록 만들어 주는 일이 실은 그들에게는 더 도움이 되는 일이다. 〈깊고 푸른 밤〉(1984)에서 〈두 번째 사랑〉(2007)에 이르기까지 영화에 그려진 한인 이주민들의 고통도 거대한 미국 사회에 신속히 동화되지 못한 데서 비롯된 것이 아니던가.

　뉴욕에서 만들어지는 영화들은 의식적으로 또는 무의식적으로, 그러나 거의 언제나 문화와 문명의 이러한 긴장 관계를 카메라에 담아낸다. 에드워드 노튼의 감독 데뷔작인 〈키핑 더 페이스〉(2000)는 젊은 신부 브라이언(에드워드 노튼 분)이 술집에서 폭음을 하면서 바텐더에게 신세를 한탄하는 장면으로 시작한다. 굳이 바텐더를 초프라(브라이언 조지Brian George 분)라는 인도인으로 설정한 건 종교와 인종 문제가 보기보다 복잡한 역설로 가득 찬 수수께끼임을 강조하려는 의도였을 것이다.

키핑 더 페이스
Keeping the Faith
2000

브라이언: 제가 어떻게 하면 좋을까요?
초프라: 맙소사, 내가 그걸 어떻게 압니까? 내 핏줄의 절반은 펀자브Punjab 출신 시크교도이고 사분의 일은 타밀Tamil 분리주의자예요. 내 누이는 뉴저지 사는 유태인 의사에게 시집을 갔고 우리 할머니는 아일랜드 수녀였는데, 그분이 내게 이 바를 남겨주셨죠. 긴 얘기라우.
브라이언: 시크교 가톨릭계 무슬림이고 유태인 친척이 있다고요?
초프라: 네, 네. 복잡한 얘기랍니다.

　뉴욕에 존재하는 여러 민족의 영역enclave과 관련된 영화에 대해서는 《영화, 뉴욕을 찍다》에서 다루었으니 반복하지 않겠다. 민족 분포를 기준으로 한 통계는 언뜻 보기보다 의미가 작다. 가령 뉴욕에 사는 중국인이란 어떤 사람일까? 불법 체류자나 이중국적자 등 중국 국적을 보유하고 있는 사람들만을 가리키는 건 분명 아닐 거다. '차이나타운에 사는', '중국 사람처럼 생긴' 사람들을 의미하는 것도 아닐 거다. 이민 1세와 2세까지는 중국인이고, 세대를 이어가면서 주류 사회에 편입하면 3세나 4세부터는 중국인이 아닌 게 되는 걸까? 그것도 턱없이 자의적인 기준이다. 결국 '집에서 중국 말을 쓰면서' 스스로를 중국계라고 생각하는 사람들이 중국인일 것이다. 유태인을 보면 그 점이 더 확연히 드러난다. 유태인에는 여러 인종이 포함되어 있다. 사전적으로도 유태인의 정의는 '자기가 유태인이라고 주장하고 남들도 그 사람을 유태인이라고 하는 사람'이라는 식의 동어반복을 피하지 못한다.

　결국 법률상의 '국적'과, '집에서 사용하는 언어' 정도를 제외하면 객관적으로 의미가 있는 다른 구분은 없다. 그 외의 다른 분류는 의도와 무관하게 바람직하지 않은 차별을 야기한다. 그렇기 때문에 다른 나라에 이민을 가서 그 사회의 일원이 되려는 사람들을 본국 정부가 '동포'로 견인하려는 시도에는 깊은 주의가 필요하다. 도미니카공화국 정부가 뉴욕 거주 도미니카 이민자들을 자국민처럼 취급하려는 정책은 막상 그들을 삶의 터전에서 소수자 집단으로 더 오래 붙들어두는 결과를 초래할 수도 있기 때문이다.

　민족ethnicity은 음식이나 언어만이 아니라 종교와도 따로 뗄 수 없는 문제가 된다. 보편적인 사랑과 구원을 추구하는 종교만큼 첨예하게 지방색을 드러내는 것도 없다는 사실은 아이러니가 아닐 수 없다. 2008년의 옴니버스 영화 〈뉴욕, 아이 러브 유〉에 포함된 10편의 에피소드 중 인도계 감독 미라 나이르Mira Nair가 맡은 단편은 이 점을 잘 보여준다. 유태인 중간상인 리프카가 인도인 보석도매상 만슉바이(이르판 칸 분)와 거래를 하는 장면이다. 나탈리 포트먼이 결혼을 하루 앞둔 리프카 역을 맡았다.

뉴욕, 아이 러브 유
New York, I Love You
2008

리프카: 딴 볼일도 없는데 이것 땜에 왔으니 좋은 거래가 이루어져야 해요. 제 고객은 최대한 빨리 구매하기 원하세요. 결혼 준비로 바쁜데 흥정하러 여길 왔다고요.

만슉바이: 누구랑 결혼을 하는 거요?

리프카: 카임이라는 남자예요.

만슉바이: (노래로) '카임 인 더 무드 포 러브~' 내겐 청첩장 안 주나?

리프카: 아저씨도 결혼에 저를 초대 안 했잖아요.

만슉바이: 했으면 좋았겠지. 25년 동안 거래를 했어도 하시디파 유태인에 대해선 아는 게 없으니. 당신네도 우리 자이나교도에 대해선 모르고.

리프카: 사업 얘기만 해요. 47가까지 잡담하러 온 건 아니니까요.

만슉바이: 실례지만, 상품들 살펴보시는 동안 나는 식사나 할라우. (도시락 통을 연다.)

리프카: 힌두교도들은 고기를 못 먹죠?

만슉바이: 우린 힌두교가 아니에요. 쯧쯧. 자이나교라니까. 힌두교는 너무 물질주의적이야. 고기도 못 먹고 생선도 못 먹지. 자네들은 뭘 못 먹나?

리프카: 돼지고기랑 새우요. 못 드시는 게 있어요?

만슉바이: 양파랑 마늘.

리프카: 우린 우유랑 고기를 함께 못 먹어요.

만슉바이: 감자 같은 뿌리 종류도 안 되고.

리프카: 축복 받지 못한 음식은 아무것도 안 돼요.

만슉바이: 양념이 진한 것도 안 돼. 양념은 열정을 자극한다잖우.

리프카: 기독교인들은 뭐든지 다 먹죠. 꼭 중국 사람들 같아. 식당 고르느라 한참 고민할 필요도 없죠.

만슉바이: 그러니까 다이아몬드 시장에 기독교인은 없는 거요. 뭐든지 다 먹는 사람들을 어떻게 믿겠나?

리프카: 이것들은 품질이 '별로'에요. 거절 비율이 20퍼센트는 되겠어요. 얼마면 되죠?

(만슉바이가 인터폰으로 안쪽의 점원에게 구자라트어로 얼마 받으면 되냐고 묻고, 점

원은 510달러라고 대답한다.)

만슉바이: 550달러.

리프카: 비싸도 너무 비싸요. 480 드릴게요.

만슉바이: 나한테 대체 왜 이러나? 자네하고 거래하고 나면 밥값이 없어서 우리 애들이 집에서 울고 있다고.

리프카: 이걸 그 값에 살 순 없다구요.

만슉바이: 540달러라도 줘요. 애들한테 마른 빵이라도 사다 주게.

리프카: 고객한테 여쭤볼게요. (전화에 대고 이디시어로 530이라고 한다.) 너무 비싸대요.

만슉바이: 에이, 아니잖아. 당신이 구자라트어 알아듣는 거 알아요. 그래서 거짓말한 거야.

리프카: 내가 구자라트어 안다는 걸 알고 계신지 알아요. 저는 아저씨가 이디시어 할 줄 안다는 것도 알구요. 방금 기계에다 대고 얘기한 거였어요.

만슉바이: 허허. 520에 합시다. (손을 내민다.)

리프카: 죄송하지만 외간 남자랑 악수는 못하게 되어 있어요.

만슉바이: 결혼에 행운을 빌어요. 이담에 자네가 낳을 여러 아이들에게도.

리프카: 고마워요. (액자 속 사진을 가리키며) 아저씨 아이들인가요?

만슉바이: 미네쉬와 파레쉬.

리프카: 부인은 어디 계세요?

만슉바이: 요즘 사진발이 잘 안 받아서……. (부인에 관한 신문기사를 보여준다.) 작년에 우리 마누라는 결혼도 죄악이라고 하더니 인도로 돌아가 머리를 밀고 탁발을 하고 있지. 내 아내였는데, 이제 섬겨야 할 승려가 됐어.

리프카: 머리칼 없는 건 부인만은 아니에요. 저도 내일 결혼을 하기 위해 오늘 아침에 삭발을 했어요. 이건 가발이에요.

만슉바이: 왜? 다들 왜 그러는 거요? 여자 머리칼이 뭘 어쨌다고?

리프카: 결혼식 날 자르라기에 그건 절대 못한다고 그랬죠. 25년간 길렀는데 10분 만에 없어졌어요. 이제 저는 평생 남의 머리칼을 쓰고 다녀야 해요.

만슉바이: 자네는 지금 내 아내의 머리칼을 쓰고 있는 건지도 몰라.

리프카: 그게 무슨 말이에요?

만슉바이: 미국에서 유통되는 사람 머리칼은 대부분 인도에 있는 사원에서 조달하거든. 신에게 공양한 머리를 팔면 서양으로 와서 당신네가 쓰는 가발이 되는 거지.

리프카: (가발을 천천히 벗어 보인다.)

만슉바이: (리프카의 삭발한 머리에 키스하며) 우리가 메시아를 기다리고 마하비르를 기다리는 동안 자네의 눈동자가 고단한 남자들에게 희망을 주기를 비네.

뉴욕 최대의 종교는 가톨릭이다. 종교연구소Public Religion Research Institute의 2014년 통계에 따르면 뉴욕 시민의 30퍼센트 정도가 가톨릭 신자다. 개신교 및 기타 기독교 26퍼센트, 유태교가 9퍼센트, 이슬람이 3퍼센트 안팎으로 추정된다. 인구의 23퍼센트 정도는 종교가 없다고 답한다. 가톨릭과 개신교의 비율은 각각 38퍼센트, 34퍼센트인 브롱크스가 가장 높고, 유태교는 16퍼센트인 맨해튼이, 이슬람은 4퍼센트인 브루클린이 가장 높은 것으로 나타난다. 흥미로운 점은 백인 주류 개신교도 비율은 맨해튼(4퍼센트)이 높은 편이고, 브롱크스에는 히스패닉계 가톨릭(28퍼센트)과 흑인 개신교도(18퍼센트)의 비율이 압도적이라는 것이다. 비종교인은 맨해튼이 30퍼센트로 단연 최고다.

〈키핑 더 페이스〉에는 어퍼 웨스트사이드의 교회와 유태교 회당들이 등장한다. 가톨릭 신부 브라이언(에드워드 노튼 분)과 유태교 랍비 제이콥(벤 스틸러 분), 그리고 아나(제나 엘프만 분)는 중학교 시절 친하게 지내던 친구 사이다. 브라이언 신부는 웨스트 107가W 107th St 221번지의 승천교회Church of the Ascension에서 미사를 집전하고, 랍비 제이콥은 웨스트 88가W 88th St 257번지의 브나이 제슈룬 유태교 회당B'nai Jeshurun에서 설교한다. 어릴 때 헤어졌던 아나가 어른이 되어 뉴욕에 다시 나타나면서 랍비 제이콥과 아나는 연인 사이로 발전하고, 그 사실을 모르는 신부 브라이언은 아나에 대한 연

다우트
Doubt
2008

B'nai Jeshurun | Church of St. Luke in the Fields

정 때문에 시험에 빠진다. 제이콥은 아나를 사랑하지만 그녀가 유태인이 아니기 때문에 연애를 비밀에 부친다. 성직자의 사랑이라는 민감한 주제를 솜씨 좋게 그려낸 영화이인데, 성직자가 아니라도 뉴욕 주민은 연애를 할 때면 민족과 언어와 종교라는 장애물에 자주 맞닥뜨린다. 그 또한 사랑이라는 보편성universality과 지역색indigenousness의 길항작용인 셈이다.

가톨릭이 두드러진 우세를 보이는 브롱크스의 교회 모습을 그려낸 영화로는 2008년의 〈다우트Doubt〉가 있다. 1964년 브롱크스의 가톨릭 학교에서 남학생에 대한 성추행 의혹을 둘러싸고 진보적인 플린 신부(필립 세이모어 호프먼 분)와 보수적인 알로이셔스 수녀(메릴 스트립 분)가 벌이는 설전을 통해 진정한 성직자의 본분이 무엇인지에 관한 질문을 던진다. 영화 속의 교회 부속학교는 브롱크스의 팍체스터Parkchester, 성 앤서니 학교St. Anthony's School, 성 빈센트 대학College of Mount Saint Vincent은 물론, 그리니치빌리지의 성 루크 교회Church of St. Luke in the Fields 등 여러 시설에서 촬영했다. 영화 속 스산한 초겨울 뉴욕 풍경이 기억에 오래 남는다.

얼핏 보면 비슷한 주제 같지만, 민족과 언어와 종교에 대해서 우리는 모순을 무릅쓰고 유연성을 발휘해야 한다. 아까운 희귀 언어와 풍습은 사라지지 않도록 보존하려 애쓰고, 소수민족에 대해서는 소수자로 전락하지 않도록 공평하게 대하고, 종교는 불가지의 영역이니 다른 신앙을 가진 이들을 관용하고 존중하는 것이 옳다. 이것이 모순처럼 들리는 이유는 인간이 모순적인 존재이기 때문일 뿐이다. 세계에서 가장 큰 다양성을 가진 도시. 뉴욕의 주민들은 그 모순적 유연성을 다른 어느 곳 사람들보다 자연스럽게 구사한다. 어쩌면 그것이 이 도시에서 이토록 많은 영화가 만들어지고 있는 이유 중 하나일지도 모른다.

승천교회
☛ 221 W 107th St,
New York, NY 10025
🏠 ascensionchurch
nyc.org
☎ +1 212-222-0666

브나이 제슈룬
유태교회당
☛ 257 W 88th St,
New York, NY 10024
🏠 bj.org
☎ +1 212-787-7600

성 앤서니 학교
☛ 1496
Commonwealth Ave,
Bronx, NY 10460
☎ +1 718-892-1244

성 빈센트 대학
☛ 6301 Riverdale
Ave, Bronx, NY 10471
🏠 mountsaintvincent.
edu
☎ +1 718-405-3200

성 루크 교회
☛ 487 Hudson St,
New York, NY 10014
🏠 stlukeinthefields.org
☎ +1 212-924-0562

명소 이름 옆의 숫자는 본문 중 참고할 페이지 번호임.

Manhattan 맨해튼

로워 맨해튼

Lower Manhattan

- 자유의 여신상 23
- 엘리스섬 이민박물관 23
- 페더럴 홀 26
- 콘티넨털 호텔(비버 빌딩) 230
- 델모니코스 268

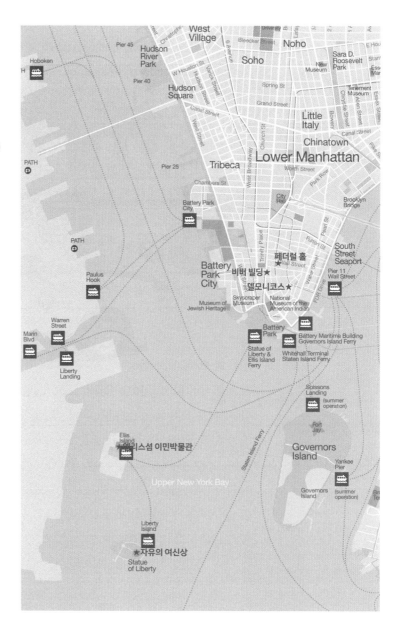

트라이베카
Tribeca

- 제1세계무역센터 33
- 9/11 기념관 33
- 울워스 빌딩 37
- 홀랜드 터널 205
- 버비스 269
- 워커스 270

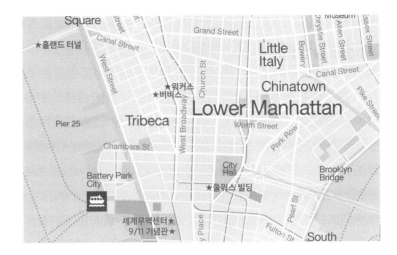

로워 이스트사이드
Lower Eastside

- 맨해튼 브리지 216
- 카츠 델리 272
- 요나 시멜스 크니시 베이커리 274

리틀 이탈리
Little Italy

- 멀버리 스트리트 바 275
- 카페 아바나 276
- 카페 지탄 278

소호
SoHo

- 라울스 280
- 페이머스 벤즈 피자 281
- 펠릭스 283
- 발타자르 284
- 딘 & 델루카 350

웨스트 빌리지
West Village

- 제인 호텔 232
- 조스 피자 285
- 존스 피자 286
- 에이.오.시 288
- 카페 클루니 289
- 매그놀리아 베이커리 290
- 리틀 아울 291
- 디 엘크 292
- 바부토 293
- 빌리지 뱅가드 295
- 화이트호스 태번 296
- 성 루크 교회 395

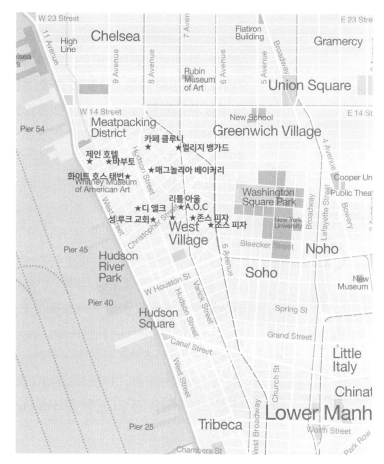

그리니치빌리지
Greenwich Village

- 카페 레지오 297
- 미네타 태번 298
- 니커보커 바 & 그릴 299
- 크레이트 & 배럴 352

이스트 빌리지
East Village

- 베셀카 301
- 호스슈 바 303
- 코요테 어글리 304

그래머시
Gramercy

- 호텔 17 235
- 그래머시 파크 호텔 236
- 로열턴 파크 애비뉴 호텔 237
- 애플코어 호텔 238
- 피터 맥마누스 카페 305
- 올드 타운 바 309
- 스트랜드 서점 356
- 반스 & 노블 356
- 리졸리 서점 356

첼시
Chelsea

- 호텔 첼시 234
- 언타이틀드 306
- 부다칸 307
- 엠파이어 다이너 308
- 첼시 마켓 383

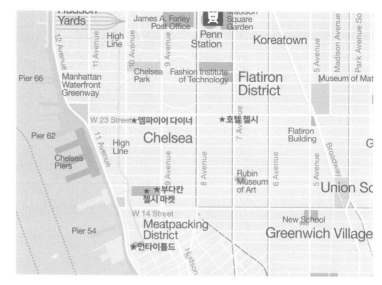

헬스 키친
Hell's Kitchen

- 포트 오소리티 버스 터미널 169
- 맨해튼 크루즈 터미널 175
- 링컨 터널 204
- 버드랜드 재즈 클럽 311

시어터 디스트릭트
Theater District

- 호텔 카터 239
- 앨곤퀸 호텔 241
- 호텔 세인트 제임스 242
- 버바 검프 슈림프 312
- 사르디스 314

미드타운

Midtown

- 매디슨 스퀘어 가든 42
- 엠파이어스테이트빌딩 49
- 타임스스퀘어 57
- 카네기홀 64
- 뉴욕 공공도서관 68
- 브라이언트 공원 72
- 록펠러센터 84
- 라디오 시티 뮤직홀 84
- 트럼프 타워 88
- 모건 라이브러리 박물관 92
- 콜럼버스 서클 127
- 타임 워너 센터 127
- 펜실베이니아 스테이션 160
- 세인트 레지스 호텔 252
- 페닌슐라 호텔 253
- 힐튼 미드타운 호텔 254
- 웰링턴 호텔 255
- 에섹스 하우스 호텔 257
- 플라자 호텔 259
- 포 시즌스 호텔 260
- 21 클럽 316
- 러시안 티 룸 317
- 메이시즈 365
- 버그도프 굿맨 365
- 바니스 365
- 티파니 368
- 돌체 가바나 370
- 불가리 370
- 카르티에 370
- 헨리 벤델 370
- 마리나 리날디 374
- 아스프리 374
- FAO 슈와츠 377

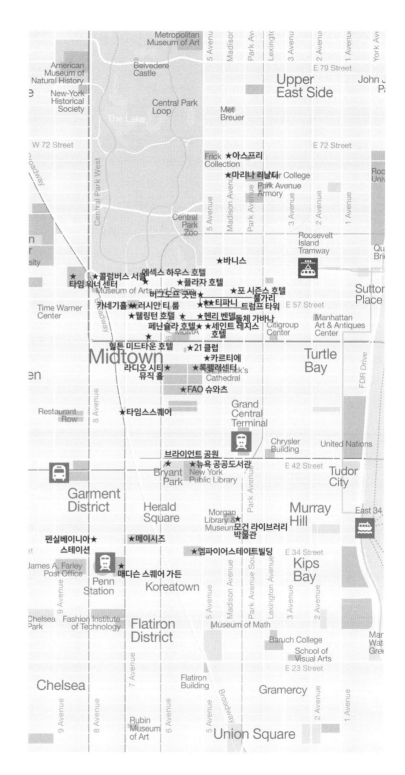

- 크라이슬러 빌딩 99
- 국제연합 본부 107
- 그랜드 센트럴 터미널 160
- 월도프 아스토리아 호텔 245
- 루스벨트 호텔 247
- 인터콘티넨털 바클레이 호텔 248
- 롯데 팰리스 호텔 250
- 퍼싱 스퀘어 318
- 스미스 & 울렌스키 319
- 스파크스 스테이크 하우스 321
- 블루밍데일즈 365
- 해머커 슐레머 375

어퍼 이스트사이드
Upper East Side

- 메트로폴리탄 브루어 박물관 114
- 프릭 컬렉션 117
- 구겐하임미술관 122
- 루스벨트 아일랜드 트램웨이 200
- 피에르 타지 호텔 263
- 칼라일 로즈우드 호텔 265
- 미스터 차우 322
- 세렌디피티 3 324
- 베이커 스트리트 퍼브 325
- 제이지 멜론 326
- 렉싱턴 캔디 숍 327
- 라이팅 룸 328

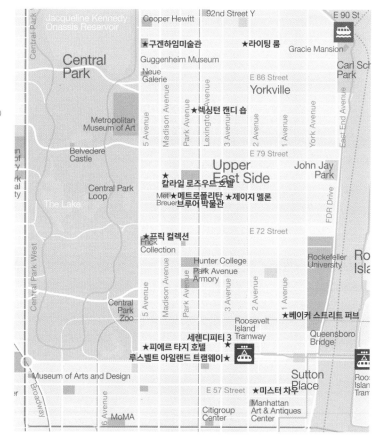

센트럴파크
Central Park

- 메트로폴리탄 박물관 114
- 태번 온 더 그린 329
- 로브 보트하우스 330

어퍼 웨스트사이드
Upper West Side

- 링컨센터 133
- 뉴욕 자연사박물관 139
- 슌리 웨스트 331
- 그레이스 파파야 332
- 카페 랄로 333
- 브로드웨이 레스토랑 334
- 핑크베리 335
- 웨스트사이더 중고 서점 381
- 승천교회 395
- 브나이 제슈룬 유태교회당 395

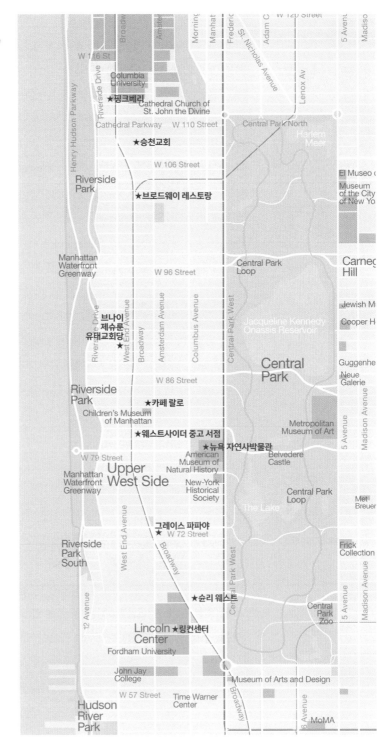

어퍼 맨해튼

Upper
Manhattan

- 조지 워싱턴 브리지 버스
  터미널 169
- 조지 워싱턴 브리지 202

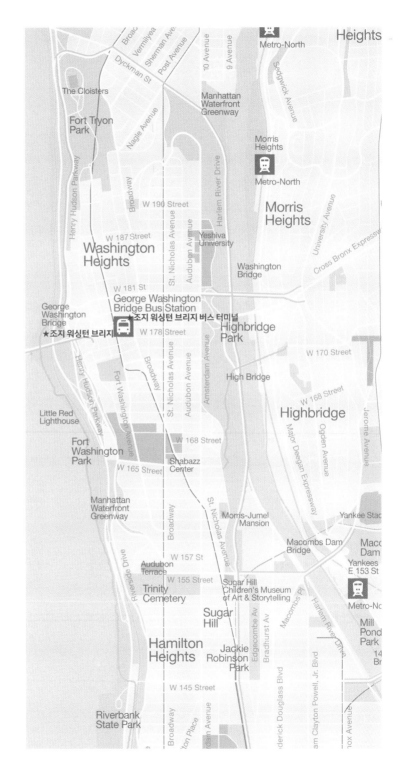

Bronx 브롱크스

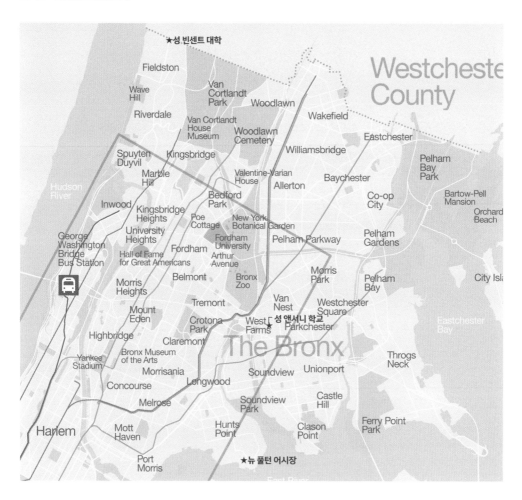

· 뉴 풀턴 어시장 382
· 성 앤서니 학교 395
· 성 빈센트 대학 395

Queens 퀸스

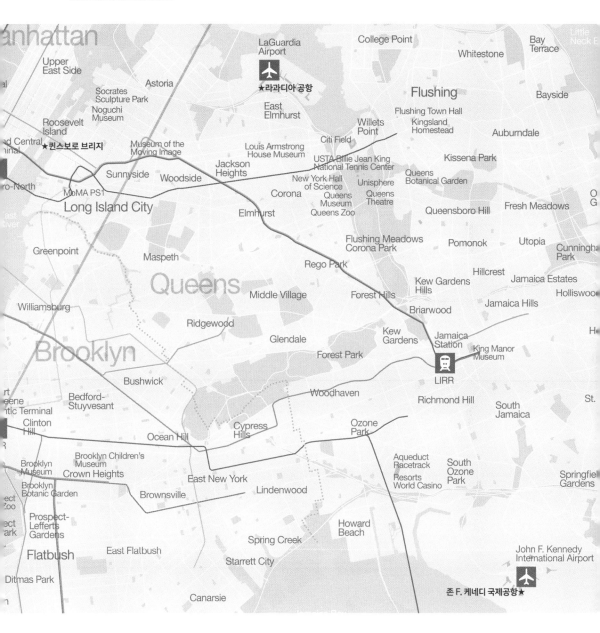

· 존 F. 케네디 국제공항 154
· 라과디아 공항 154
· 퀸스보로 브리지 222

Brooklyn 브루클린

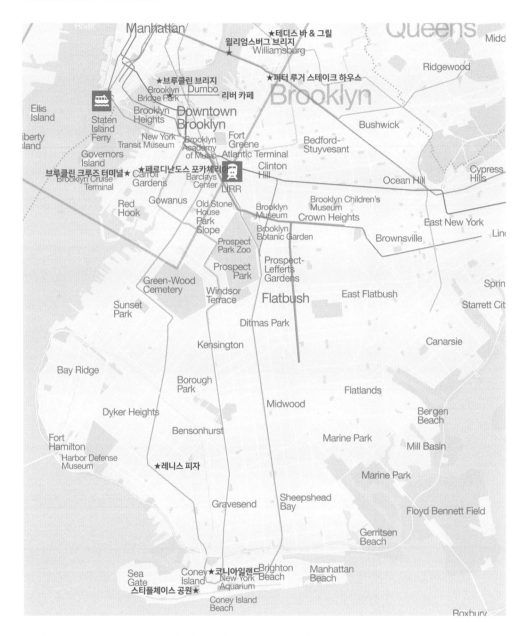

· 코니아일랜드 147
· 스티플체이스 공원 147
· 브루클린 크루즈 터미널 175
· 브루클린 브리지 211

· 윌리엄스버그 브리지 218
· 리버 카페 337
· 테디스 바 & 그릴 338
· 페르디난도스 포카체리아 339

· 레니스 피자 340
· 피터 루거 스테이크 하우스 341

Staten Island 스태튼아일랜드

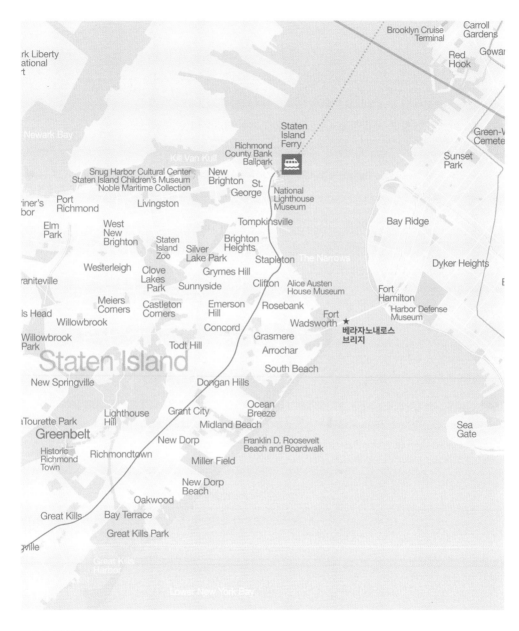

rk Liberty
ational
t

Newark Bay

Kill Van Kull

Richmond
County Bank
Ballpark

Snug Harbor Cultural Center
Staten Island Children's Museum
Noble Maritime Collection

iner's
bor

Port
Richmond

Elm
Park

West
New
Brighton

Westerleigh

raniteville

Clove
Lakes
Park

Meiers
Corners

ls Head
Willowbrook

Willowbrook
Park

New Springville

aTourette Park

Historic
Richmond
Town

Great Kills

gville

Brooklyn Cruise
Terminal

Carroll
Gardens

Red
Hook

Gowar

Green-W
Cemete

Sunset
Park

Staten
Island
Ferry

New
Brighton

St.
George

Livingston

Staten
Island
Zoo

Silver
Lake Park

Brighton
Heights

Stapleton

National
Lighthouse
Museum

Tompkinsville

Bay Ridge

The Narrows

Dyker Heights

Grymes Hill

Sunnyside

Clifton

Alice Austen
House Museum

Castleton
Corners

Emerson
Hill

Rosebank

Fort
Hamilton

Fort
Wadsworth

Harbor Defense
Museum

★
베라자노내로스
브리지

Concord

Grasmere

Arrochar

South Beach

Todt Hill

Staten Island

Dongan Hills

Lighthouse
Hill

Grant City

Ocean
Breeze

Midland Beach

Greenbelt

New Dorp

Franklin D. Roosevelt
Beach and Boardwalk

Sea
Gate

Richmondtown

Miller Field

New Dorp
Beach

Oakwood

Bay Terrace

Great Kills Park

Great Kills
Harbor

Lower New York Bay

· 베라자노내로스 브리지 207

409

국내 개봉작

<007 리빙 데이라이트The Living Daylights> 59

<007 죽느냐 사느냐Live and Let Die> 225

<10일 안에 남자 친구에게 차이는 법How to Lose a Guy in 10 Days> 39, 41, 175

<13 Conversations About One Thing> 346

<1408> 247

<25시25th Hour> 31, 218

<27번의 결혼 리허설27 Dresses> 250, 330

<7년 만의 외출The Seven Year Itch> 159, 251

<80일간의 세계 일주Around the World in 80 Days> 18

<Mr. 히치Hitch> 23, 113, 171, 284, 382

<P.S 아이 러브 유P.S I Love You> 338

<개구쟁이 스머프The Smurfs> 317, 376

<갱스 오브 뉴욕Gangs of New York> 31

<겁나는 여친의 완벽한 비밀My Super Ex-Girlfriend> 368

<고스트버스터즈 2Ghostbusters 2> 20, 94, 110, 184

<고스트버스터즈Ghostbusters> 68, 131, 329

<고질라Godzilla> 39, 95, 214, 382

<굿모닝 에브리원Morning Glory> 72, 81, 316, 328

<그 남자의 방, 그 여자의 집The Night We Never Met> 350

<그 여자 작사, 그 남자 작곡Music and Lyrics> 41

<그렘린 2: 뉴욕 대소동Gremlins 2: The New Batch> 179

<나 홀로 집에 2: 뉴욕을 헤매다Home Alone 2: Lost in New York> 59, 79, 222, 258, 308, 382

<나는 전설이다I Am Legend> 53, 201

<나를 미치게 하는 여자Trainwreck> 293

<나를 책임져, 알피Alfie> 329

<나우 유 씨 미: 마술사기단Now You See Me> 222

<나의 성공의 비밀The Secret of My Succe$s> 162

<나의 특별한 사랑 이야기Definitely, Maybe> 277

<나이트호크Nighthawks> 101, 198

<나인 하프 위크Nine 1/2 Weeks> 234, 275, 365, 382

<내니 다이어리The Nanny Diaries> 113, 137, 279, 327

<너브Nerve> 170, 363

<노잉Knowing> 48, 187

<뉴욕, 아이 러브 유New York, I love you> 270, 329, 357, 390

<뉴욕의 가을Autumn in New York> 79

<닌자 터틀: 어둠의 히어로Teenage Mutant Ninja Turtles: Out of the Shadows> 97, 137

<다우트Doubt> 393, 395

<다운 위드 러브Down with Love> 94

<다운 투 어쓰Down to Earth> 332

<다이 하드 3Die Hard with a Vengeance> 177 190

<다크 나이트 라이즈The Dark Knight Rises> 88, 201, 223

<다크 나이트The Dark Knight> 173

<다크 워터Dark Water> 197, 200

<달콤한 악마의 유혹Shortcut to Happiness> 67, 314

<당신에게 일어날 수 있는 일It Could Happen to You> 94, 258

<대부The Godfather> 83, 347, 251

<대부 2The Godfather Part II> 22, 297, 302

<대부 3The Godfather Part III> 275

<더 울프 오브 월스트리트The Wolf of Wall Street> 88

<더 포스트The Post> 345

<데몰리션Demolition> 146, 151

<데블스 오운The Devil's Own> 309

<데이라이트Daylight> 207

<데자뷰Deja Vu> 173

<도니 브래스코Donnie Brasco> 275

<도망자 2U.S. Marshals> 101

<독재자The Dictator> 223, 247

<드레스드 투 킬Dressed to Kill> 109, 110

<디파티드The Departed> 339

<딜리버리 맨Delivery Man> 42, 248

<딥 임팩트Deep Impact> 16

<땡스 포 쉐어링Thanks for Sharing> 191, 195

<래그타임Ragtime> 90

<러브 어페어Love Affair> 257

<러브 어페어An Affair to Remember> 47, 257

<러브 인 맨하탄Maid in Manhattan> 109, 245, 246, 260, 368

<런 올 나이트Run All Night> 42

<레모Remo Williams: The Adventure Begins> 20, 144

<레볼루셔너리 로드Revolutionary Road> 160

<레옹Leon> 197, 234

<레인 오버 미Reign Over Me> 32

<레퀴엠Requiem for a Dream> 146

<레터스 투 줄리엣Letters to Juliet> 51

<렌트Rent> 303

<로마에서 생긴 일When in Rome> 94, 122

<록키 3Rocky III> 38

<루시Lucy> 53, 54

<리멤버 미Remember Me> 354

<리미트리스Limitless> 214

<리빙보이 인 뉴욕The Only Living Boy in New York> 231

<리틀 맨하탄Little Manhattan> 330

<마다가스카Madagascar> 94

<마법사의 제자The Sorcerer's Apprentice> 97

<마법에 걸린 사랑Enchanted> 35, 126

<마이 블루베리 나이츠My Blueberry Nights> 342

<마이클 클레이튼Michael Clayton> 254

<마이티 아프로디테Mighty Aphrodite> 377

<마일스Miles Ahead> 295

<마지막 4중주A Late Quartet> 114, 115, 117

<마지막 액션 히어로Last Action Hero> 56

<맨 온 렛지Man on a Ledge> 246, 309

<맨 온 와이어Man on Wire> 29, 31

<맨 인 블랙Men In Black> 121, 169

<맨 인 블랙 2Men in Black 2> 21, 159, 281, 308

<맨 인 블랙 3Men in Black 3> 97, 144

<머니 몬스터Money Monster> 26

<머니 트레인Money Train> 189

<먹고 기도하고 사랑하라Eat Pray Love> 379

<문스트럭Moonstruck> 133, 289

<뮤직 오브 하트Music of the Heart> 58, 63

<미드나잇 런Midnight Run> 159

<미드나잇 미트 트레인The Midnight Meat Train> 190

<미드나잇 카우보이Midnight Cowboy> 54, 162, 176, 381, 253

<미믹Mimic> 187

<미스 에이전트Miss Congeniality> 345

<미스터 디즈Mr. Deeds> 39

<미스터 캣Nine Lives> 34

<미스트리스 아메리카Mistress America> 218, 220, 301

<미키 블루 아이즈Mickey Blue Eyes> 298, 299

<바닐라 스카이Vanilla Sky> 53, 218

<바스키아Basquiat> 276

<박물관이 살아 있다 2Night at the Museum 2: Battle of the Smithsonian> 50

<박물관이 살아 있다Night at the Museum> 134

<배트맨 3: 포에버Batman Forever> 20, 217

<보랏Borat> 255

<보일러 룸Boiler Room> 309

<본 얼티메이텀The Bourne Ultimatum> 225

<본 콜렉터The Bone Collector> 183, 225

<본 투 비 블루Born To Be Blue> 311

<북북서로 진로를 돌려라North by Northwest> 100, 155, 258, 316, 344

<브레이브 원The Brave One> 189, 190

<브로드웨이를 쏴라Bullets Over Broadway> 309

<브루클린의 멋진 주말Ruth & Alex, 5 Flights Up> 221

<블랙 레인Black Rain> 225, 227

<블랙 스완Black Swan> 128

<블루 발렌타인Blue Valentine> 165

<블루 재스민Blue Jasmine> 368, 370

<비긴 어게인Begin Again> 278, 303

<빅 대디Big Daddy> 282

<빅Big> 242, 317, 377

<사랑 게임For Love or Money> 262, 332, 378

<사랑과 슬픔의 맨하탄Q & A> 309

<사랑과 영혼Ghost> 189

<사랑도 통역이 되나요?Lost in Translation> 297

<사랑은 너무 복잡해It's Complicated> 257

<사랑은 다 괜찮아Fools Rush In> 332

<사랑은 언제나 진행중The Rebound> 292

<사랑의 레시피No Reservations> 291, 382

<샤프트Shaft> 297

<설리: 허드슨강의 기적Sully> 152

<성질 죽이기Anger Management> 222

<세 남자와 아기 23 Men and a Little Lady> 330

<세렌디피티Serendipity> 94, 245, 324, 365

<섹스 앤 더 시티Sex and the City> 67, 161, 280, 290, 307, 309

<셀프/리스Self/less> 87

<솔트Salt> 222

<쇼퍼홀릭Confessions of a Shopaholic> 80, 348, 370, 374

<슈퍼맨 2Superman 2> 44

<슈퍼맨 4: 최강의 적Superman IV: The Quest for Peace> 20

<스위치Switch> 314

<스위치The Switch> 289, 293

<스위트 알라바마Sweet Home Alabama> 366

<스틸 앨리스Still Alice> 335

<스파이 브릿지Bridge of Spies> 217, 218

<스파이더맨Spider-Man> 56, 80, 94, 97, 197

<스파이더맨 2Spider-Man 2> 285

<스파이더맨: 홈커밍Spider-Man: Homecoming> 145, 173

<스플래쉬Splash> 22, 365

<슬리퍼스Sleepers> 298

<시애틀의 잠 못 이루는 밤Sleepless in Seattle> 47, 258, 366

<신부들의 전쟁Bride Wars> 259, 366

<신비한 동물사전Fantastic Beasts and Where to Find Them> 35, 358

<썸원 라이크 유Someone Like You> 276

<아더 우먼The Other Woman> 293

<아마겟돈Armageddon> 95

<아메리칸 갱스터American Gangster> 41

<아메리칸 싸이코American Psycho> 260, 319

<아메리칸 허슬American Hustle> 259

<아서Arthur> 160, 263

<아이즈 와이드 셧Eyes Wide Shut> 376

<악마가 너의 죽음을 알기 전에Before the Devil Knows You're Dead> 357

<악마는 프라다를 입는다The Devil Wears Prada> 135, 252, 269, 319

<애니Annie> 83

<애니씽 엘스Anything Else> 108

<애딕티드 러브Addicted to Love> 279

<애정의 조건Terms of Endearment> 336

<앤트맨Ant-Man> 5, 287

<앵그리스트맨The Angriest Man in Brooklyn> 215

<야곱의 사다리Jacob's Ladder> 189

<어느 멋진 날One Fine Day> 171, 315, 324, 343

<어두워질 때까지Wait Until Dark> 375

<어메이징 스파이더맨 2Amazing Spider-Man 2> 56, 187, 214

<어벤져스: 인피니티 워Avengers: Infinity War> 223

<어벤져스The Avengers> 208, 318

<언스토퍼블Unstoppable> 95

<언페이스풀Unfaithful> 156, 157, 342

<에이 아이A.I. Artificial Intelligence> 16, 145, 146

<엑스맨X-Men> 20

<엔젤 하트Angel Heart> 144, 302

<엘프Elf> 48, 79, 176, 177, 205

<여인의 향기Scent of a Woman> 218, 261

<열차 안의 낯선 자들Strangers on a Train> 156, 157

<오블리비언Oblivion> 48, 49, 68

<오션스 8Ocean's 8> 112, 301, 363, 370

<옥자Okja> 218

<와일드 오키드Wild Orchid> 81

<왓치맨Watchmen> 56

<워킹 걸Working Girl> 173, 175

<원더 휠Wonder Wheel> 144

<원더스트럭Wonderstruck> 138, 164

<원스 어폰 어 타임 인 아메리카Once Upon a Time in America> 217

<월 스트리트Wall Street> 246, 315, 329

<월 스트리트: 머니 네버 슬립스Wall Street: Money Never Sleeps> 331, 368

<월드 오브 투모로우Sky Captain and the World of Tomorrow> 44, 45

<월드 트레이드 센터World Trade Center> 27, 29

<월터의 상상은 현실이 된다The Secret Life of Walter Mitty> 84

<웨스트 사이드 스토리West Side Story> 131

<위대한 개츠비The Great Gatsby> 35, 258

<위대한 유산Great Expectations> 239

<위플래쉬Whiplash> 128, 129

<위험한 연인Someone to Watch Over Me> 97, 121, 361

<위험한 정사Fatal Attraction> 322

<유브 갓 메일You've Got Mail> 332, 333, 379

<이민자The Immigrant> 22

<이창Rear Window> 316

<이터널 선샤인Eternal Sunshine of the Spotless Mind> 156, 159

<익스포즈Exposed> 189

<인 굿 컴퍼니In Good Company> 297

<인 앤 아웃In & Out> 26

<인디펜던스 데이Independence Day> 16, 48

<인사이드 르윈Inside Llewyn Davis> 204, 214, 297, 343

<인생면허시험Learning to Drive> 180

<인크레더블 헐크The Incredible Hulk> 177

<인터내셔널The International> 122

<인터프리터The Interpreter> 103

<인턴The Intern> 338

<잘나가는 그녀에게 왜 애인이 없을까Gray Matters> 279

<점퍼Jumper> 47

<제5침공The 5th Wave> 48

<조 블랙의 사랑Meet Joe Black> 263, 334

<조강지처 클럽First Wives Club> 252

<존 윅John Wick> 230

<존 윅: 리로드John Wick: Chapter 2> 33, 216

<졸업The Pallbearer> 297

<줄리 & 줄리아Julie & Julia> 354

<지골로 인 뉴욕Fading Gigolo> 265, 379

<체인징 레인스Changing Lanes> 225

<카페 소사이어티Café Society> 216

<칵테일Cocktail> 325

<캅 랜드Cop Land> 203, 204

<캐롤Carol> 138, 344

<커뮤터The Commuter> 155, 156

<커튼 클럽Cotton Club> 308

<컨스피러시Conspiracy Theory> 179, 222, 354

<컨트롤러The Adjustment Bureau> 68, 80, 165, 244

<케이브맨The Caveman's Valentine> 98

<케이트 앤 레오폴드Kate & Leopold> 94, 211

<코요테 어글리Coyote Ugly> 304

<콘돌Three Days of the Condor> 121, 327

<퀴즈 쇼Quiz Show> 81, 316

<크레이머 대 크레이머Kramer vs. Kramer> 94, 326

<크로커다일 던디Crocodile Dundee> 179, 189, 258, 302

<클로버필드Cloverfield> 16, 126, 214, 365

<클로저Closer> 55

<클릭Click> 94

<키핑 더 페이스Keeping the Faith> 126, 305, 389, 393

<킹 뉴욕King of New York> 258, 338

<킹콩King Kong> 27, 45

<타이타닉Titanic> 22

<타임머신The Time Machine> 68

<타임 패러독스Predestination> 93

<택시 드라이버Taxi Driver> 55, 124, 179, 182, 251

<택시: 더 맥시멈Taxi> 179

<터미널The Terminal> 151, 238

<토마스 크라운 어페어The Thomas Crown Affair> 67, 110

<토요일 밤의 열기Saturday Night Fever> 208, 340

<투 윅스 노티스Two Weeks Notice> 98, 141

<투모로우The Day after Tomorrow> 16, 68

<투씨Tootsie> 181, 317

<트랜스포머: 패자의 역습Transformers: Revenge of the Fallen> 56

<트레이서Tracers> 196

<트리 오브 라이프The Tree of Life> 210

<티파니에서 아침을Breakfast at Tiffany's> 67, 181, 366

<파퍼씨네 펭귄들Mr. Popper's Penguins> 122, 329

<판타스틱 4Fantastic Four> 215

<판타스틱 4: 실버 서퍼의 위협Fantastic Four: Rise Of The Silver Surfer> 97

<패신저스Passengers> 99

<패터슨Paterson> 168

<퍼스트 어벤져Captain America: The First Avenger> 53

<퍼시 잭슨과 번개 도둑Percy Jackson & the Olympians: The Lightening Thief> 48

<퍼펙트 머더A Perfect Murder> 279

<포레스트 검프Forrest Gump> 312

<포커스Focus> 132, 237

<폴링 인 러브Falling in Love> 156, 157, 356

<프라임 러브Prime> 290, 352

<프란시스 하Frances Ha> 72, 185

<프랭키와 쟈니Frankie and Johnny> 164

<프렌즈 위드 베네핏Friends with Benefits> 56, 160, 276, 318

<프로듀서스The Producers> 95, 314

<프로스트 VS 닉슨Frost/Nixon> 314

<플랜 BThe Back-up Plan> 332

<플로렌스Florence Foster Jenkins> 63

<피셔 킹The Fisher King> 159

<피아니스트의 전설The Legend of 1900> 21

<피치 퍼펙트Pitch Perfect> 131, 132

<하늘을 걷는 남자The Walk> 29, 31

<하이랜더Highlander> 305

<한니발Hannibal> 350

<해리가 샐리를 만났을 때When Harry Met Sally> 109, 150, 271, 330

<행운을 돌려줘Just My Luck> 250
<허드슨 호크Hudson Hawk> 214
<헐리우드 엔딩Hollywood Ending> 265, 284
<혹성탈출Planet of the Apes> 16, 17

국내 미개봉작

<A Bronx Tale> 168
<A Very Murray Christmas> 265
<All About Eve> 315
<All the President's Men> 256
<Almost Famous> 236
<Anchorman 2: The Legend Continues> 84
<Annie Hall> 142
<Annie> 289
<Applause> 34
<Author! Author!> 313
<Backstabbing for Beginners> 100, 106
<Bananas> 188
<Beaches> 329
<Big Business> 258
<Bird> 310
<Bright Lights, Big City> 70
<Broadway Danny Rose> 343
<But Not for Me> 313
<Carnegie Hall> 64
<Celebrity> 328
<Chelsea Girls> 233
<City Island> 308
<City Slickers> 198
<Cold Souls> 200
<Collateral Beauty> 306
<Colleen> 201
<Columbus Circle> 127
<Crimes and Misdemeanors> 329
<Critic's Choice> 313
<Desperately Seeking Susan> 162
<Empire> 48
<Escape from New York> 68, 179
<Extremely Loud & Incredibly Close> 32

<Forever Female> 313
<Gotti> 320, 321
<Hackers> 159
<Hair> 205
<Hannah and Her Sisters> 264
<Hercules in New York> 56
<Hero at Large> 313
<How to Be Single> 80, 220
<How to Marry a Millionaire> 202
<I think I Love My Wife> 70, 361
<If Lucy Fell> 214
<Igby Goes Down> 282, 308
<It Should Happen To You> 124
<Joe Versus the Volcano> 261, 372, 375
<Joe's Apartment> 164
<Killer's Kiss> 159
<Love Affair> 43, 44, 47, 257
<Love Is a Racket> 313
<Made for Each Other> 313
<Man on the Moon> 63
<Manhattan Murder Mystery> 235, 315
<Manhattan> 114, 286, 308, 317, 328, 365
<Meet Dave> 22
<Melinda and Melinda> 277
<Miracle on 34th Street> 358
<Moscow on the Hudson> 165, 365
<Mo' Better Blues> 212
<Mrs. Parker and the Vicious Circle> 241
<My Favourite Year> 81
<Naked in New York> 314
<Network> 203
<New Year's Eve> 50, 51, 368
<New York Stories> 317, 329
<New York, New York> 56, 244
<Newlyweds> 270
<Nick and Norah's Infinite Playlist> 156, 301
<Night on Earth> 180
<No Way to Treat a Lady> 131, 313
<Old Dogs> 312
<On the Town> 45, 47 135
<Penthouse> 93

<Picture Perfect> 67

<Planes, Trains & Automobiles> 181

<Please Don't Eat the Daisies> 313

<Premium Rush> 195

<Private Parts> 70

<Punchline> 69, 123

<Q: The Winged Serpent> 95, 97

<Radio Days> 83, 314

<Ragtime> 89, 90

<Rosemary's Baby> 84

<Saboteur> 18

<Scrooged> 177

<See You in the Morning> 308

<Serpico> 297

<She's Funny That Way> 314

<Sid and Nancy> 234

<Six Degrees of Separation> 354

<Speedy> 140, 157

<Spellbound> 316

<State of Grace> 275, 309

<Steak (R)evolution> 341

<The April Fools> 268

<The Associate> 268

<The Benny Goodman Story> 60

<The Country Girl> 313

<The Factory Girl> 233

<The Fan> 313

<The French Connection> 5, 188

<The Immigrant> 22, 170

<The Jazz Singer> 273

<The King of Comedy> 313

<The Last Days of Disco> 309

<The Man from U.N.C.L.E.> 104

<The Muppets Take Manhattan> 313

<The Naked City> 221

<The Next Man> 297

<The Object of My Affection> 287

<The Other Guys> 126, 305

<The Out of Towners> 329

<The Pope of Greenwich Village> 275

<The Squid and the Whale> 138

<The Taking of Pelham One Two Three> 5, 188

<The Tic Code> 294

<The Velvet Touch> 313

<The Warriors> 142, 144, 188

<The Wiz> 67, 94

<They Came Together> 5, 299

<Trust the Man> 300, 314, 324

<Uptown Girls> 140, 145

<Week-End at the Waldorf> 244

<We'll Take Manhattan> 214, 252, 308

<Whatever Works> 273, 274

<Wolfen> 24

<Yes, Giorgio> 132

뉴욕 영화 가이드북

© 박용민, 2019

펴낸날   1판 1쇄 2019년 1월 25일

지은이   박용민
펴낸이   윤미경

펴낸곳   헤이북스
출판등록   제2014-000031호
주소   경기도 성남시 분당구 황새울로 234, 607호
전화   031-603-6166
팩스   031-624-4284
이메일   heybooksblog@naver.com

책임편집   김영회
사진   권유진
디자인   류지혜 chirchir01@gmail.com
찍은곳   한영문화사

ISBN   979-11-88366-12-5 13980

이 도서는 한국출판문화산업진흥원의 출판콘텐츠 창작자금 지원사업의 일환으로
국민체육진흥기금을 지원받아 제작되었습니다.